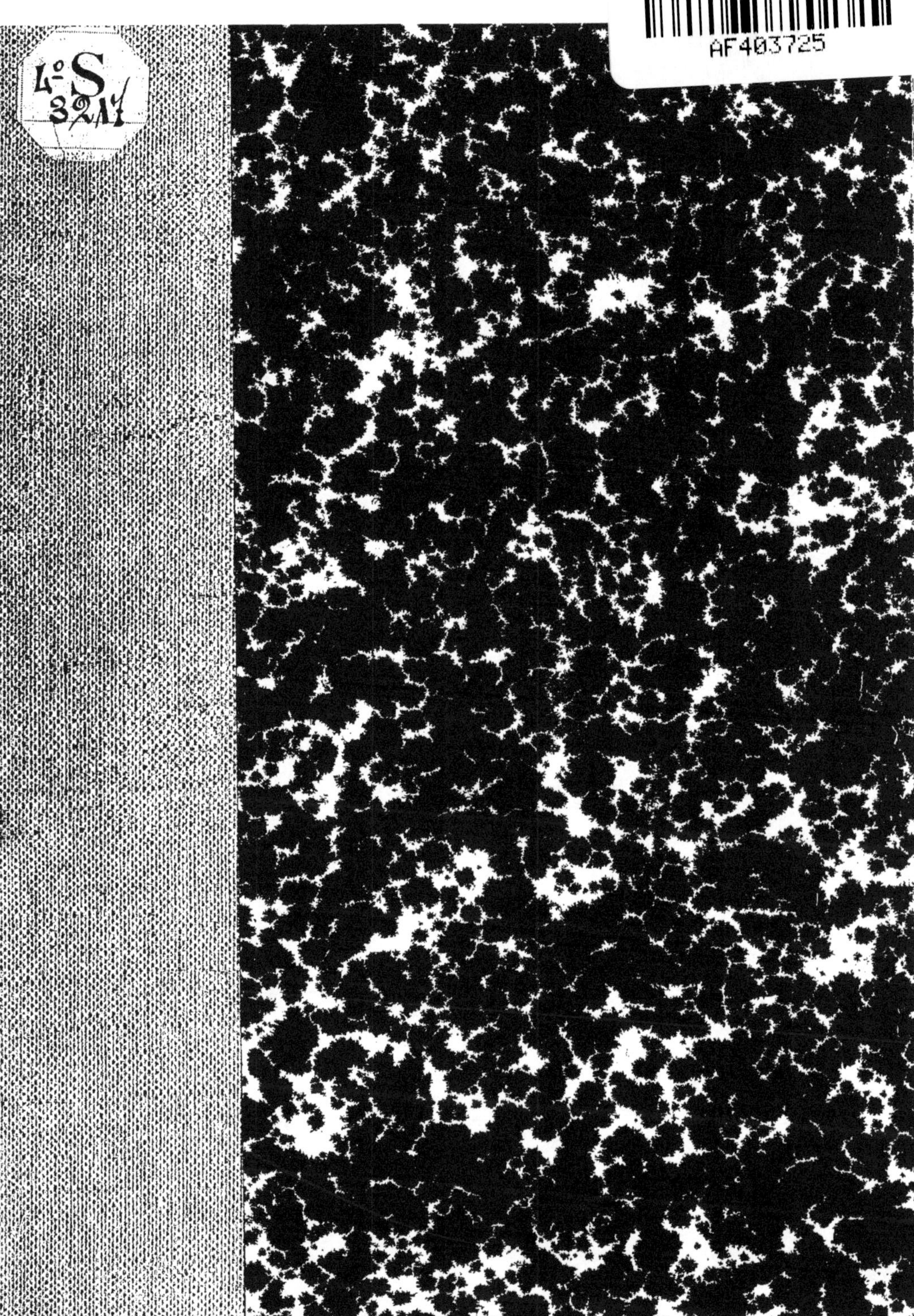

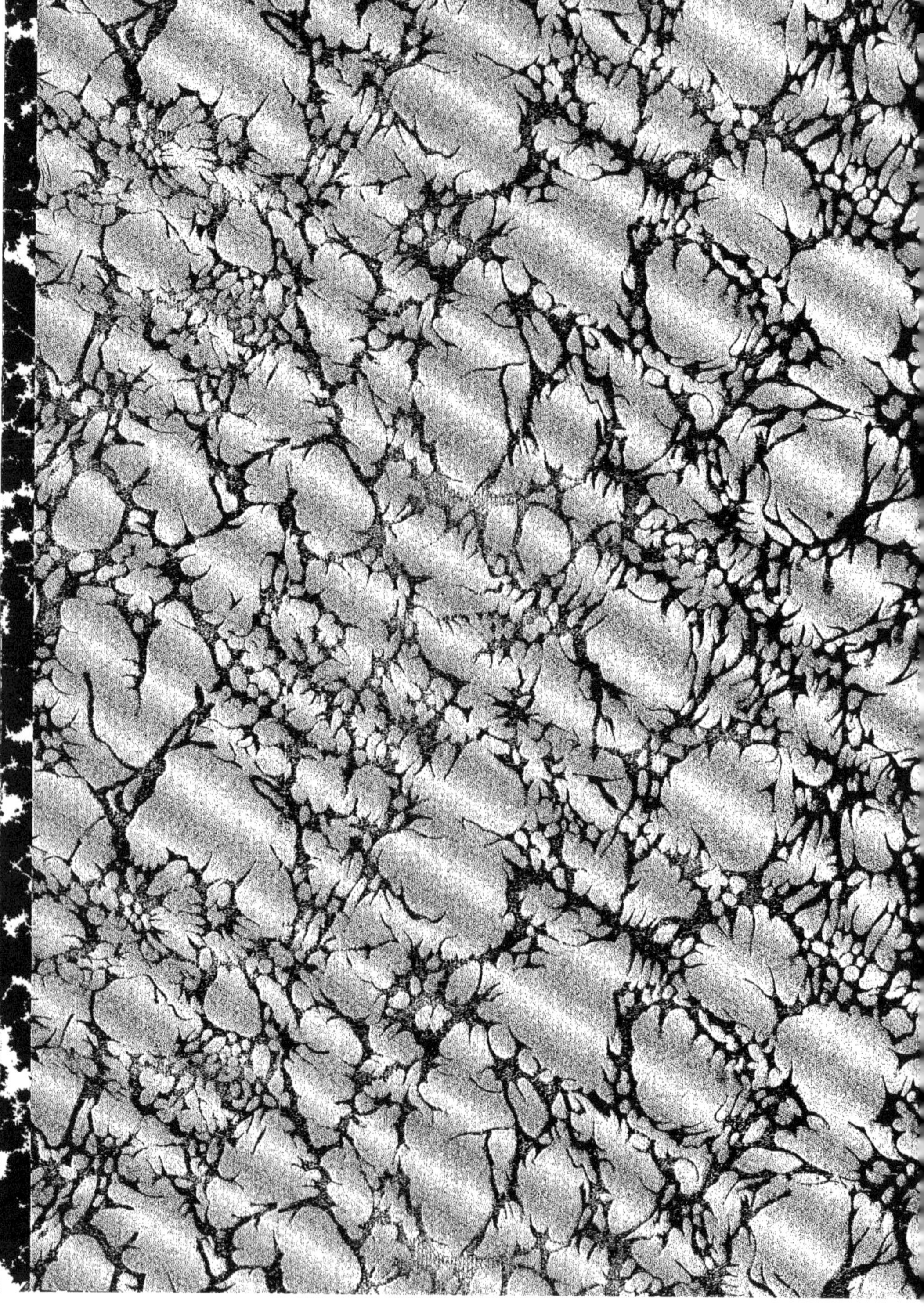

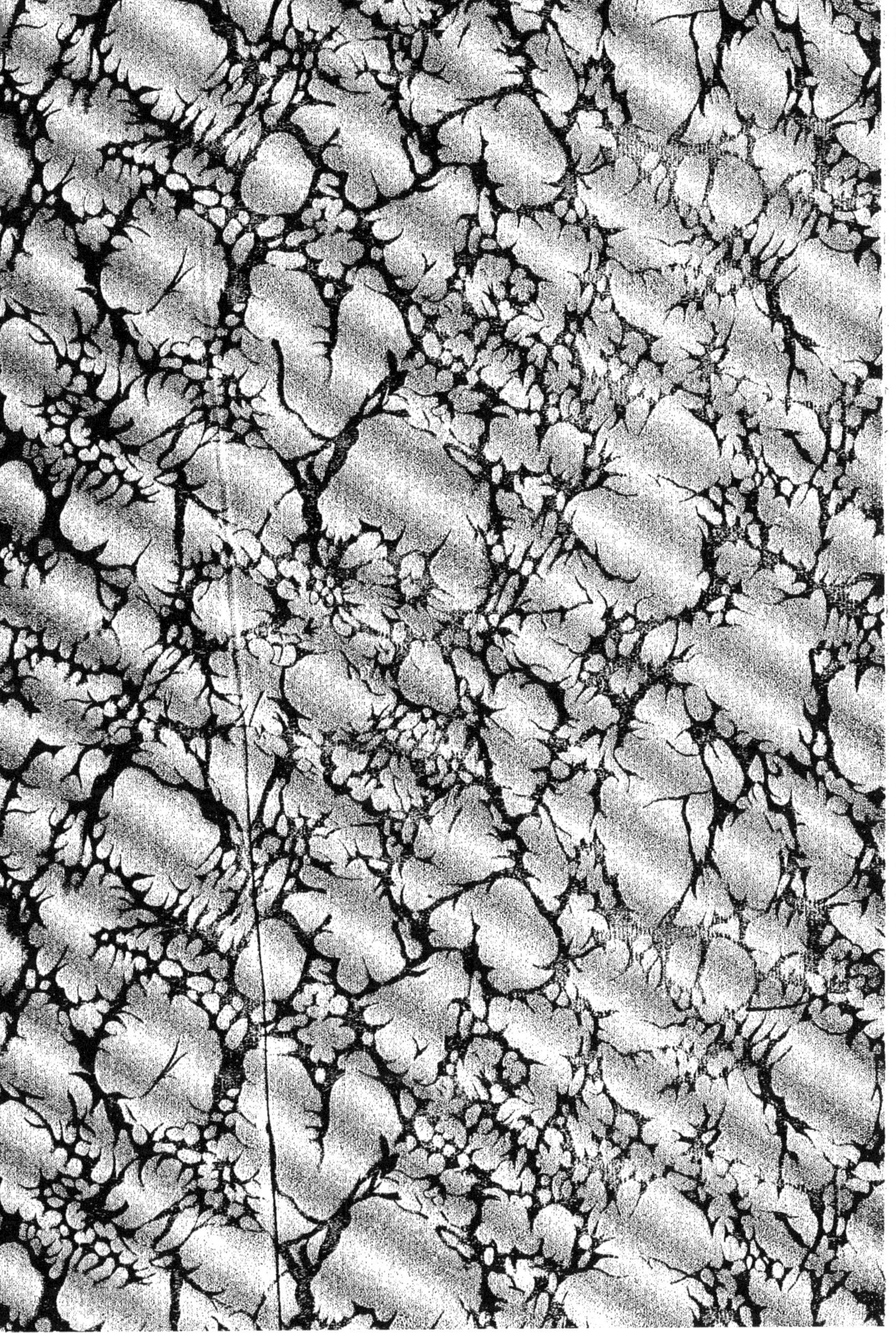

CULTURE MÉCANIQUE

PAR

MAX RINGELMANN

MEMBRE DE L'ACADÉMIE D'AGRICULTURE
PROFESSEUR DE GÉNIE RURAL A L'INSTITUT NATIONAL AGRONOMIQUE
ET A L'ÉCOLE NATIONALE SUPÉRIEURE D'AGRICULTURE COLONIALE
DIRECTEUR DE LA STATION D'ESSAIS DE MACHINES

TOME VII

CONTENANT 69 FIGURES

LIBRAIRIE AGRICOLE DE LA MAISON RUSTIQUE

LIBRAIRIE DE L'ACADÉMIE D'AGRICULTURE

PARIS — RUE JACOB, 26

1921

CULTURE MÉCANIQUE

TOME VII

CULTURE MÉCANIQUE

PAR

MAX RINGELMANN

MEMBRE DE L'ACADÉMIE D'AGRICULTURE
PROFESSEUR DE GÉNIE RURAL A L'INSTITUT NATIONAL AGRONOMIQUE
ET A L'ÉCOLE NATIONALE SUPÉRIEURE D'AGRICULTURE COLONIALE
DIRECTEUR DE LA STATION D'ESSAIS DE MACHINES

TOME VII

CONTENANT 69 FIGURES

LIBRAIRIE AGRICOLE DE LA MAISON RUSTIQUE
LIBRAIRIE DE L'ACADÉMIE D'AGRICULTURE
PARIS — RUE JACOB, 26
1921

CULTURE MÉCANIQUE

TOME VII

Des moteurs pour appareils de Culture mécanique.

Les appareils de Culture mécanique sont actionnés par des moteurs au sujet desquels nous avons déjà donné des indications générales (1). Dans ce qui va suivre nous ne voulons considérer que les moteurs à explosions utilisant divers combustibles (essence minérale, benzol, pétrole lampant, mazout, alcool dénaturé pur ou carburé, naphtaline, gaz pauvre, etc.).

Le moteur à explosions peut être à petite vitesse angulaire ; il est alors appelé communément *moteur lent* ; lorsqu'il a une grande vitesse on le désigne généralement sous le nom de *moteur rapide* ou de *moteur vite*. Admettons ici ces deux termes non scientifiques de *moteur lent* et de *moteur vite* que le public connaît bien.

Depuis longtemps nos préférences vont aux moteurs à grande vitesse angulaire, bien moins encombrants et bien plus faciles à mettre en route que les moteurs lents. Nous ne pouvons nous empêcher de nous rappeler, à ce sujet, les objections nombreuses qui furent faites à la suite de nos premiers essais de moteurs à pétrole (connus sous le nom d'essais de Meaux-1894), dont la vitesse de rotation n'était alors que deux à trois fois plus élevée que celle de nos locomobiles à vapeur. Nous basant sur une étude rationnelle, vérifiée par des expériences, nous demandions des vitesses encore plus grandes, dont l'emploi fut plus tard généralisé avec les moteurs d'automobiles tournant à 1 200 et même à plus de 1 500 tours par minute, sans que la pratique ait constaté une usure anormale.

On est dans l'erreur en supposant de nombreuses conditions défavorables aux moteurs vite, dues par exemple à l'intensité des chocs en fin de course du piston, résultant, dit-on, de la force vive ou de l'inertie des pièces animées de mouvements alternatifs ; à l'usure des articulations, laquelle serait d'autant plus élevée que la vitesse du moteur est plus grande, etc.

*
* *

Nous pouvons tenter d'exposer la discussion du problème sous une forme aussi accessible que possible à tous, en laissant de côté les méthodes scientifiques qu'il faudrait appliquer s'il s'agissait de donner une grande précision aux valeurs absolues cherchées.

(1) *Culture mécanique*, t. IV, p. 5.

CULTURE MÉCANIQUE.

Considérons par exemple deux moteurs de construction actuelle, dits de 16 chevaux, dont voici les dimensions :

	Moteur	
	lent.	vite.
Nombre de cylindres	1	4,
Alésage (millim).	203	90
Course (millim).	304	120
Nombre de tours par minute. . .	400	1 200

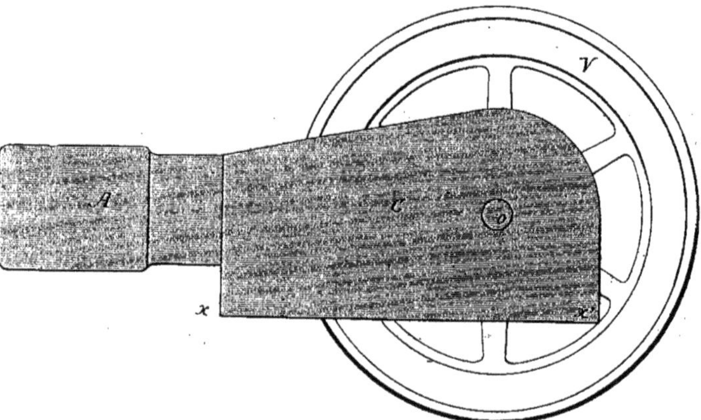

Fig. 1. — Vue en élévation d'un moteur lent de 16 chevaux.

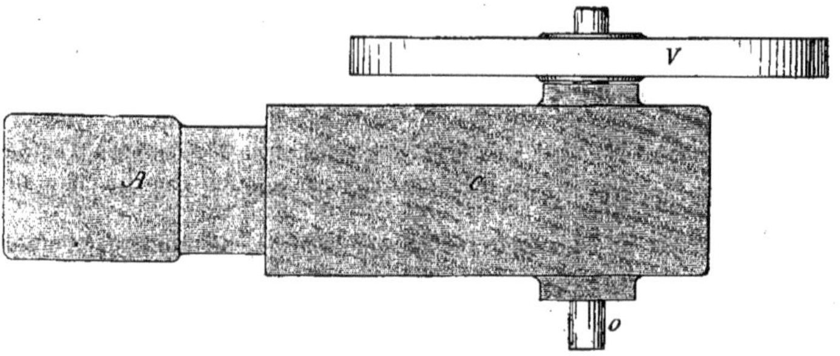

Fig. 2. — Vue en plan d'un moteur lent de 16 chevaux.

Les résultats de nos calculs développés dans la suite donneront des nombres intéressant uniquement la comparaison de ces deux moteurs ; l'on pourra appliquer la méthode à d'autres machines, en comparant toujours des choses comparables, c'est-à-dire des moteurs de même puissance mais ayant des vitesses angulaires différentes.

Nous avons représenté, à la même échelle, l'élévation et le plan de chacun de ces deux moteurs.

Le moteur lent, monocylindrique (fig. 1 et 2), repose sur le châssis par la base xx' du carter C ; on voit le cylindre en A, l'arbre en o et le volant en V.

Le moteur vite (fig. 3) a ses quatre cylindres *a*, *b*, *c* et *d* montés par paires sur le chapeau *h* du carter *h i* dont les pattes *n* et *n'* servent à le fixer sur le châssis ; on voit l'arbre en *o* et le volant en *v* ; nous avons représenté en pointillé le carter *t* de la commande de l'arbre de distribution actionnant les tiges *s* des soupapes.

Les figures précédentes donnent une idée des encombrements respectifs des deux moteurs, et, par suite, de leur poids. Pour nos applications agricoles, le moteur vite n'a pas besoin d'avoir son carter en aluminium comme ceux des automobiles ; il suffit d'employer des carters en fonte, bien moins coûteux.

Il ne s'agit pas de chercher des moteurs extra-légers comme ceux destinés aux avions, moteurs qui doivent répondre à des conditions toutes spéciales auxquelles on est obligé de sacrifier le prix d'achat et même la durée de bon fonctionnement.

* * *

Dans un moteur dont l'ajustage est bien entretenu il n'y a pas de chocs ; ces derniers se manifestent lorsqu'il y a trop de jeu aux articulations de la bielle avec le piston et avec la manivelle, et à l'arbre dans ses coussinets. Avec notre ancien moteur à gaz, de la Station d'essais de Machines, datant de 1889 et tournant à raison de 165 tours par minute, il suffisait de donner tant soit peu de jeu au coussinet de la tête de bielle pour que les chocs se manifestent ; il en est de même pour les pompes à piston, les machines à vapeur à marche lente, etc.

Le piston du moteur se déplace avec une vitesse variable, passant progressivement de zéro (point mort) à un maximum au milieu de la course (point vif) pour diminuer aussi progressivement et se réduire de nouveau à zéro (point mort), puis repartir ensuite de la même façon dans la course arrière. Il ne peut y avoir de choc aux deux extrémités de course (1). Il y aurait choc si le piston s'arrêtait brusquement à fin de course, ce qui n'est pas le cas.

Il y a choc lors de l'explosion ; ce choc agit sur les parois fixes de la chambre de compression et sur le fond du piston ; l'effet de ce choc peut être élevé avec une avance exagérée à l'allumage et se constate avec tous les moteurs mal réglés quelle que soit leur vitesse de rotation.

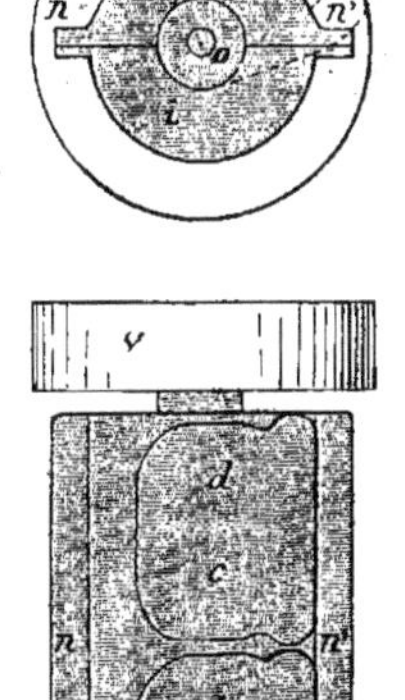

Fig. 3. — Vue en élévation et en plan d'un moteur vite de 16 chevaux.

Disons que la plus belle machine à explosions, dont de très nombreux exemplaires ont été récemment en service, supporte des chocs formidables et lance son piston à des vitesses également formidables ; nous voulons parler du canon.

Lors de l'explosion, il se produit une élévation momentanée de pression qui se reporte sur les articulations du piston avec la bielle et de la bielle avec la manivelle.

(1) Voir fig. 268, p. 251, *Traité de Mécanique expérimentale* (Librairie agricole de la Maison rustique). Les figures 1 à 7 sont extraites du *Journal d'Agriculture pratique*.

Un relevé à l'indicateur donne les pressions en kg par centimètre carré ; un calcul basé sur la surface du piston en centimètres carrés donne la pression totale momentanée qui, lors de l'explosion, se reporte sur les articulations précitées :

	Moteur	
	lent.	vite.
Pression maximum lors de l'explosion (kg. par centim. carré).	9	12
Pression totale sur le piston (kg)	2 912,4	763,2
Rapports des pressions totales.	3,81	1,00

Ainsi, la pression brusque et momentanée qui se reporte sur la bielle et la manivelle lors de l'explosion est près de 4 fois plus forte dans le moteur lent que dans le moteur vite ; les surfaces des portées des articulations de la bielle devraient donc être dans le rapport de 1 à 3,8 dans les deux moteurs considérés ; au contraire, les surfaces sont relativement plus grandes dans les moteurs vite que dans les moteurs lents.

Le martelage des pièces, résultant de cette pression, est d'autant plus intense qu'il y a plus d'explosions dans l'unité de temps ; nous pouvons en avoir une idée en multipliant les rapports précédents (3,81 et 1,00) par les rapports des nombres d'explosions par minute et par piston :

	Moteur	
	lent.	vite.
Nombre d'explosions par minute.	200	600
Rapports des nombres d'explosions par minute.	0,333	1,00
Rapports des pressions totales.	3,81	1,00
(Rapport) Produit des deux chiffres ci-dessus.	1,26	1,00

C'est-à-dire que la destruction des pièces par martelage dû aux explosions est, pour le moteur lent, un peu plus d'une fois et un quart plus forte que pour le moteur vite.

*
* *

On attribue, dans les moteurs à grande vitesse, des valeurs élevées à la force vive des pièces animées de mouvements alternatifs.

La force vive est proportionnelle à une fraction du poids de la pièce en mouvement (1) et au carré de la vitesse par seconde.

Le poids du piston est en fonction de sa surface multipliée par un coefficient, plus sa circonférence multipliée par un autre coefficient. Le poids de la bielle est en fonction de la surface du piston multipliée par un coefficient. La surface du piston jouant ici le plus grand rôle, il nous suffira de la considérer seule et de la multiplier par le carré de la vitesse du piston en mètres par seconde ; avec les deux moteurs considérés précédemment, on a :

	Moteur	
	lent.	vite.
Nombre de tours par minute.	400	1 200
Vitesse du piston en mètres par seconde.	4,05	4,80
Carré de la vitesse du piston	16,40	23,04
Surface du piston (centim. carrés).	323,6	63,6
Produit du carré de la vitesse du piston par la surface du piston.	5 307,04	1 465,34
Rapport	3,62	1,00

(1) Masse de la pièce ; v. *Mécanique expérimentale*, précitée.

Si la vitesse du piston est plus faible avec le moteur lent qu'avec le moteur rapide, au contraire, en tenant compte de la masse des pièces animées de mouvements, la force vive qu'on invoque comme produisant des vibrations et des pertes d'énergie est, avec le moteur lent, plus de 3 fois et demi plus élevée qu'avec le moteur rapide dont il est question.

D'autres fois on invoque ce qu'on appelle en mécanique les *quantités de mouvement* du piston et de la bielle.

La quantité de mouvement est proportionnelle à une fraction du poids des pièces et à leur vitesse par seconde.

Comme précédemment nous pouvons considérer les poids comme proportionnels à la surface du piston ; en effectuant les calculs, on a :

	Moteur	
	lent.	vite.
Vitesse du piston, en mètres par seconde . . .	4,05	4,80
Surface du piston (centim. carrés)	323,6	63,6
Produit des deux chiffres précédents	1 310,58	305,28
Rapport	4,29	1,00

En considérant les quantités de mouvement, la détérioration qui pourrait leur être attribuée serait plus de 4 fois plus élevée chez le moteur lent que pour le moteur à grande vitesse.

*
* *

La grande fatigue de la bielle a lieu lors de l'explosion ; sa section doit être suffisante pour résister à la compression, et son poids est en fonction de sa section et de sa longueur, cette dernière étant en fonction de la course du piston. La section de la bielle est en relation directe avec la pression maximum qu'elle supporte. On peut donc avoir une idée des poids respectifs des bielles en comparant les produits des rapports des pressions totales lors de l'explosion par les rapports des courses des pistons :

	Moteur	
	lent.	vite.
Rapport des pressions totales.	3,81	1,00
Rapport des courses des pistons	2,53	1,00
(Rapport) Produit des deux chiffres ci-dessus. . . .	9,63	1,00

Ainsi, la bielle aux oscillations de laquelle on attribue d'importantes vibrations dues à son poids, pèserait, pour le moteur lent, environ 9 fois et demi plus que pour le moteur rapide. Pour avoir une idée des effets destructeurs occasionnés par les oscillations de la bielle, il faut multiplier les rapports précédents par les rapports des carrés des vitesses :

	Moteur	
	lent.	vite.
Rapport des poids des bielles	9,63	1,00
Rapport des carrés des vitesses	0,711	1,00
(Rapport) Produit des deux chiffres ci-dessus . . .	6,84	1,00

En d'autres termes, les effets destructeurs dus aux oscillations de la bielle seraient, dans le moteur lent, près de 7 fois plus importants que dans le moteur à grande vitesse.

***

Examinons enfin ce qui est relatif à l'usure par frottement qu'on considère comme étant très élevée avec le moteur à grande vitesse angulaire.

L'usure des pièces (qui sont ici des tourillons à la bielle et des portées à l'arbre moteur) est proportionnelle à la pression reçue par les pièces (pression par unité de surface frottante) et à la vitesse des parties frottantes ; elle est inversement proportionnelle à la dureté des métaux et à l'intensité de la lubrification jusqu'à la limite nécessaire au delà de laquelle on dépense inutilement du lubrifiant.

Comme les portées sont, relativement aux pressions reçues, plus grandes dans le moteur à grande vitesse que dans le moteur lent, nous pouvons nous baser sur la pression totale moyenne supportée par les pistons pendant les courses motrices, et sur le chemin parcouru par minute dans ces courses motrices. Nous ne considérons que les courses motrices, car les pressions supportées pendant l'aspiration, la compression et l'échappement sont bien plus faibles. Nous laissons de côté la dureté des métaux, ou leur résistance à l'usure, et la lubrification que nous admettons identiques dans les deux moteurs. En effectuant les calculs on a :

	Moteur	
	lent.	vite.
Pression moyenne pendant la course motrice (kg par centim carré). . . .	4,8	6,8
Pression moyenne sur la surface du piston pendant la course motrice (kg).	1 553,28	432,48
Chemin parcouru par minute pendant les courses motrices (mèt).	60,80	72,00
Produit des deux chiffres ci-dessus	94 439,42	31 138,56
Rapport.	3,03	1,00

C'est-à-dire que l'usure des pièces frottantes du moteur lent est trois fois plus intense que celles du moteur à grande vitesse.

Nous pouvons citer le moteur de l'automobile d'un de nos anciens élèves, M. Pierre de Lapparent ; le moteur de 14 chevaux, à 4 cylindres, de 75 mm d'alésage et 120 mm de course, a une vitesse normale de 1 200 tours par minute. Après 2000 heures de fonctionnement le moteur fut complètement démonté et visité dans toutes ses parties ; il a été reconnu à l'état de neuf sans trace apparente d'usure. Il est vrai de dire que M. de Lapparent est un excellent mécanicien et que la machine mise entre des mains maladroites, comme toutes les machines d'ailleurs, n'aurait certainement pas travaillé si longtemps sans nécessiter quelques réparations.

***

Que résulte-t-il de ce qui précède ? A tous les points de vue examinés, le moteur à marche lente est inférieur au moteur à grande vitesse, dans des rapports variant de 1 à 1,26 et à 6,84 pour les deux moteurs considérés, rapports qui seront certainement différents avec d'autres moteurs, mais toujours en faveur de celui à marche rapide de même puissance.

Si nous ajoutons que « pour le même travail à fournir la consommation de combustible augmente inutilement avec la marche lente (1) », on voit que c'est avec motifs

(1) *Moteurs thermiques*, par M. Ringelmann, page 102. (Librairie agricole de la Maison rustique).

que nous recommandons l'emploi des moteurs à grande vitesse angulaire, aussi bien pour les installations fixes que pour les appareils de Culture mécanique.

Si l'on veut faciliter la mise en route d'un moteur lent par divers dispositifs, ces derniers ne peuvent qu'occasionner une complication du mécanisme et une dépense supplémentaire.

Le seul inconvénient du moteur à grande vitesse, et qui n'est pas bien grave, est de nécessiter, relativement au moteur lent, une paire d'engrenages en plus, avec un petit arbre intermédiaire.

Enfin, l'on croit que l'avantage du moteur à grande vitesse que nous préconisons ne peut conduire qu'à un plus faible poids, c'est-à-dire que cela aurait peu d'importance parce qu'il faut un certain poids au tracteur ; nous trouvons, au contraire, que cela en a une et qu'il vaut mieux obtenir le poids voulu en chargeant de la terre ou des pierres dans un coffre, plutôt qu'en payant un mécanisme valant, avant la guerre, de 2 fr à 2 fr. 50 le kilog dans les machines américaines, ou jusqu'à 10 francs le kilog dans les machines de construction française, parce que ces dernières ne sont pas encore fabriquées en grandes séries.

*
* *

La conclusion basée sur l'étude précédente de la machine motrice seule est en faveur de l'application du moteur à grande vitesse angulaire appartenant aux types employés dans les automobiles.

Ceux qui ont suivi l'évolution des voitures automobiles depuis 1889 peuvent se rappeler les premiers modèles actionnés par un moteur lent, lourd et encombrant; peu à peu, au fur et à mesure des perfectionnements apportés, tant dans la commande automatique des soupapes et de l'allumage, que du carburateur et de l'ensemble de la construction, ces anciens moteurs ont disparu devant ceux utilisés actuellement, tournant à 1 200 et même à plus de 1 500 tours par minute, légers et ramassés, pouvant s'abriter sous des capots de faibles dimensions. Une grande partie de la voiture était autrefois occupée par le moteur et ses accessoires, ne laissant qu'une petite place pour la carrosserie, alors que c'est l'inverse dans les automobiles actuelles:

*
* *

On peut considérer différents moteurs actionnant un tracteur et voir comment se répartissent les courses motrices, en nombre et en puissance, pour un certain avancement du véhicule.

Si l'on suppose une vitesse d'avancement du tracteur de 50 mètres par minute, on peut chercher combien il y a d'explosions ou de courses motrices par mètre d'avancement et, par suite, la distance parcourue qui sépare deux courses motrices. (Nous nous limiterons ici à une vitesse angulaire du moteur de 1 000 tours par minute pour ne pas trop effrayer notre clientèle rurale ; l'on pourra faire des calculs analogues pour d'autres vitesses ; ils seront toujours en faveur des moteurs vite.)

Les résultats des calculs basés sur différents moteurs : à un cylindre et 400 tours par minute ; à deux cylindres avec 500 et 1000 tours par minute, enfin avec un moteur à quatre cylindres et tournant à raison de 1 000 tours par minute, sont consignés dans le tableau suivant.

 CULTURE MÉCANIQUE.

Nombre de cylindres	1	2		4
Par minute : nombre de { tours du moteur	400	500	1 000	1 000
{ courses motrices	200	500	1 000	2000
Par mètre d'avancement du tracteur, nombre de courses motrices	4	10	20	40
Chemin parcouru par le tracteur et par course motrice (centim)	25	10	5	2,5
Puissance relative que doit fournir chaque course motrice pour obtenir le même travail mécanique par seconde	10	4	2	1

Ce tableau de chiffres est susceptible d'une représentation graphique qui se comprend plus facilement et que nous avons réalisée dans les figures 4 à 7.

La roue A (fig. 4) du tracteur actionné par un moteur à un cylindre et tournant à raison de 400 tours par minute se déplace sur un chemin $o\,x$ dont la longueur est d'un mètre ; sur ce parcours il y a 4 courses motrices y, o, b et c fournissant chacune une puissance représentée par la hauteur $a\,a'$.

Le dessin A$'$ (fig. 5) est relatif à un tracteur actionné par un moteur à 2 cylindres et faisant 500 tours par minute ; sur le même chemin $o\,x$ (un mètre) il y a 10 courses motrices devant fournir chacune une puissance y' pour que le travail mécanique par seconde soit le même que celui du tracteur A.

Les conditions relatives à un tracteur mu par un moteur à 2 cylindres avec une vitesse angulaire de 1 000 tours par minute sont représentées par le dessin A$''$ (fig. 6) ; sur un parcours $o\,x$ d'un mètre il y a 20 courses motrices devant développer chacune une puissance représentée par y''.

Enfin le dessin A$'''$ (fig. 7) concerne le tracteur dont le moteur à 4 cylindres fonctionne à raison de 1 000 tours par minute. Pour un mètre d'avancement il y a 40 explosions chacune d'une faible intensité représentée par y''' portée à la même échelle que les autres lignes y, y' et y''.

L'examen de ces quatre dessins (fig. 4 à 7) montre bien qu'il faut que le moteur du tracteur A soit pourvu d'un volant lourd et d'assez grand diamètre pour tâcher de rendre uniforme le mouvement d'avancement, une course motrice devant servir pour un chemin parcouru de 250 millimètres, alors qu'en A$'''$, le volant peut être bien plus petit et moins lourd, chaque course motrice ne devant agir que pour un avancement de 25 millimètres, c'est-à-dire dix fois plus petit que le précédent.

Comme les puissances à développer par course motrice sont plus faibles en A$'''$ (fig. 7) qu'en A (fig. 4), on doit employer des moteurs dont les cylindres ont moins d'alésage et les pistons moins de course, formant un ensemble bien moins volumineux et d'une mise en route aussi facile que celle des moteurs des voitures automobiles avec lesquelles le public est déjà familiarisé.

Les nombreux travaux supplémentaires dont je suis surchargé du fait de la Guerre ne m'ont pas permis de procéder aux expériences suivantes : installer sur divers tracteurs, en fonctionnement pratique, des enregistreurs des secousses et vibrations qui se manifestent dans trois plans orthogonaux et comparer les diagrammes. Ce n'est, j'espère, que partie remise, et je suis convaincu que les graphiques qui seront obtenus présenteront une très grande similitude avec les figures 4, 5, 6 et 7.

D'ailleurs la pratique a, d'une façon empirique, sanctionné nos conclusions de 1916 en abandonnant de plus en plus les tracteurs à moteurs lents ; les constructeurs établissent leurs nouveaux types avec des moteurs à grande vitesse angulaire.

Le léger inconvénient qu'on trouve à l'emploi des moteurs à grande vitesse angulaire se manifeste quand on s'en sert pour actionner par courroie une machine quel-

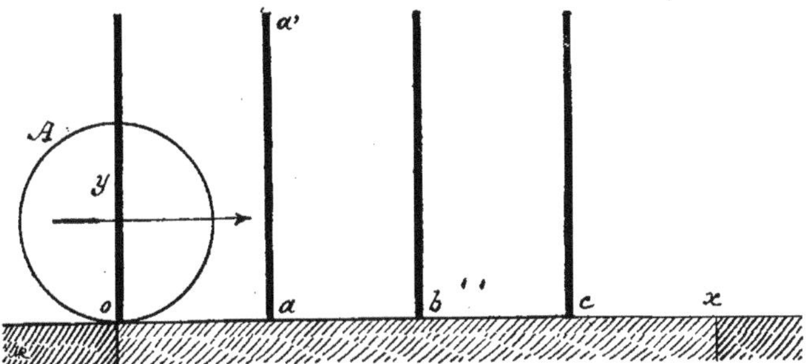

Fig. 4. — Nombre de courses motrices par mètre d'avancement d'un tracteur actionné par un moteur monocylindrique ayant une vitesse de 400 tours par minute.

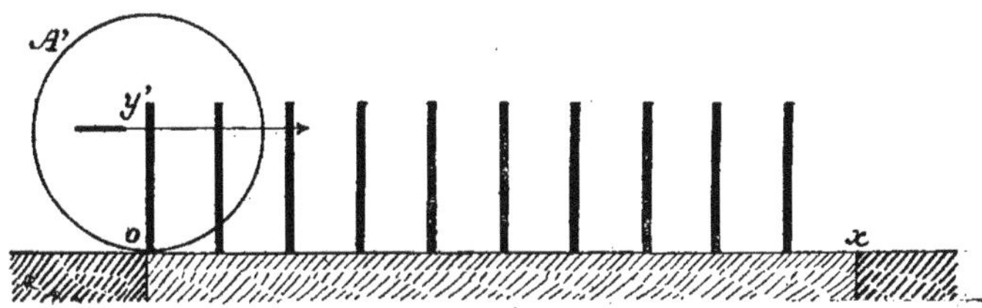

Fig. 5. — Nombre de courses motrices par mètre d'avancement d'un tracteur actionné par un moteur à 2 cylindres ayant une vitesse de 500 tours par minute.

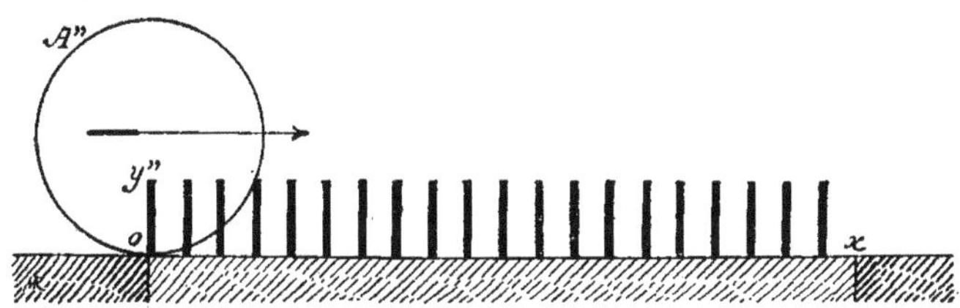

Fig. 6. — Nombre de courses motrices par mètre d'avancement d'un tracteur actionné par un moteur à 2 cylindres ayant une vitesse de 1 000 tours par minute.

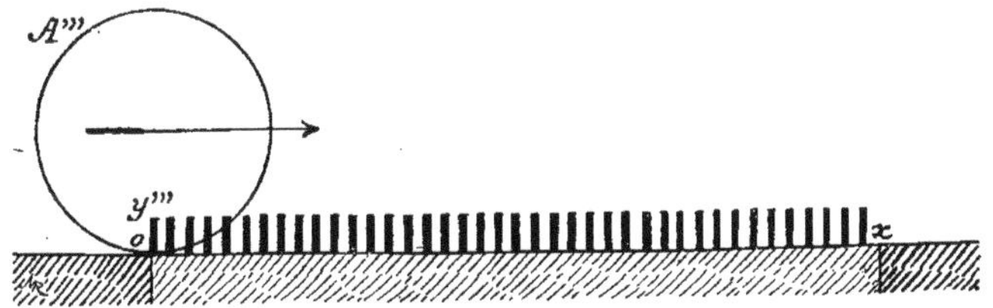

Fig. 7. — Nombre de courses motrices par mètre d'avancement d'un tracteur actionné par un moteur à 4 cylindres ayant une vitesse de 1 000 tours par minute.

conque : la poulie motrice est de faible diamètre ; sur son limbe une courroie dure, tannée à l'écorce, ne s'applique pas bien et glisse, à moins de la tendre d'une façon exagérée usant les coussinets de l'arbre du moteur. On tourne aisément la difficulté en employant des courroies en cuir de champ, souples et très adhérentes, tannées au chrome, faiblement tendues, comme les courroies *Titan* qui ont de plus l'avantage d'être imputrescibles et de ne pas se détériorer à l'humidité.

Enseignement de la Culture mécanique.

La Direction de l'Agriculture avait l'intention d'organiser une École de moniteurs et de mécaniciens ruraux. Sous l'action de diverses influences très regrettables, les choses, pourtant bien préparées, ont traîné en longueur et, en résumé, on a supprimé, avant son ouverture, l'École (1) instituée par le décret du 30 janvier 1917 ; on n'a vu que la question du moment sans réfléchir à l'avenir.

(*
* *

Une École a été ouverte en avril 1919, à Oucques, canton de Marchenoir (Loir-et-Cher) ; elle est destinée aux agriculteurs et conducteurs de tracteurs agricoles, aux forgerons chargés de réparer les appareils et surtout de raffiler les socs, aux mécaniciens réparateurs de machines agricoles qui seront appelés à réparer des tracteurs. En voici le programme :

L'École admet des élèves par séries de 30 comprenant :

20 apprentis conducteurs qui toucheront une indemnité journalière d'environ 7 francs avec un supplément de 3 francs pour cherté de vie ;

5 forgerons élèves
5 mécaniciens élèves } recevant une indemnité quotidienne d'environ 14 francs.

La durée de l'apprentissage est d'environ un mois.

Les élèves qui en seront jugés dignes recevront un *Certificat d'aptitude*.

L'école admettra aussi, comme élèves bénévoles, les agriculteurs désirant apprendre la conduite des appareils de Culture mécanique, sans qu'ils soient soumis à la discipline des apprentis, mais sans avoir droit à aucune indemnité de l'État.

Les demandes d'admission, adressées à M. le Commissaire à l'Agriculture (6, cité Vaneau, à Paris), doivent être envoyées accompagnées d'une note indiquant les nom et prénoms du candidat, sa résidence, le lieu et la date de sa naissance, ses connaissances en agriculture, en mécanique, en travail des métaux, en conduite des voitures automobiles, etc., ainsi que, s'il y a lieu, les nom et adresse de l'exploitation qui l'emploie.

Les séries d'élèves pourront se succéder ainsi tous les 40 jours environ ; mais il est probable qu'après deux séries l'École sera transférée dans un autre canton.

* *

La création d'une *Batterie-école* de Culture mécanique dans le département de l'Aube a été décidée en avril 1919 par le Ministère de l'Agriculture. Elle sera installée à la Ferme de la Folie, près Brienne-le-Château. Son rayon d'action doit s'étendre sur tout le département.

(1) Page 46.

Démonstrations publiques d'appareils de Culture mécanique
de Saint-Germain-en-Laye
par la Chambre syndicale de la Motoculture.

Du 30 mars au 6 avril 1919 a eu lieu la *Semaine de motoculture de printemps*, organisée par la Chambre syndicale de motoculture, 30, avenue de Messine, à Paris. Une subvention a été accordée par le Ministre de l'Agriculture.

Les Démonstrations publiques se sont passées près de Saint-Germain-en-Laye, à la ferme domaniale dite de la Jonction, située sur la route de Saint-Germain à Mantes ; 31 pièces ou parcelles de terre, comprenant environ 80 hectares en terres argilocalcaires et argilo-siliceuses, étaient réparties entre les concurrents ; certaines pièces, ayant des pentes plus ou moins prononcées, avaient de 30 à 50 mètres de largeur et 350 mètres de rayage avec une différence de niveau de 17 mètres.

Les constructeurs français et les appareils de construction étrangère étaient admis soit à l'exposition fixe, soit aux travaux à effectuer sur le terrain. Tout constructeur ne pouvait être représenté que par 3 exemplaires au plus du même type commercial et par un maximum de 10 appareils de différents types (article premier du règlement).

Les droits d'inscription (art. 2) étaient :

1° Pour l'exposition, 10 francs par mètre carré avec un minimum de 500 fr, plus 20 francs par mètre de façade avec un minimum de 100 francs ; soit un minimum de 600 francs ;

2° Pour le terrain de travail un droit fixe de 300 francs, plus un droit variable calculé à raison de 200 francs par hectare de surface de la parcelle accordée.

Comme on le voit, les conditions financières imposées aux constructeurs sont loin de celles des concours de l'État, pour lesquels tout est gratuit : emplacement, combustibles, lubrifiants ; et, comme l'État institue ses concours en vue des Agriculteurs, il favorise les demandes d'inscription en allouant des indemnités de déplacement aux inventeurs, constructeurs ou représentants.

Il n'a pas été prévu de constatations ni de mesures aux démonstrations de Saint-Germain-en-Laye, comme cela eut lieu à la *Semaine d'automne* dont nous avons parlé antérieurement (1).

**
*

Les appareils qui ont figuré à la Semaine de Printemps peuvent se classer de la façon suivante :

A. — Appareils funiculaires.

De Dion-Bouton, 36, quai National, à Puteaux (Seine); deux treuils automobiles avec moteur à essence de 50 chevaux, dont le poids de chacun est d'environ 6 tonnes; prix 85 000 fr.

Compagnie électro-mécanique, 12, rue Portalis, à Paris; système roundabout avec double-treuil fixe actionné par une réceptrice de 40 à 50 chevaux ; le poids du treuil est d'environ 6 tonnes.

Société française des tracteurs-treuils Doizy, 34, rue Ernest-Renan, à Issy-les-

____

(1) *Culture mécanique*, t. VI, p. 119. — Ce volume page 35.

Moulineaux (Seine) ; machine de 25 chevaux pesant environ 4 tonnes ; prix 24 000 fr.

Société du matériel de Culture moderne, 3, rue Taitbout, à Paris, tracteur-toueur Filtz avec moteur de 30 à 40 chevaux : le poids est de 2 150 kg et le prix de 24 400 fr sans le câble ni les accessoires nécessaires.

M. J. Puech, 98, rue de la Victoire, à Paris ; avant-train tracteur de 7,5 chevaux, dit l'*Agro*, de M. Blanchard ; poids 700 kg ; prix 6 500 fr sans la charrue.

B. — **Tracteurs directs.**

a. — **Tracteurs à une roue motrice :**

American Tractor, 11, avenue du Bel-Air, Paris ; tracteur Gray, de 40 chevaux et du poids de 3 000 kg ; prix 26 500 fr.

Fig. 8. — Tracteur A. Goutz et Cⁱᵉ.

Établissements Agricultural, 25, route de Flandre, à Aubervilliers (Seine) ; machine de 24 chevaux, pesant 2 700 kg ; prix 16 000 fr.

b. — **Tracteurs à deux roues motrices :**

A. Goutz et Compagnie, 46 rue de Londres, Paris ; transformation du système Landrin d'un camion automobile de 24 chevaux (poids 2 200 kg) en tracteur, désigné sous le nom de tracteur routier agricole et colonial (fig. 8) (1).

Société de construction et d'entretien de matériel industriel et agricole (S. C. E. M. I. A.) 9, rue Tronchet, à Paris ; tracteur *Universel*, de 25 chevaux, pesant environ 2 650 kg ; prix 17 000 fr.

Austin Motor Company, Birmingham (Angleterre) et 134, avenue Malakoff, à Paris ; tracteur de 25 chevaux pesant 2 300 kg ; prix, 12 500 fr.

(1) Les figures 8, 9 et 10 sont extraites du *Journal d'Agriculture pratique*.

Avery, présenté par la maison *Th. Pilter*, 24, rue Alibert, à Paris; moteur de 25 chevaux ; poids 4 020 kg.

Butterosi Syndicate, 147, avenue Malakoff, à Paris ; tracteur national de 22 chevaux (2 000 kg); prix 15 000 fr.

Compagnie Case, 251, faubourg Saint-Martin, à Paris : tracteur de 18 chevaux (poids 2 100 kg); prix 14 500 fr avec la charrue à 3 raies.

Compagnie internationale des machines agricoles, 155, avenue du général Michel-Bizot, à Paris; tracteur *Titan*, de 20 chevaux; poids 2 950 kg ; prix 14 000 fr.

Ford, représenté par MM. A. Maleville et Pïgeon, à Chartres-Mainvilliers (Eure-et-Loir) et 6, place Decazes, à Libourne (Gironde) ; tracteur *Fordson* de 22 chevaux, pesant 1 600 kg ; prix 12 500 fr avec charrue.

Parrett (La Traction agricole, 19, rue de Rome, à Paris); machine de 25 chevaux, pesant 2 300 kg; prix 22 000 fr.

Rip (Société Rip, 60, avenue de la République, à Paris): tracteur Rock Island de 16 chevaux, du prix de 15 300 fr.

c. — **Tracteurs à quatre roues motrices:**

Ateliers Atlas, 21, rue Desrenaudes, à Paris ; tracteur F. T. de Mesmay, dit type de Picardie; les prix sont les suivants : 18 chevaux, 15 000 fr ; 20 chevaux, 21 000 fr.; 30 chevaux 26 000 fr.

S. Neuerburg et fils, 3, rue la Boétie, à Paris; tracteur *Auror* de 16 à 20 chevaux, du poids de 1 400 kg; prix 12 000 fr.

d. — **Tracteur avec chaînes à palettes :**

M. Edouard Lefebvre, 1, rue du Champ-des-Oiseaux, à Rouen (Seine-Inférieure); tracteur de 40 chevaux, pesant 5 000 kg; prix 35 000 fr.

e. **Tracteurs à chemins de roulement, dits à chenilles :**

Allied Machinery Company, 19, rue de Rocroy, à Paris: tracteur *Cleveland*, de 12 chevaux, pesant près de 2 000 kg ; prix 14 000 fr.

M. A. W. Pidwell, 19, boulevard Malesherbes, à Paris ; tracteurs *Neverslip* de 18 chevaux (poids 3 050 kg), prix 15 000 fr ; de 20 chevaux (poids 3 100 kg), prix 21 000 fr. de 30 chevaux (poids 3 300 kg.), prix 26 000 fr.

M. Louis Renault, 15, rue Gustave-Sandoz, à Billancourt (Seine); tracteur type C. P. de 35 chevaux, pesant 3 500 kg ; prix 28 000 fr (fig. 9).

MM. Schneider et Compagnie, tracteur de 100 chevaux.

C. — **Charrues automobiles :**

Société des automobiles Delahaye, 10, rue du Banquier, à Paris; machine de 32 chevaux, à trois roues motrices, deux roulant en tandem sur le guéret, l'autre dans la raie; au châssis sont articulés dans le plan vertical les 4 corps de charrue (fig. 10); la machine, fonctionnant en navette pour labours à plat, pèse 4 000 kg; prix 35 000 fr.

Blum et Compagnie, 8, quai du Général-Galliéni, à Suresnes (Seine); charrue automobile Tourand-Latil, de 30 chevaux, pesant 3 000 kg et du prix de 24 000 fr.

D. — **Avant-train tracteur :**

Moline Plow Cie, 159 bis, quai Valmy, à Paris; machine de 18 chevaux, du poids de 2 000 kg; prix 15 500 fr. avec la charrue arrière-train à 2 raies.

Fig. 9. — Tracteur Louis Renault.

Fig. 10. — Charrue automobile Delahaye.

E. — **Bineuse-brouette-automobile :**

M. Eugène Bauche et Cie, Le Chesnay, près Versailles (Seine-et-Oise); bineuse de 7 chevaux (poids 380 kg.); prix 6 825 fr. Le modèle de 2.75 chevaux est vendu 4 600 fr.

F. — **Machines à pièces travaillantes rotatives:**

M. Xavier Charmes, 17, rue Bonaparte, à Paris; machine dite *effriteuse* actionnée par un moteur de 20 chevaux ; poids 2 000 kg (1).

Société d'outillage mécanique et d'usinage d'artillerie (S. O. M. U. A.), 19, avenue de la Gare, à Saint-Ouen (Seine); type dit de grande culture de 35 chevaux pesant 2 000 kg. Le type de petite culture, monté en brouette automobile avec moteur de 6 chevaux, pèse 300 kg.

En plus de ces appareils, la *Société des Établissements Feuillette*, 56, rue la Boétie, Paris, et 26, rue Gambetta, à Boulogne (Seine), présentait le modèle d'un nouveau tracteur de 16 chevaux, devant peser 1 100 kg., à deux roues motrices garnies de pièces articulées portant des faîtages destinés à assurer l'adhérence.

Culture mécanique des vignes.

Essais de Montpellier.

La Société centrale d'Agriculture de l'Hérault avait organisé des essais d'appareils de Culture mécanique des vignes aux environs de Montpellier, au Mas de la Plaine et au Mas du Bouet. Ces essais ont eu lieu les 2, 3 et 4 mai 1919.

Sur les 15 concurrents inscrits, 7 seulement ont présenté 9 appareils :

Tracteurs à roues motrices : MM. André Citroën, 143, quai de Javel, à Paris; B. Chapron, 45, rue de la République, à Puteaux (Seine); Dessaules, représenté par le Sud-Automobile, boulevard Saint-Roch, à Avignon (Vaucluse).

Tracteurs à chemins de roulement dits à chenilles : Cleveland, de la Cie Allied ; et Lightfoot de la maison A. W. Pidwell.

Avant-train tracteur de la Cie Moline Plow.

Appareil-brouette-automobile, dit Universal, présenté par la maison Pidwell.

Appareils à pièces travaillantes rotatives : deux appareils de la Société d'outillage mécanique et d'usinage d'artillerie.

(1) Notre excellent ami Xavier Charmes, membre de l'Institut, ancien Directeur au Ministère de l'Instruction publique et Président de la Société centrale d'Agriculture du Cantal, est décédé le 5 mai 1919 à l'âge de 70 ans. Il s'était occupé, dès 1903, de chercher un appareil rotatif destiné au perfectionnement de la culture attelée pour le Cantal, dont il était originaire, appareil qui devait *effriter* le sol et sur lequel nous fîmes de nombreux essais ; il fut bientôt amené à employer un moteur inanimé. Malgré mes recherches concluant à ce qu'il devait abandonner son premier projet, il persévéra dans son idée sous l'influence d'un entourage intéressé à lui faire faire de fortes dépenses que lui permettait d'ailleurs sa fortune. Ses divers clients (selon l'ancienne signification romaine) eurent malheureusement sur lui plus d'action que mon amitié qui cherchait à l'aiguiller sur une autre voie qu'il aurait pu explorer au profit de tous, étant donné les ressources dont il disposait et son intention fondamentale de travailler pour le bien du pays. C'est à Xavier Charmes que s'applique la phrase de mon article du bas de la page 26 de la *Culture mécanique*, t. IV, dont je lui avais communiqué le manuscrit avant l'impression.

Suivant leurs dimensions, les machines peuvent travailler dans des plantations dont les lignes sont écartées de 1^{m}50, 2^m et 2^m,50.

Les deux tracteurs Citroën et Chapron sont établis d'après nos conclusions (1).

On trouvera d'autres détails sur les essais de Montpellier donnés par M. Labergerie dans la *Revue de Viticulture* (20 mai 1919, p. 312); sa conclusion est qu'il existe actuellement au moins deux appareils (Citroën et Chapron) capables de cultiver mécaniquement les vignes.

Au sujet des tracteurs à chemins de roulement, M. Labergerie ajoute les constatations suivantes : « La maniabilité est des plus séduisantes, le pivotement sur place par immobilisation d'une des deux chaînes permet le tour de valse, mais est obtenu au détriment d'efforts considérables sur les freins, d'où résultent des usures rapides et souvent dangereuses. Ces appareils sont dits à adhérence totale, ce qui est vrai quand ils ne traînent rien ou du moins en ne tirant qu'un poids très faible. Au contraire, lorsque l'effort de traction est un peu sérieux, l'appareil se cabre, et la partie en contact avec le sol devient très réduite, d'où résulte une instabilité de direction sans grand inconvénient autre que la fatigue du conducteur dans les travaux de culture ordinaire, mais pleine de risques pour la circulation entre les rangées de vignes. Enfin l'usure rapide des parties portantes (maillons des chaînes) et des goujons qui relient les maillons, due aux contacts avec les boues ou les poussières ne peut assurer une durée suffisante à ce genre d'appareils. Les résultats bien connus de tous ceux qui ont vu fonctionner ces tracteurs sur le front le démontrent surabondamment. »

Prix des combustibles.

Le Comité général du Pétrole a fixé le 12 mai les prix suivants applicables jusqu'au 30 juin 1919, à quai de Rouen, en gros et par bidons de 50 litres :

Essence minérale 89 fr. 50 l'hectolitre.

Pétrole lampant 50 fr. l'hectolitre.

L'essence fine, dite de luxe, est taxée à 99 fr. 50 l'hectolitre, soit un prix plus élevé de 10 fr. par hectolitre que celui de l'essence ordinaire destinée aux moteurs.

Le Comité fait prévoir qu'après le 30 juin il y aura une baisse importante des prix de l'essence et du pétrole.

De la Standardisation des machines agricoles.

On parle beaucoup, dans certains milieux, de la *Standardisation* des Machines agricoles. Ce terme relativement nouveau signifie simplifier et unifier le matériel agricole. Le problème posé de cette façon ne peut qu'être bien accueilli par tous et mérite d'être examiné malgré les nombreuses difficultés d'application qu'on peut prévoir.

Des unifications, ou standardisations, furent cependant d'une réalisation très difficile pour des articles au sujet desquels tout le monde était pour ainsi dire préalablement d'accord. Il me suffit de citer l'unification des filetages étudiée pendant longtemps et mise au point récemment par notre *Société d'Encouragement pour l'Industrie nationale*.

1) *Culture mécanique*, . VI, p. 41.

A-t-on pu standardiser dans le monde civilisé le *Système métrique* ? Il a pourtant été institué en France par le décret du 8 mai 1790, et la Constituante avait eu soin de ne pas lui donner le nom d'un pays afin d'en faciliter l'adoption par toutes les nations sans froisser leur amour-propre.

Pour prendre un autre exemple, comment se fait-il que depuis un certain temps, mettons la guerre de 1870, ou même depuis 1900, les chemins de fer français n'ont pas encore standardisé leurs types de locomotives qui sont construites par petites séries ?

Cependant le problème ici est assez simple : la voie ou le chemin de roulement est le même, la vitesse et la charge limite du train sont fixées, le profil en long de la voie est connu pour les différentes sections de l'exploitation. En Angleterre, où pourtant l'idée est plus ancienne que chez nous, chaque compagnie a ses types de locomotives et de vagons ; il en est différemment aux États-Unis, où le profil en long des voies est plus uniforme, sauf aux passages des Alleghanys et des Montagnes Rocheuses, et où les très nombreuses compagnies, ne construisant pas leur matériel, s'adressent à des ateliers spécialisés dans la fabrication des locomotives et des vagons. Ce n'est qu'assez récemment que nos compagnies de chemins de fer ont unifié les châssis des vagons à voyageurs des grands express.

On invoque que, déjà un peu avant la guerre de 1914, on avait standardisé certaines parties des automobiles. Disons de suite que cela fut obtenu sous la pression des consommateurs. L'application de certaines parties du problème a été facile : une magnéto pour 4 cylindres peut aller à un moteur quelconque à 4 cylindres ; un pneu de tel diamètre de bandage pour tel diamètre de jante devait pouvoir se trouver chez le premier stockiste rencontré, étant données les détériorations fréquentes de cette partie de la voiture ; cela s'est généralisé facilement, car une automobile circule aussi bien de Paris sur Lille ou Strasbourg que sur Marseille ou Bordeaux.

Il ne faut pas invoquer la standardisation de certaines parties d'avions, de canons ou d'obus : elle fut obtenue très facilement, car on ne devait contenter qu'un seul client, l'État, qui imposait ses modèles.

Si la standardisation est un terme nouveau, l'idée d'application aux charrues est bien ancienne (1). En 1761, un arrêt pris en Conseil du Roi Louis XV instituait, sous le titre de *Société d'Agriculture de la Généralité de Paris*, une Compagnie à nombre limité de membres dont l'élection doit être approuvée par le chef de l'État et qui continue ses travaux sous le nom d'*Académie d'Agriculture*.

Dès ses débuts, c'est-à-dire à la fin du XVIIIe siècle, la Société se préoccupait de toutes les améliorations qu'il y avait lieu d'apporter à la Culture ; convaincue que les progrès devaient être réalisés dans le travail de préparation des terres, la Société en entreprit l'étude et constata qu'il y avait, pour ainsi dire, autant de modèles différents de charrues qu'on comptait de paroisses en France.

En 1801, François de Neufchâteau proposa à la Société le programme d'un grand concours auquel devaient prendre part toutes les charrues des diverses régions de la France ; un prix important devait être attribué à celle qui, à la suite d'une série d'essais éliminatoires, serait reconnue la plus simple et la meilleure. Son confrère Chaptal, alors ministre de l'Intérieur (dont dépendaient les Services de l'Agriculture) partagea cette heureuse idée et fixa à 12 000 francs les trois prix à décerner.

____

(1) *Le Matériel agricole au début du XXe siècle.*

Dans la suite, on réduisit l'ampleur du programme de François de Neufchâteau; on fit deux tentatives en 1807 et en 1809 et, après plusieurs ajournements, le concours fut définitivement abandonné par suite des événements politiques de l'époque.

On supposait, à tort, qu'il pouvait exister un seul modèle de charrue excellent pour toutes les cultures et pour tous les sols; l'on constata qu'il ne pouvait en être ainsi. Mais le concours eut d'heureuses conséquences dont on peut suivre la trace en étudiant les améliorations apportées dès 1807 dans la construction du matériel agricole.

Rappelons, sans les détailler, les nombreuses recherches et études analogues faites au cours du xixᵉ siècle en France, en Angleterre et en Italie, sans obtenir le résultat désiré.

Le principe du concours de F. de Neufchâteau a été appliqué, avec succès, en novembre 1898 en Algérie afin de trouver un type de charrue bien approprié à l'agriculture indigène et aux moyens dont elle dispose; les conditions du fonctionnement, enfermées dans des limites assez étroites, ont permis de réaliser partiellement le programme de 1898 au profit des cultivateurs indigènes.

Il en est autrement chez nous ; ainsi actuellement la Lorraine reste attachée à la charrue de Mathieu de Dombasle et n'en veut pas d'autre, contrairement à l'opinion d'une région limitrophe, alors que certainement une substitution judicieuse pourrait se faire avec avantage pour l'Agriculture comme pour la Construction.

Par analogie, le principe de l'unification des diverses choses intéressant l'Agriculture reviendrait à dire qu'il ne faut qu'un seul engrais, qu'une seule variété de chaque plante cultivée, une seule race de bétail, un seul type de constructions rurales pour la France, comme il n'y a qu'un modèle de canon de chaque calibre, alors qu'on peut tenter utilement des études restreintes à des régions géologiques soumises au même régime climatologique.

La réduction rationnelle du nombre de types de charrues utilisées en France ne peut se faire qu'à la suite d'enquêtes préalables, de recherches, d'essais et de démonstrations, entraînant à des frais pour lesquels je n'ai jamais pu obtenir le moindre crédit, même pour un commencement très modeste d'exécution, se limitant à une région agricole définie. Les quelques études que j'ai pu faire dans ce sens n'ont été réalisées qu'avec des subventions de Sociétés privées; je citerai en particulier la *Société d'Agriculture de l'Indre* qui m'a permis de procéder aux *Essais du Plessis* de 1901, et qui prit à sa charge la publication de mon rapport.

A la Conférence interalliée des Académies scientifiques tenue à Londres du 9 au 11 octobre 1918, la septième et dernière résolution votée est ainsi conçue :

« La Conférence, estimant que tous les progrès industriels, agricoles, médicaux, reposent sur les découvertes de la Science pure, appelle l'attention des Gouvernements sur l'importance des recherches théoriques et désintéressées, dont les budgets, après la Guerre, devront être dotés le plus largement possible. »

Nous craignons que cela ne reste qu'à l'état de vœu platonique, au moins chez nous ; certes, on parlera beaucoup, on noircira du papier, mais nous fournira-t-on les moyens financiers pour des recherches de longue haleine n'intéressant pas ceux qui désirent des solutions réalistes immédiates quelles qu'en soient les qualités ?

Il y a des motifs pour le maintien de certains types de machines, imposés par la topographie des localités et par les besoins culturaux. Ainsi, par exemple, certaines faucheuses pèsent 300 kg, alors que le poids d'autres modèles s'approche de 400 kg ; chacune de ces machines trouve sa meilleure place dans certaines exploitations où les récoltes sont plus ou moins fortes, où les prairies sont plus ou moins mouvementées, et nous ne croyons pas que les faucheuses légères puissent être utilisées dans les riches herbages de la Normandie, et surtout dans le pays de Bray.

En résumé, il est désirable de réduire le nombre de types de chaque catégorie de machines, mais cela dépend peu de la volonté du Constructeur; c'est sous la dépendance de l'Agriculteur pour lequel il faut fabriquer d'abord la machine qu'il désire; la réalisation est également liée très souvent à des améliorations foncières préalables.

C'est donc une question d'instruction de la masse des agriculteurs; des démonstrations et des encouragements pourraient certainement en activer la solution.

Les charrues en France.

Au sujet du nombre de charrues nécessaires chaque année en France il n'existe aucune donnée officielle et, pour en faire l'évaluation, nous ne pouvons nous baser que sur quelques documents personnels, en cherchant dans une étude rationnelle à ne considérer que des minima.

Sur nos 25 700 000 hectares de terres labourables, dans les limites du pays avant la guerre de 1914, c'est-à-dire sans l'Alsace et la Lorraine, on laboure environ 22 000 000 hectares chaque année (suivant la période de l'assolement, un champ ne reçoit pas, ou reçoit un ou deux labours par an; nous laissons de côté les déchaumages, scarifiages, fouillages, etc.).

On compte en France 3 700 000 charrues, soit un peu plus de 100 par commune. Ce nombre représente, en moyenne générale, une charrue par 14 hectares de territoire agricole, ou par 7 hectares de terres labourables, ou, encore, par 6 hectares labourés chaque année; ce dernier nombre ne représente pas la capacité de travail annuel d'une machine parce qu'il entre en compte énormément de petits domaines possédant une charrue n'opérant chaque année que sur une faible étendue.

Si l'on veut tabler sur la vie probable d'une charrue de dix années, il faudrait, par an, 370 000 charrues, soit un peu plus de 10 par commune. Cependant, comme toutes les charrues du pays n'opèrent pas chaque année sur la même étendue, il y a lieu de chercher un autre procédé d'évaluation.

*
* *

La détérioration de la charrue, comme de toute autre machine agricole, est due aux intempéries si elle n'est pas mise à l'abri en temps de chômage, comme malheureusement cela arrive bien trop fréquemment, alors que l'usure est due au travail effectué, lequel peut nous servir de base de calcul.

Suivant la nature des terres à travailler, une charrue à une raie, de très bonne fabrication, est usée après le labour de 120 à 150 hectares; nous pouvons tabler sur 130 hectares dans notre évaluation. Une charrue brabant-double, dans laquelle chaque corps ne travaille qu'une fois pour deux raies, peut être hors de service après 130 hectares pour les roues et après 260 hectares pour les pièces travaillantes. Dans le même ordre d'idées une charrue à 2 raies serait hors de service après le labour de 260 hectares, chaque corps ayant opéré sur 130 hectares.

Pour effectuer le labour d'un hectare la charrue à une raie doit retourner une bande de 40 à 50 kilomètres de longueur; en adoptant le chiffre le plus faible, représentant la distance de Paris à Chantilly, la charrue usée après le travail de 130 hectares aurait ouvert une raie de 5 200 kilomètres de longueur, c'est-à-dire un peu moins de dix fois et demi la distance de Paris à Strasbourg. Nous sommes donc en dessous de la réalité en indiquant la mise hors de service de la charrue après un semblable travail.

A raison de 130 hectares on voit qu'il faudrait au moins 184 000 charrues neuves chaque année pour assurer le labour des terres de France, soit environ 5 par commune et par an, ce qui nous paraît faible; il nous semble que le nombre de 250 000 serait plus rapproché de la réalité.

Comme pendant trois ans sur les quatre années de guerre on n'a pour ainsi dire pas construit de charrues, il nous faudrait actuellement 750 000 charrues neuves sans faire entrer dans le calcul ce qui intéresse les régions libérées. Nous avions évalué, le 19 août 1916, à 110 000 le nombre de charrues neuves nécessaires à la reconstitution agricole des territoires alors envahis; cela réduit le nombre de charrues actuellement indispensable pour l'intérieur du pays à 730 000, auxquels s'ajoutent les 110 000 nécessaires aux régions profanées, c'est-à-dire qu'il nous faut en totalité 840 000 charrues ; il y a lieu d'ajouter à ce nombre celui qui intéresse la Belgique, à la reconstitution de laquelle la France et l'Angleterre ont affirmé leur concours dès les débuts de la guerre.

Tracteurs à gaz pauvre.

On a proposé d'utiliser le gaz d'éclairage pour actionner les moteurs des tracteurs ; nous ne croyons pas qu'il faille songer à l'application du gaz d'éclairage bien qu'on l'ait tentée en Angleterre et que des essais aient eu lieu à Paris en 1918 sur un fiacre automobile dont le toit supportait une grande caisse à large claire-voie contenant un grand sac parallélipipédique en caoutchouc. En plus de la question d'encombrement, il suffit de comparer les pouvoirs calorifiques des combustibles : le mètre cube de gaz d'éclairage peut dégager par combustion complète de 5 200 à 5 600 calories, alors qu'un kilogramme d'essence ou de pétrole (1 lit,25 à 1 lit,40) donne 11 000 calories. Le rendement thermique des moteurs étant le même, on voit qu'il faudrait environ 2 mètres cubes de gaz d'éclairage pour remplacer 1 kilog. d'essence minérale ou de pétrole.

La question est tout autre avec le gaz pauvre; un mètre cube de ce dernier, très variable de composition, dégage environ 1 350 calories, mais on n'a pas besoin de l'emmagasiner, il suffit de concevoir un gazogène fonctionnant au charbon de bois installé sur le châssis du moteur. D'ailleurs on a construit des locomotives routières et des locomotives-treuils (pour le labourage à deux treuils automobiles) fonctionnant au gaz pauvre produit dans un gazogène assez volumineux.

Pour les tracteurs directs la question est d'autant plus facile à résoudre qu'on a déjà construit et fait fonctionner des camions au gaz pauvre. Il y a intérêt d'appeler l'attention sur ces machines surtout pour nos Colonies où la fabrication très facile du charbon de bois peut se faire sur place.

Dans notre compte rendu des machines au Concours général agricole de Paris de 1910 (1), nous donnions les indications suivantes :

« Les établissements Cazes (avenue Dubonnet, Courbevoie, Seine) (2) exposent un camion automobile fonctionnant au gaz pauvre ; le gazogène, alimenté avec du charbon de bois, est disposé sous le siège du conducteur et le moteur, de 20 ou de 40 chevaux, à 4 cylindres, est

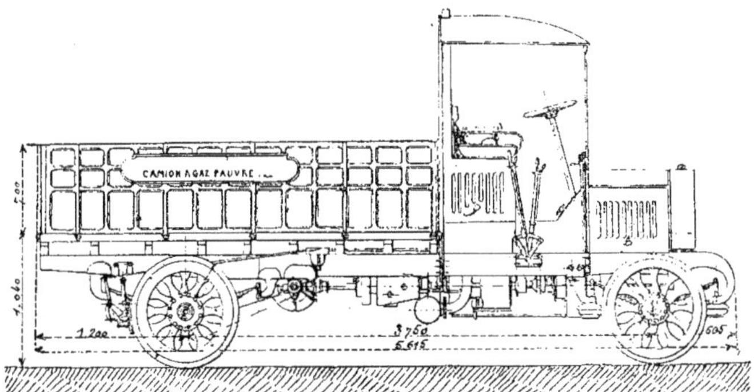

Fig. 11. — Camion Cazes, à gaz pauvre, de 20 chevaux ; poids mort 3 300 kg ; charge utile 4 000 kg.

disposé à l'avant; les roues sont à bandages métalliques qui conviennent très bien pour la vitesse de 10 à 12 kilomètres à l'heure qu'on demande à ces véhicules pouvant recevoir une charge utile de 3 à 6 tonnes, suivant que le moteur est de 20 ou de 40 chevaux. »

« Le système est intéressant au point de vue économique, car 6 kilog. de charbon de bois valant 0 fr. 08 le kilog. remplaceraient 3 kilog. d'essence minérale (densité 720), valant 0 fr. 40 le litre ou 0 fr. 55 le kilog. (prix de 1910) soit le rapport de 1 fr. 65 à 0 fr. 48, ou de 343 à 100. De semblables moteurs seraient tout indiqués pour les treuils ou tracteurs destinés à la Culture mécanique. »

La vue générale du camion dont il vient d'être question est donnée par la figure 11, et la figure 12 représente la vue d'ensemble du gazogène A, du moteur m et du radiateur r d'un châssis de 40 chevaux.

Le gazogène se compose d'un cylindre en tôle à axe vertical ayant une garniture intérieure en terre réfractaire; latérale-

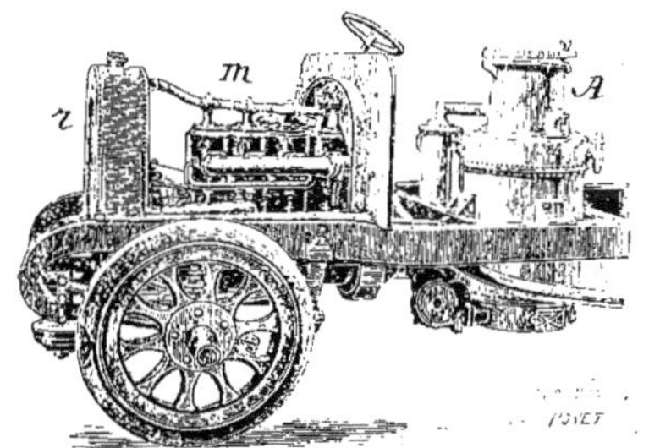

Fig. 12. — Groupe gazogène et moteur du camion Cazes à gaz pauvre.

ment est disposé un plus petit cylindre vertical servant de refroidisseur et en même temps de récupérateur pour chauffer l'eau nécessaire à la vaporisation; cette eau se vaporise dans une petite chaudière logée dans le dôme du gazogène et la vapeur est conduite au cendrier par un tuyau. A sa sortie du refroidisseur le gaz passe dans un

(1) *Journal d'Agriculture pratique*, 1910, t. II, 11 août, p. 186.
(2) Société générale des brevets et procédés Cazes, 11, boulevard de la Madeleine, Paris ; Société des ateliers Atlas, 21, rue Desrenaudes, Paris.

laveur à coke (scrubber), puis dans un séparateur, enlevant les poussières, et de là au moteur. Le décrassage du cendrier se fait sur le côté du châssis pendant les arrêts, c'est-à-dire toutes les demi-heures ou tous les trois quarts d'heure.

L'allumage du gazogène nécessite la mise en action d'un petit ventilateur qu'on tourne avec une manivelle pendant une dizaine de minutes. Après la mise en route c'est l'aspiration du moteur qui entretient la combustion et la production du gazogène.

Pour montrer que l'application du gaz pauvre aux tracteurs est réalisable, nous donnons les résultats d'essais sur un autobus présenté par la Compagnie générale des omnibus de Paris à des essais, en avril et en mai 1910, rapportés par M. Lucien Périssé (1).

L'autobus, pesant 6 000 kg à vide, était actionné par un moteur à forte compression, donnant une puissance de 40 chevaux à la vitesse de 900 tours par minute (alésage 135, course 170) ; les soupapes d'admission sont disposées pour assurer le mélange d'air et de gaz pauvre. Les caractéristiques du châssis étaient : diamètre des roues motrices, $1^m,06$; largeur de la voie $1^m,80$; largeur d'encombrement $2^m,10$, empattement $3^m,80$.

Les essais eurent lieu sur une des lignes les plus dures du réseau à cause de ses déclivités et de son encombrement (rue du Poteau-place Saint-Michel) et ont donné les résultats suivants :

Parcours total par jour (mèt.)		66 180
Temps { utile de marche (h. m.)		6,54
{ moyen de trajet par course (m. s.)		32,10
Nombre d'arrêts. { Moyenne par course		32
{ Totaux dans la journée		387
Consommation de charbon { Totale de la journée		94,5
de bois (kg.) { Par heure de marche		1,43
{ Par voiture-kilomètre		13,5

« L'économie du système, dit M. Lucien Périssé, est fonction du prix du charbon de bois ; il est évident que celui-ci est encore élevé dans la vente au détail (à Paris) puisqu'il descend difficilement au-dessous de 80 à 90 fr. la tonne pour des braisettes qui devraient constituer cependant un sous-produit; ce prix pourra s'abaisser par grandes quantités en raison des facilités de transports par eau entre les pays producteurs du Centre et Paris; on peut également utiliser avec avantage le menu charbon de bois qui provient des usines de distillation de la région parisienne, ou même des braises des boulangers ou des manutentions militaires qui sont de très gros producteurs d'un produit dont ils ne trouvent pas toujours facilement à se débarrasser. Cette première tentative véritablement industrielle du véhicule à gaz pauvre était en tout cas intéressante à signaler et à encourager. »

L'emploi du charbon de bois, donnant un gaz très propre, facile à laver par suite de sa faible teneur en poussières et surtout en goudrons, peut rendre les plus grands services en France comme aux Colonies.

(1) Société des Ingénieurs civils de France ; Bulletin de juin 1910, p. 634.

Concours d'appareils de Culture mécanique en Suisse (Orbe).

Nous avons précédemment parlé des deux premiers Concours officiels organisés en Suisse pour les appareils de Culture mécanique (1). Le troisième concours eut lieu du 10 au 12 octobre 1918 sur le domaine de la Colonie de l'Orbe; le rapport général est dû à MM. W. Flury et Dr. E. Jordi.

Les constatations, dont nous donnons le résumé ci-après, ont porté sur les machines suivantes : Tracteur Gnôme, de MM. W. Blanc et L. Paiche, 6 et 8, rue Thalberg, à Genève; tracteur Gray; tracteur Case et tracteur Greif présenté par la fabrique de chauffage central, à Berne.

	Blanc et Paiche.	Gray.	Case.		Greif.
Puissance annoncée en chevaux-vapeur	40	36	18		18
Nombre de cylindres	4	4	4		4
Alésage (millim.)	100	108	98		60
Course (millim.)	170	171	127		120
Nombre de tours par minute	1 100	950	900		1 000
Poids du tracteur (kg.)	2 500	3 000	1 800		1 550
Nombre de roues { directrices	2	2	2		2
{ motrices	2	1	2		2
Encombrement (centim.) :					
Longueur	315	»	310		380
Largeur	160	»	150		135
Hauteur	135	»	155		»
Essais sur jachère :					
Charrue, nombre de corps	4	4	2		1
Largeur du train (mèt.)	1,40	1,47	0,69		0,38
Profondeur (centim.)	23	26	25	20	23
Traction (kg.). { Totale	1 500	1 730	910	880	350
{ Moyenne par décimètre carré	46,5	45,1	52,8	64,0	40,0
Vitesse moyenne de la charrue (mèt. par seconde)	1,02	0,63	0,83	0,86	1,10
Puissance moyenne utilisée au crochet d'attelage (chevaux-vap.)	20,4	14,5	10,0	10,0	5,1
Par hectare. { Temps employé (heures et décimales)	1,95	2,62	3,95	4,65	8,75
{ Essence minérale (kg) (densité 760)	17,0	20,3	22,5	22,5	44,4

Les figures 13 et 14 donnent la vue générale et la coupe en long du tracteur Gnôme de MM. Blanc et Paiche. L'avant du châssis repose sur l'essieu par un ressort transversal permettant ainsi à la machine d'épouser les sinuosités du sol. Dans la fig. 14 on voit en m le moteur, en r le radiateur à ventilateur, en c le réservoir à combustible, en v la boîte du changement de vitesse (fig. 15) (3 600 mètres et 5 000 mètres environ à l'heure, et une marche arrière), en t (fig. 14) le différentiel et la transmission à chaque couronne intérieurement dentée d solidaire de la roue motrice M par les tirants f; les engrenages v et t tournent dans des carters étanches garnis d'huile; la partie inférieure de la couronne d est à $0^m,25$ au-dessus du sol x; l'essieu des roues avant a porte le châssis par l'intermédiaire du ressort transversal dont nous avons parlé plus haut. Les roues motrices sont garnies de petites cornières servant de pièces

(1) *Culture mécanique*, t. VI, p. 71.

d'adhérence. Les deux tiers du poids total sont reportés sur l'essieu moteur. — Les

Fig. 13. — Vue générale du tracteur Gnôme.

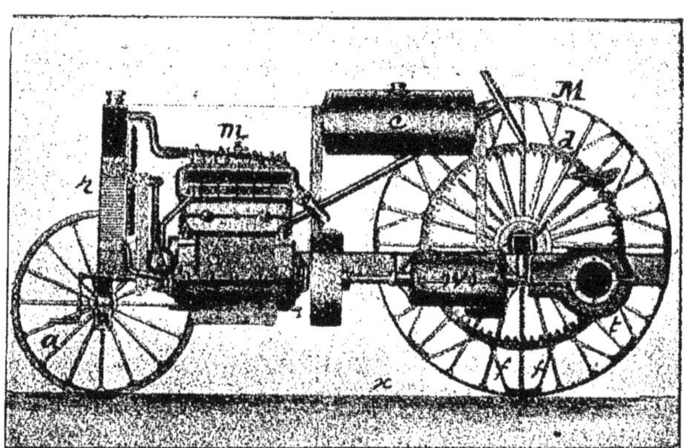

Fig. 14. — Coupe en long du tracteur Gnôme.

constructeurs déclarent avoir basé leur tracteur sur les conclusions résultant de nos essais de 1913-1917 (1).

**
* **

Deux machines à pièces travaillantes rotatives participèrent aux essais d'Orbe : machine type Meyenburg, de M. R. Fœsch, de Jussy-Genève et la petite machine A. Grunder et Cⁱᵉ, de Basel, également du type Meyenburg.

(1) *Culture mécanique*, t. VI, p. 10.

	Fæsch.	Grunder.
Puissance du moteur (chevaux-vap.)	20	4
Pièces travaillantes rotatives, diamètre (centim.)	30	»
Poids (kg.)	1 200	250
Culture. { Largeur du train (mèt.)	1,30	0,60
{ Profondeur (centim.)	23	20
Par hectare. { Temps employé (heures et dixièmes)	3,7	10,5
{ Essence minérale (kg.) (densité 760)	23,0	40,0

Un modèle de Grunder fonctionnant avec une réceptrice Brown, Boveri et Cie, de 40 à 50 périodes sous 200 à 500 volts a travaillé sur 0^m,70 de largeur, à 0^m,20 de pro-

Fig. 15. — Boîte du changement de vitesse du tracteur Gnome.

fondeur, en effectuant la culture d'un hectare en 13 heures. D'après une photographie le courant arrivait par un câble souple, isolé, passant sur une poulie fixée à l'extrémité d'un mât et tendu par un tambour disposé à la partie inférieure du mât.

Attelage d'un rouleau à un tracteur.

On s'occupe beaucoup, en Angleterre, des combinaisons et des dispositifs permettant d'atteler facilement à un tracteur les diverses machines employées dans la ferme avec les attelages, sans enlever les brancards ou les limonières. Nous avons déjà signalé (1), dans cet ordre d'idées, des ferrures pour l'attelage d'une voiture; nous trouvons dans l'*Implement and machinery Review* (1er octobre 1918) le dispositif breveté de MM. Harper et Stedman, 44, Cliffe High Street, à Lewes Sussex (Angleterre) (2) pour l'attelage d'un rouleau.

(1) *Culture mécanique*, t. VI, p. 118; la figure 16 est extraite du *Journal d'Agriculture pratique*.
(2) Brevet anglais 13 342, du 16 août 1918.

Comme on le voit sur les figures 16 et 17, il s'agit d'un fer $a\,b$ à simple T, portant en t l'œil de traction et en $c\,d$ une traverse destinée à soutenir les brancards n du rouleau R. L'extrémité postérieure du fer $a\,b$ repose sur l'entretoise x du bâti du rouleau

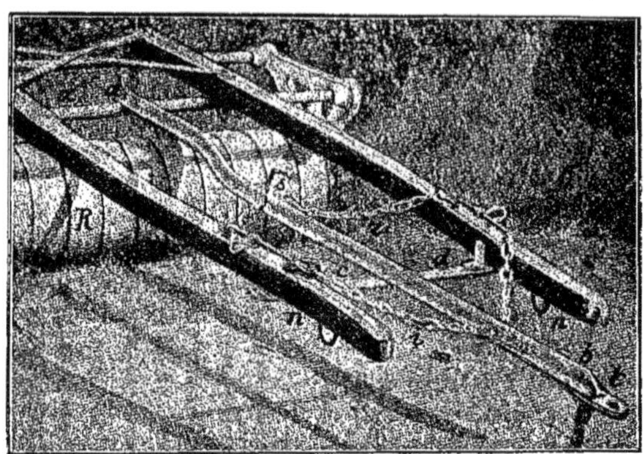

Fig. 16. — Dispositif d'attelage d'un rouleau à un tracteur.

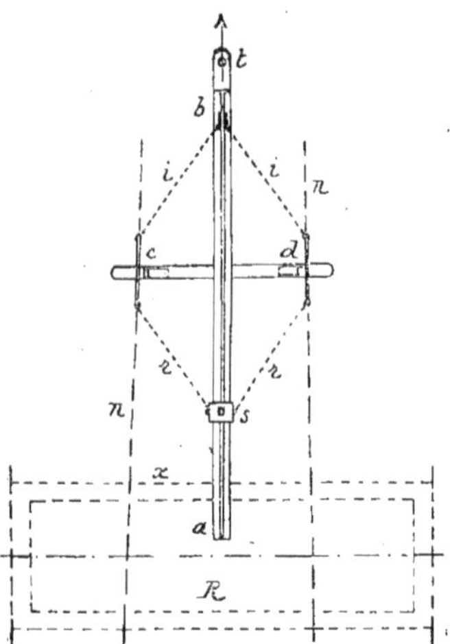

Fig. 17. — Plan du dispositif d'attelage d'un rouleau à un tracteur.

et le bout du fer a été renvoyé pour rattraper la différence de niveau entre les plans $c\,d$ et x.

La traction, exercée en t par le tracteur, se reporte par les chaînes i aux crochets habituels de tirage des limonières ; les chaînes r sont attachées aux crochets de reculement et servent à retenir le rouleau sur une pente. La tension des chaînes i et r est réglée par le serrage excentrique s qui peut coulisser sur le fer ab; la traverse cd peut également coulisser légèrement sous les brancards du rouleau ou de toute autre machine de culture. L'obliquité des chaînes i tendant à resserrer les brancards sous l'influence de la traction t, ces derniers sont butés en c et en d sur deux équerres solidaires de la traverse.

Piocheuse rotative de M. Jeannin.

M. Jeannin, mécanicien, 16, rue Battant, à Arbois (Jura), a réussi malgré les difficultés actuelles à construire à titre de machine d'expérience une piocheuse rotative combinée en vue des travaux de culture de la vigne.

L'appareil a été expérimenté à Arbois, en terrain jurassique, dans des vignes en plaine à 1^m,20 et à 1^m,40 conduites sur fils de fer.

Le moteur (d'occasion), dit de 4 à 5 chevaux, est à 2 cylindres (alésage 80 mm, course 75 mm) et tourne à raison de 1500 à 2000 tours par minute.

Fig. 18. — Piocheuse rotative de M. Jeannin.

Le châssis est porté sur 3 roues : celle d'avant a 0^m,60 de diamètre et 0^m,140 de largeur de bandage. Les roues motrices, au nombre de 2, ont 0^m,50 de diamètre et 0^m,140 de largeur de bandage. L'empattement est de 1^m,20.

Les vitesses sont, à l'heure, de 5 et 8 kilomètres sur la route et de 600 à 1000 mètres en travail dans la vigne.

L'encombrement est très réduit (2^m,50 de longueur, 1^m,05 de largeur et 1 mètre de hauteur); le poids est d'environ 500 kg.

Le moteur, par engrenages et transmission à chaîne centrale (fig. 18), actionne en arrière un arbre horizontal parallèle à l'essieu et garni de 12 pièces travaillantes disposées en hélice et opérant sur une largeur d'environ 1 mètre à une profondeur dépassant 0^m,15.

L'arbre des pièces travaillantes fait environ 60 tours par minute pour un avance-
ment de 10 mètres par minute, soit 1 tour par $0^m,166$ s'il n'y avait pas de glissement des roues motrices.

Fig. 19. — Vue arrière de la piocheuse rotative de M. Jeannin.

Nous laissons de côté les dé-tails de ce modèle d'essais re-lativement à la conduite de la machine et au réglage de la pro-fondeur de la culture ; on peut s'en rendre compte sur les figures 18 et 19.

Sur l'axe horizontal x (fig. 20) entraîné par le moteur dans le sens des flèches f', et par le châssis dans le sens f, est mon-tée une série de manivelles m. Chaque manivelle porte un axe x' de rotation à la pioche d qu'un ressort r rappelle vers la butée b. Lors de l'attaque du terrain les pièces ont la position $m\,d$, la pioche $x'\,d$ étant

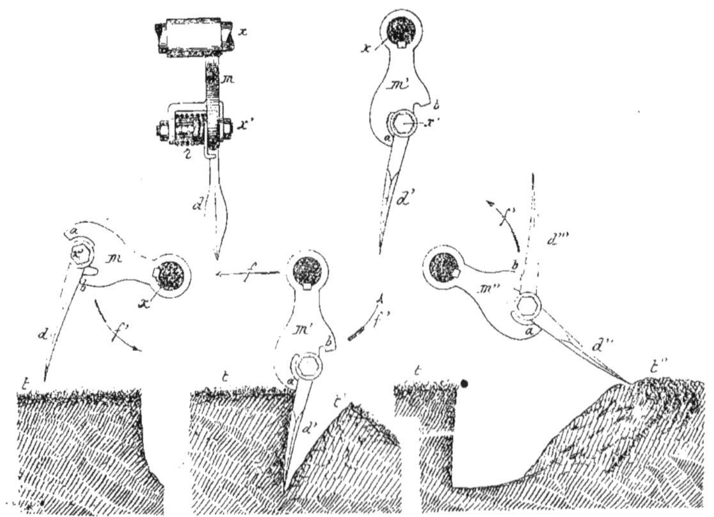

Fig. 20. — Détail des pièces travaillantes de la piocheuse rotative de M. Jeannin.

sensiblement perpendiculaire à la surface t du sol. Après rotation d'environ un quart de tour, la pioche d' s'est enfoncée, mais la manivelle m' commence à l'entraîner suivant f'

par la butée *a* en poussant la motte *t'* de terre, et, après une autre fraction de tour, les pièces ont les positions respectives *m'' d''*, jusqu'à ce que la pioche *d''* se dégage de la motte *t''* et que le ressort *r* agisse pour rappeler la dent en *d'''* contre la butée *b* de la manivelle en la disposant ainsi pour une nouvelle action. Le dispositif a donc pour but d'opérer sur des mottes successives de terre comme le ferait une houe ou une bêche. Dans l'appareil d'essais qui a été construit, chaque pioche agit tous les 0^m,15

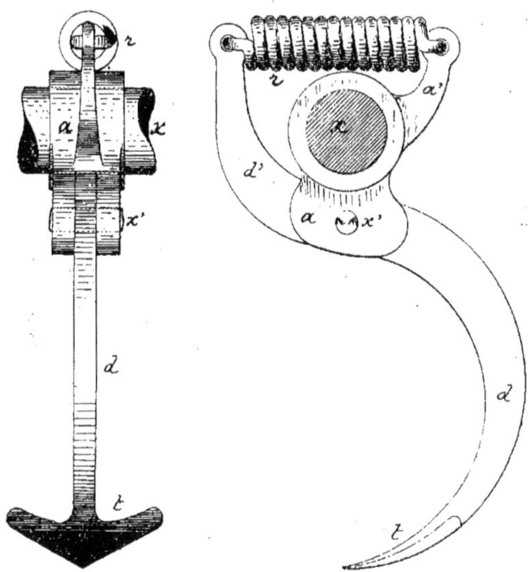

Fig. 21. — Pièces de l'extirpateur rotatif de M. Jeannin.

environ (le calcul donne 0^m,17 sans tenir compte du retard dû au glissement). La forme de la partie travaillante de la pièce *d* serait à étudier suivant la nature du sol à cultiver.

Pour enlever les herbes on cale sur l'axe *x* (fig. 21) une pièce *aa'* portant en *x'* l'articulation de l'étançon d'une dent *d d'* dont le soc extirpateur est en *t*; un ressort à boudin *r* tend à maintenir en position le soc *t* relativement à *x x'*, tout en cédant à la rencontre d'une pierre ou d'un obstacle qui risquerait de briser les pièces travaillantes.

Essais de Bourges.

Des essais d'appareils de Culture mécanique, organisés le 31 août 1918 par M. E. Rabaté, Directeur des Services agricoles du Cher, ont eu lieu sur la propriété de M. Potier, au Grand-Moutet, commune de Bourges, sur un terrain en limon un peu compact et sec; la profondeur du labour pouvait osciller de 0^m,15 à 0^m,20 au gré des constructeurs.

Les chiffres et renseignements qui suivent sont extraits du rapport de M. Rabaté.

Les dimensions des tracteurs sont consignées dans le tableau ci-dessous, sauf pour les machines Happy Farmer (Heureux Fermier) ; Parret (Perroquet); Titan-20 ; Case-18; Little Giant, qui ont déjà été données antérieurement (*Culture mécanique*, t. V, p. 138).

	Neverslip.	Rock-Island.	Agricultural.	Universel
Puissance annoncée (chev.-vapeur) . . .	20	16	30	25
Moteur : (v vertical)	v	v	v	v
Nombre de cylindres	4	4	4	2
Alésage (millim.).	102	107	»	140
Course (millim.)	152	143	»	203
Tours par minute	850	800	900	750
Roues avant :				
Nombre	»	2	»	2
Diamètre (millim.)	»	800	»	760
Largeur de bandage (millim.).	»	125	»	»
Roues motrices :				
Nombre	2 chenilles.	2	2 chenilles.	2
Diamètre (millim.)	Long. 1 524	1 350	»	1 220
Largeur de bandage (millim.).	305	200	305	»
Vitesses (kil. à l'heure).	2,4 et 5,6	»	4	3,5 et 7
Encombrement :				
Longueur (centim.).	290	300	275	360
Largeur (centim.)	163	160	205	180
Hauteur (centim.)	182	150	200	210
Poids total (kg.).	2 540	1 800	3 400	2 650
Prix sans la charrue au 1er sept. 1918 (fr.).	20 000	»	»	17 000

Les rayages du champ d'essais ont varié de 250 à 300 mètres ; c'est-à-dire qu'ils étaient favorables au travail des tracteurs.

Des chiffres relevés aux essais, dont la durée fut d'environ une heure (de 51 à 68 minutes), nous tirons les résultats suivants :

Tracteur.	Nombre de socs de la charrue.	Profondeur du labour.	Combustible consommé (*e* essence, *p* pétrole)		Volume de terre labouré avec un litre de combustible.
			pendant l'essai.	par hectare.	
		centim.	lit.	lit.	m. cub.
Happy Farmer-16.	2	17	*e* 3,4	31	55
Parrett-25	3	18	*p* 8,0	21	86
Titan-20 . . . . . , ...	3	19	*e* 10,5	41	46
Neverslip-20	2	19	*e* 9,4	56	34
Case-18	2	15	*e* 7,6	26	57
Rock-Island-16.	2	17	*e* 7,5	28	60
Little Giant-24	3	22	*e* 11,0	40	55
Agricultural-30.	4	4	*e* 16,5	34	12
Universel-25	3	15,5	*p* 7,5	33	44

Le Titan-20 soumis aux essais était en service depuis un an.

Les appareils à chemin de roulement, ou Caterpillar (Neverslip et Agricultural), subissaient, sur le sol trop dur et trop résistant, des balancements et des oscillations qui rendaient leur conduite très pénible, alors que la stabilité est meilleure et la direction plus facile sur les terres détrempées.

M. Rabaté estime qu'une vitesse trop élevée, lors des labours et des moissons, provoque l'usure rapide du matériel et des déformations causées par la violence des chocs. Une allure soutenue de 3 à 4 kilomètres à l'heure paraît convenir pour la traction des charrues et des moissonneuses-lieuses. La même opinion a été formulée dans la Haute-Garonne.

Le labour au tracteur est bien meilleur, plus profond et plus régulier qu'avec les charrues ordinaires, et est tout à fait comparable au bon travail de la charrue brabant-double.

En 1918 (année sèche), dans le même champ et pour les mêmes étendues, à Saint-Germain-du-Puy, M. Lelarge, secrétaire du Syndicat, a obtenu 8 quintaux d'avoine dans la partie labourée avec la charrue attelée à avant-train, et 12 quintaux dans le terrain labouré au tracteur.

Avec la réduction du personnel et des attelages le tracteur fournit une des meilleures solutions, et souvent la seule, pour la remise en culture des grandes exploitations abandonnées.

Dans le Cher, la moisson rapidement effectuée dès la maturité par les tracteurs a permis d'éviter la perte de 2 à 3 quintaux de blé par hectare qui furent égrenés dans les champs non récoltés par le vent violent du 20 juillet 1918 ; ces avantages, difficiles à chiffrer, sont certains et parfois considérables. Les praticiens savent en tenir compte pour l'application, à leurs domaines, de la Culture mécanique.

Essais de La Verrière-Mesnil-Saint-Denis.

A l'occasion de la semaine d'automne 1918, dont nous avons parlé (1), il a été procédé à des constatations sur les appareils de Culture mécanique par une Commission technique.

Les procès-verbaux relatifs à 4 tracteurs nous ont été communiqués par les intéressés ; nous les résumons dans le tableau suivant :

	Universel.	Mogul-20.	Titan-20.	Agricultural.
Nature du sol	Silico-argilo-calcaire en friche depuis 3 ans	Silico-argilo-calcaire. Chaume de blé.	Silico-argilo-calcaire en friche depuis 3 ans	Argilo-calcaire. Chaume de blé.
labour pour :	avoine de printemps.		blé d'hiver.	avoine.
Charrue, nombre de raies	Deere, 3	Oliver, 3	Oliver, 3	Renard, 2
Largeur du train (mèt.)	0,91	1,03	1,03	0,64
Longueur du rayage (mèt.)	261	566	355	260
Largeur des fourrières (mèt.)	16	20	16	16
Profondeur du labour	18,5	18,5	19,0	12,5
Par heure :				
Surface labourée (mèt. car.)	2 816	2 686	2 709	2 527
Consommation (e essence minérale) (p pétrole) — En lit.	8,95 (p)	6,17 (e)	7,38 (e)	4,04 (e)
Consommation (e essence minérale) (p pétrole) — En kg.	7,22	4,56	5,45	2,97
Vitesse moyenne calculée (m. par heure).	3 074	2 609	2 639	3 907
Densité des combustibles. — Essence minérale	»	737	739	737
Densité des combustibles. — Pétrole	807	»	»	»

(1) *Culture mécanique*, t. VI, p. 119.

Les densités des combustibles ont été prises à des températures différentes : 22° pour le pétrole, 13 et 15° pour l'essence minérale.

Les profondeurs ont été relevées de la façon suivante : « les 5 membres de la Commission relèvent individuellement et par écrit, et chacun suivant sa méthode personnelle, les cotes de profondeur. Chacun fait ensuite une moyenne de ses cotes, la moyenne des 5 fournit la profondeur moyenne. » Nous signalons, sans insister, cette façon de procéder.

La vitesse moyenne indiquée dans les procès-verbaux est basée sur le temps total employé, la longueur moyenne labourée et le nombre des trains ; ce n'est donc pas la vitesse de la machine pendant le labour, mais le résultat du calcul basé sur le temps

Fig. 22. — Tracteur *Agricultural* (Schweitzer et Cie).

total y compris les virages et les arrêts tant que ces derniers ne dépassent pas 10 minutes.

Les tracteurs Universel (Saunderson), présenté par la Société de Construction et d'Entretien de matériel industriel et agricole (SCEMIA), 21, rue Cuvier, à Montreuil (Seine) et 32, rue Championnet, à Paris 18°; Mogul-20 et Titan-20, présentés par la Compagnie internationale des machines agricoles (CIMA), 155, avenue du Général Michel-Bizot, à Paris 12°, ont déjà été décrits dans cette *Revue de Culture mécanique*.

Le tracteur Agricultural (fig. 22), présenté par la Société des Établissements Agricultural Schweitzer et Cie, 86, rue de Flandre, Paris 19°, est actionné par un moteur à 4 cylindres (alésage 75; course 100) développant une puissance de 10 chevaux à 1 200 tours par minute.

La charrue John Deere, à 3 raies et à relevage automatique, pèse 470 kg. La charrue Oliver, également à 3 raies et à relevage automatique, pèse, sans rasettes, 450 kg. Nous n'avons aucune indication sur la charrue à 2 raies construite par M. Abel Renard, à Auxerre (Yonne).

Lors des essais on employa un brabant-double *usagé* tiré par un attelage ; on indique les résistances suivantes par décimètre carré de section transversale du labour : 70 kg (à la profondeur de 17) pour le champ où travaillait l'Universel ; 54 kg (à la profondeur de 20) pour celui affecté au Mogul-20 ; 56 kg (à la profondeur de 19,5) pour le Titan-20 et 55 kg (à la profondeur de 11 pour la parcelle où opéra l'Agricultural). Nous donnons ces chiffres tirés des procès-verbaux sans y ajouter de commentaire.

**
**

Le Président de notre *Société d'Encouragement pour l'Industrie nationale* a reçu à la fin de 1918 les copies de 9 procès-verbaux relatifs aux essais de La Verrière-Mesnil-Saint-Denis, dont les 4 analysés précédemment et ceux relatifs aux 5 appareils suivants :

	Treuil de Dion-Bouton.		Happy Farmer.	Tourand-Latil, Charles Blum et Cie.	
Moteur :					
Nombre de cylindres	4	4	»	4	4
Alésage (millim.)	100	125	»	105	105
Course (millim.)	140	150	»	140	140
Tours par minute	1 000 à 1 200	1 300	»	1 000	1 000
Puissance annoncée (chevaux-vapeur)	25 à 30	50	»	30	30
Charrue	Ch. balance Bajac.		2 raies La Crosse.	3 raies sans rasettes.	5 raies sans rasettes.
	4 raies avec rasettes.	6 raies avec rasettes.			
Largeur du train (mèt.)	1,28	1,75	0,70	1,00	1,39
Poids (kg.)	»	»	»	3 000	3 000
Prix (fr.)	60 000	»	»	24 000	24 000

Les deux treuils de Dion-Bouton, 36, quai National, à Puteaux (Seine) ; le tracteur Happy Farmer présenté par la maison Gaston, Williams et Wigmore, 3, rue Taitbout, à Paris ; les deux charrues automobiles Tourand-Latil présentées par MM. Charles Blum et Cie ont donné lieu aux constatations consignées dans le tableau ci-après.

	Treuil de Dion.		Happy Farmer.	Tourand-Latil, Charles Blum et Cie.	
Puissance annoncée (chev.-vap.)	25 à 30	50	»	30	30
Essai dynamométrique d'une charrue brabant-double usagée :					
Profondeur (centim.)	18	18,5	17	21	15,5
Traction moyenne par décimètre carré (kg.)	74	58	57	54	68
Nature du sol	Argilo-calcaire légèrement humide.		Argilo-calcaire légèrement humide, caillouteux par endroits.	Argilo-calcaire.	Argilo-calcaire.
État de la surface	Chaume de blé.		Chaume d'avoine mélangé d'orge.	Chaume de blé.	Chaume de blé.

Travail destiné à.	Treuil de Dion.		Happy Farmer.	Tourand-Latil, Charles Blum et Cie.	
	Blé d'hiver.	Avoine de printemps sur betteraves fourragères.	Seigle sur avoine.	Avoine d'hiver sur blé.	Orge sur blé d'hiver.
Longueur totale du champ (mèt.).	407	512	285	334	303
Largeur occupée par les fourrières (mèt.).	20	27,70	16,50	18,20	12,60
Labour.	A plat.	A plat.	En planches.	En planches.	En planches.
Profondeur du labour (centim.). .	20	19	18	20	12,5
Durée totale de l'essai (heure, min.).	0,37	1,0	1,0	1,0	1,0
Vitesse moyenne en travail (m. par heure).	»	3 341	2 756	3 160	3 656
Surface labourée (mèt. car.) . . .	2 478	6 095	1 930	3 160	5 200
Combustible employé (essence) : densité.	737 à 15°	730 à 26°	725 à 20°	730 à 24°	730 à 25°
Combustible consommé { lit. . dans l'essai. . . . . . { kg. .	6,53 / 4,81	20,45 / 14,93	4,90 / 3,55	9,65 / 7,04	9,68 / 7,06
Temps employé par un homme pour enlever les crampons des roues motrices (min.).	»	»	»	21	»

Nous n'avons pas connaissance des autres résultats d'essais qui ont été effectués; le 10 janvier 1919 le Secrétaire général de la Chambre syndicale écrivait au Président de notre *Société d'Encouragement pour l'Industrie nationale* qu'on a bien dressé des procès-verbaux pour d'autres appareils, mais comme les constructeurs n'ont pas contresigné lesdits procès-verbaux ces derniers ne peuvent pas être communiqués au public.

La Culture mécanique et la vigne.

Sous ce titre, M. Labergerie donne des indications dans la *Revue de Viticulture*, du 19 décembre 1918, p. 389. En grande culture l'écartement des lignes varie de 1 mètre à 2 mètres. Au-dessous de 1^m,25 d'écartement il ne faut pas songer à employer un des tracteurs actuellement connus. « Pour les petits appareils à moteur, dirigeables par mancherons, à bras d'homme, charrue ou brouette, l'instabilité jointe à la fatigue qu'ils impliquent au conducteur, ne permet pas de les conseiller. » Au dessus de 1^m,25 d'écartement le tracteur est utilisable et deux machines ont bien travaillé aux essais de 1918, à la Roche-de-Bran, près Poitiers.

« La circulation à travers champs d'un tracteur de culture ne le limite ni pour sa largeur, ni pour sa hauteur, ni pour sa mobilité relative de direction, les embardées sont sans importance sérieuse, d'autant plus que la déviation latérale est presque toujours restreinte par le tracé des sillons précédents, ce qui ne peut exister dans le labourage de la vigne, dont la profondeur est forcément limitée par crainte d'arracher les racines.

« Pour les vignes à écartements supérieurs à 2 mètres, certains types de tracteurs existants peuvent donner satisfaction aux vignerons, lorsque les sols ne présentent pas d'inégalités trop grandes, mais presque tous sont trop haut montés sur roues et d'une direction insuffisamment stable.

« En outre, tous les tracteurs existants ont en longueur une dimension toujours prohibitive de leur emploi dans les vignobles, à cause de la largeur qu'exige le terrain approprié aux virages au bout des rangées ; il est peu de vignerons qui consentiraient à sacrifier deux ou trois pieds (quelquefois plus) par rangée de vignes pour permettre les tournants faciles. »

Les régions libérées et la Culture mécanique.

La remise en état des régions libérées, au point de vue agricole, comporte la réfection des constructions rurales et les travaux de préparation pour la mise en culture des terres.

Une enquête partielle du Ministère de l'Intérieur, en juillet 1916, portant sur les départements alors envahis, sauf celui des Ardennes, comprenait 2 554 communes, sur lesquelles on avait des renseignements précis relativement à 753 communes détruites presque en totalité, représentant 42 263 maisons atteintes par la guerre, dont 16 669 complètement ruinées et 25 594 partiellement démolies ; de plus, 247 communes situées sur la ligne de feu étaient considérées comme complètement anéanties. En 1916, il y avait plus de 80 p. 100 de maisons détruites dans 74 communes et plus de 50 p. 100 dans 148 communes.

Notre étude de 1918 (1), faite avant la dernière avance allemande sur Château-Thierry, fixe à 239 000 le nombre d'exploitations agricoles situées dans les territoires alors envahis de sept départements : Nord, Pas-de-Calais, Somme, Aisne, Ardennes, Meuse et Meurthe-et-Moselle, en laissant de côté les Vosges dont il n'y avait heureusement que 3 p. 100 du territoire entre les mains de l'ennemi.

Les indications précédentes donnent une idée de l'effort formidable qu'il faudra faire pour la renaissance de la vie agricole dans ces malheureuses régions. Mais à côté de la réfection des constructions rurales il faut se préoccuper de reconstituer le plus tôt possible la terre arable et d'avoir le matériel nécessaire à son exploitation.

Au sujet du matériel agricole destiné aux régions libérées, le travail fut commencé au Ministère de l'Agriculture par l'*Office de Reconstitution agricole des départements victimes de l'invasion*, dont les services sont passés aujourd'hui au Ministère des Régions libérées ; de plus, l'avant-dernier armistice, du 16 janvier 1919, a prévu la livraison par l'Allemagne d'une certaine quantité de machines agricoles affectées aux régions libérées de la France et de la Belgique ; l'application de cette clause se poursuit actuellement.

* *
*

La mise en culture des territoires libérés est une question primordiale ; elle ne peut s'effectuer qu'avec le secours de la troupe cantonnée dans ces pays et surtout à

---

(1) *Journal d'Agriculture pratique*, 1918, 4 avril et 16 mai, p. 129 et 184.

l'aide de la Culture mécanique en particulier dans le Nord, le Pas-de-Calais, la Somme, l'Oise, l'Aisne et les Ardennes, où la pénurie presque complète d'animaux de trait ne permet pas d'opérer rapidement les labours pour préparer la plus grande surface possible aux emblavures de l'automne 1919.

Une grande partie des anciens territoires envahis est actuellement à l'état de landes ; d'énormes chardons et toutes sortes de mauvaises herbes ont pris possession du sol en l'infestant d'un grand nombre de graines.

Nous avons entendu dire, à maintes reprises, que pour remettre rapidement en état de culture ces terres laissées incultivées depuis trois ou quatre ans il fallait procéder à un fort labour de défoncement pour enfouir, à 0^m 40 ou 0^m, 50 de profondeur, toutes les mauvaises graines et, pour ce travail, on faisait appel à de puissants appareils de labourage mécanique.

On commet ainsi une erreur fondamentale : on oublie qu'un labour, à 0^m 40 de profondeur par exemple, enterre les graines à une profondeur variant de zéro à 0^m 40 et que beaucoup de mauvaises graines sont constituées pour rester plusieurs années enfouies profondément sans germer. On oublie que le sous-sol ramené à la surface frappe la terre de stérilité pour plusieurs années, à moins d'y enfouir une grande quantité d'engrais, faisant actuellement défaut ; enfin, à la suite d'un défoncement, jusqu'à ce que le sol soit tassé, on ne peut cultiver que des plantes à racines pivotantes ; nous avons eu l'occasion de donner ailleurs des détails à ce sujet (*Travaux et machines pour la mise en Culture des Terres*).

Il faut revenir provisoirement aux anciens procédés résultant d'une pratique séculaire observée par les agriculteurs lorsqu'ils avaient recours à la *jachère estivale* destinée au nettoiement des terres avant la généralisation des plantes sarclées, dont les principes furent indiqués par Jethro Tull (1733), puis par Patullo (1758), dans son *Essai sur l'amélioration des terres*.

Dans une constatation faite dans un ordre d'idées tout à fait différent parce qu'elle remonte à la fin de 1912, en ouvrant une tranchée dans l'ancien potager du couvent des Pères de Picpus, abandonné depuis une dizaine d'années, et dont une portion devint plus tard la Station d'Essais de Machines agricoles, nous trouvâmes des graines de diverses plantes à 0^m,07 ou 0^m,09 de profondeur où elles furent entraînées dans des failles élémentaires par les eaux météoriques.

Il doit en être de même dans les terres incultivées depuis la guerre et pour lesquelles la remise rapide en bon état doit se faire suivant les méthodes de la jachère estivale, dont les façons avaient pour but d'activer la germination des mauvaises graines pour détruire les jeunes plantes au moment opportun.

Gustave Heuzé, résumant les travaux antérieurs et ses propres observations, dit, dans la *Pratique de l'Agriculture*, t. II, p. 79 :

Les labours de jachère ayant pour but le nettoiement de la couche arable doivent avoir 0^m 10 à 0^m 12 de profondeur au plus. S'ils étaient plus profonds, les graines des plantes nuisibles germeraient difficilement.

La jachère estivale, dans les circonstances ordinaires, exige plusieurs labours et hersages et souvent aussi un ou deux roulages, surtout quand les terres sont argileuses ou argilo-calcaires.

Le premier labour est exécuté en avril ou mai, le second, en juillet et août et le troisième avant les emblavures d'automne.

En un mot, il faut faire des cultures très superficielles pour favoriser la germination des graines et les détruire le plus tôt possible, tout en en mettant d'autres en bonne situation de germination, afin de les détruire ultérieurement. A des intervalles dépendant de la température et des pluies, on peut faire ainsi plusieurs passages au cultivateur à dents flexibles.

Avec le cultivateur à dents flexibles, en se reportant à nos essais antérieurs (1), un premier passage sur terre en friche doit nécessiter une traction moyenne d'environ 60 kg par dent; un cultivateur de 11 dents, travaillant sur 1^{m}30 de largeur, doit exiger un effort moyen de traction de 660 kg.

Pour les passages suivants du cultivateur à dents flexibles on peut compter sur une traction moyenne de 35 kg par dent, ce qui permet d'atteler au tracteur deux cultivateurs de 9 dents représentant une traction moyenne de 630 kg en prenant un train de 2^{m}10 de largeur.

Dans les deux cas le travail peut s'exécuter à la vitesse de 4 kilomètres à l'heure.

Fig. 23. — Tracteur attelé à trois cultivateurs-extirpateurs.

Cependant, si le sol était garni d'une trop luxuriante végétation, on sera peut-être obligé de commencer par un labour à 0^{m}12 ou 0^{m}15 de profondeur, afin que les socs puissent mordre, mais il n'y a pas lieu de chercher à aller plus profondément que cela est nécessaire pour assurer la stabilité de la charrue. On sera peut-être obligé dans certains cas de faire passer une faucheuse puis, quelques jours après, un pulvériseur (2) chargé de faciliter le premier passage ultérieur du cultivateur.

Dès que les terres seront un peu remises en état, on pourra augmenter la largeur du train et la porter à 5 mètres en attelant plusieurs cultivateurs au tracteur. La figure 23 représente une photographie prise en 1911 à la ferme de Léchelle (Aisne) montrant un tracteur Marcel Landrin avec ses roues motrices à palettes mobiles commandées par excentriques dont nous avons parlé antérieurement (3); le moteur à 4 cylindres développait 24 chevaux; les vitesses du tracteur du poids de 2 500 kg étaient de 3, 6 et 9 kilomètres à l'heure. A la vitesse de 3 kilomètres par heure, on déplaçait 3 cultivateurs-extirpateurs de 2 m de largeur, donnant un train de 5^{m}50 et

(1) *Culture mécanique*, t. IV, p. 84.
(2) *Culture mécanique*, t. VI. p. 46.
(3) *Culture mécanique*. t. V. p. 106.

travaillant, dans les grandes pièces, sur 9 à 10 hectares par journée ; dans la même ferme, chacun de ces cultivateurs-extirpateurs était tiré par 4 bœufs.

Enfin, après plusieurs façons, il faudrait semer de l'avoine, céréale étouffant les mauvaises herbes, quitte à la récolter à l'état de fourrage vert ou même à l'enfouir sur certaines parcelles. D'autres plantes étouffantes pourraient remplacer avantageusement l'avoine ; c'est un choix judicieux à faire d'après la nature du sol.

Le labourage à vapeur au Congo belge.

Le rapport sur l'Agriculture au Katanga, pour l'exercice 1916, ne fait que de parvenir au Ministère des Colonies du royaume de Belgique et vient d'être publié (1); nous y relevons les renseignements suivants sur les travaux de défrichement et de culture effectués avec le matériel Fowler, à deux locomotives-treuils, à la ferme de MM. Goethals, à Kapiri.

Du 1er janvier au 1er avril, on s'est occupé de la remise en état du matériel; à cause de la guerre, on ne reçut pas les pièces de rechange en temps voulu.

Les dépenses se sont élevées à 52 000 francs (sur lesquels on aurait pu économiser 5 600 fr), non compris l'amortissement du matériel ni l'achat des pièces de rechange.

Le rapport indique les frais suivants par hectare travaillé :

	Surface travaillée (hectares).		Dépenses par hectare.	
	totale.	par jour.	réelles. (fr.)	en tenant compte des dépenses à supprimer. (fr.)
Sur terrain nouvellement défriché : labour et hersage croisé	67	1.5	147	137
Sur terrain cultivé antérieurement : labour et hersage simple.	35.5	3.0	74	72
Hersage simple sur labour exécuté par les attelages de la ferme.	16.75	6.0	—	—
Hersage croisé	—	2.5	37	—

Les travaux de culture s'étendent du 17 avril au 16 septembre, soit 153 jours sur lesquels il n'y a eu que 91 journées de travail, ou 59.5 p. 100; les autres (62) représentent les dimanches et jours fériés, les arrêts et réparations, les nettoyages des chaudières (24 demi-journées) et les déplacements des machines (6 journées).

Le combustible employé est le bois dont la coupe a coûté 1040 fr.

Le transport de 100 tonnes de maïs de la ferme à la gare de Kapiri a coûté 1 200 fr de salaires du mécanicien et des travailleurs indigènes.

(1) *Bulletin agricole du Congo Belge*, mars-décembre 1918, p. 161.

La Culture mécanique des vignes du littoral algérien.

Notre confrère, M. Pierre Viala, a communiqué à l'Académie d'Agriculture (séance du 19 février 1919), un des travaux les plus importants sur la culture de la vigne par M. Bertrand, ancien président de la Société des Agriculteurs d'Algérie, résumant ses quarante-sept années de pratique agricole sous le titre de *Contribution à l'étude de la culture de la vigne dans les plaines riches du littoral algérien;* il en avait donné la publication dans la *Revue de Viticulture.*

Les terres de l'Arba sont les plus riches et les plus profondes du littoral; M. Bertrand a planté ses premières vignes sur des lignes écartées de 2 mètres et à un espacement de 3 mètres sur la ligne ; il n'y a ainsi que 1666 ceps à l'hectare. Dans ses dernières plantations, les lignes sont écartées de 2^m 50 et les ceps, au nombre de 1333 par hectare, sont espacés de 3 mètres sur chaque ligne. Les vignes sont conduites sur 3 cordons de fils de fer.

Avec de semblables écartements laissant libres entre les sarments une largeur de 1^m 40 (premières plantations) à 1^m,90 (dernières plantations), la culture mécanique, tant réclamée par les viticulteurs algériens, est très facile avec les tracteurs auxquels l'Afrique septentrionale offre un important débouché.

Entreprises de Culture mécanique.

A côté des domaines suffisamment importants pour utiliser un appareil de Culture mécanique, et des Syndicats, il y a place pour les entreprises fonctionnant comme les entrepreneurs de battage. A ce propos, M. André Mercier des Rochettes, Ingénieur agronome, a publié une note (1) dans laquelle il fait ressortir les points suivants :

Une entreprise de Culture mécanique devrait être vaste et embrasser le plus grand nombre possible de travaux agricoles pour éviter le chômage. A l'automne et au début du printemps, les labours de semailles l'occuperont suffisamment. Elle devra assurer ensuite la coupe des foins, les moissons et les déchaumages à la fin du printemps et au début de l'été, les battages en été, sans compter les labours préparatoires au cours de l'année, ainsi que les façons d'entretien qui peuvent être données au moyen des tracteurs, comme les roulages, hersages, etc. ; elle pourra effectuer peut-être certaines récoltes, comme l'arrachage des pommes de terre.

Ce mode d'utilisation des appareils de Culture mécanique par entreprise aurait l'avantage énorme d'apporter une aide aux familles de cultivateurs dont les hommes auront été mutilés, ou même seront disparus au cours de la Guerre ; les travaux les plus pénibles leur seraient ainsi épargnés et elles pourraient consacrer tous leurs soins à l'élevage du bétail, augmenter leur cheptel, accroître ainsi la production du fumier et améliorer leurs terres.

L'entreprise de Culture mécanique présente une grosse supériorité sur la Société agricole proprement dite, elle conserve au paysan français l'indépendance et la liberté; elle respecte ce soubassement de notre pays à la vaillance duquel est due en grande partie la Victoire. Cette conservation du paysan français est, du reste, une des conditions de l'augmentation de la production que tout le monde désire. Un petit proprié-

(1) *Journal d'Agriculture pratique.* n° 4, 1919. p. 71.

taire ou un métayer produisent bien plus qu'un simple ouvrier agricole salarié, car ils sont directement intéressés au produit de leur travail. Un petit domaine produit par suite relativement plus qu'un grand ; ceci, qui est contraire à l'esprit industriel, est pourtant une loi de l'Agriculture.

Le petit propriétaire et le métayage sont, au fond, une formule beaucoup plus démocratique que toute autre et en les associant avec cette autre formule : *Entreprise de Culture mécanique*, il semble que pourraient être conciliées la nécessité actuelle où l'on se trouve d'employer les appareils modernes coûteux et cette autre nécessité à la fois agricole, économique et sociale de conserver au maximum la petite et la moyenne exploitation.

D'ailleurs les progrès les plus remarquables ont été réalisés dans les pays de petite culture et de démocratie rurale ; à ce sujet, M. Tisserand citait à l'Académie d'Agriculture (13 juin 1917) la Belgique, le Danemark et la Hollande où l'on constatait la production par hectare la plus élevée.

Tracteur Renault.

A l'Assemblée générale de la Société des Agriculteurs de France (19 décembre 1918), notre confrère, M. Alfred Loreau, a fait une conférence sur la Culture mécanique ; il a donné dans cette dernière des indications sur les tracteurs agricoles des établissements

Fig. 24. — Tracteur Renault.

Renault, de Billancourt (Seine), dérivés des chars d'assaut de ces constructeurs, composant ce qu'on appelait l'artillerie spéciale qui contribua tant à la victoire.

La figure 24 représente un de ces tracteurs Renault, du type à chemins de roulement (caterpillar ou chenille) et les indications suivantes sont extraites de la conférence de M. Loreau :

Le moteur à essence, à 4 cylindres (alésage 95, course 160) développe une puissance de 35 chevaux à la vitesse de 1500 tours par minute ; le refroidissement a lieu par thermosiphon.

Le moteur actionne deux chaînes sans fin en acier, formant chemins de roulement de $0^m,175$ de largeur reposant chacun sur le sol sur une longueur de $1^m,06$.

Chaque chaîne porte un embrayage et peut donner au tracteur 4 vitesses avant (1 500, 3 000, 5 000 et 7 000 m à l'heure) et 1 vitesse arrière (1 500 m à l'heure).

Le châssis est monté sur ressorts de suspension. Le poids total est d'environ 2 800 kg ; l'effort de la traction au crochet d'attelage serait de 1 700 kg. En supposant la charge uniformément répartie sur la surface portante des chaînes, la pression serait voisine de 400 grammes par centimètre carré. L'encombrement est de $3^m45 \times 1^m78$.

On applique actuellement, à Châlons-sur-Marne, à la traction des péniches les chars d'assaut de la Guerre auxquels on a enlevé leur artillerie.

L'enseignement de la Culture mécanique.

1° Aux États-Unis.

L'État d'Ohio cultive surtout du blé et du maïs ; le rendement à l'hectare varie de 8 à 16 hectolitres de blé et de 21 à 36 hectolitres de maïs (1). Les tracteurs se sont développés beaucoup dans cet État ; on en comptait près de 3 000 au début de 1918, et l'on prévoit que leur nombre sera très prochainement doublé. En vue de faciliter la divulgation des appareils de Culture mécanique on a institué à cet effet, à Colombus, des cours temporaires, ou plus exactement des exercices pratiques ; nous avons l'analyse des résultats constatés en février 1918 (2).

Les démonstrations pratiques ont été effectuées sur 18 tracteurs de différents modèles ; il y eut des conférences données au sujet des mécanismes des tracteurs, des causes de pannes avec les moyens d'y remédier, et de l'entretien des machines ; du 11 au 16 février 1918, 1 500 agriculteurs ont assisté à ces démonstrations et à ces conférences forcément brèves parce qu'elles n'ont duré qu'une semaine pour un si grand nombre d'auditeurs qui n'ont pu en retirer qu'une indication tout à fait sommaire, à moins que le chiffre américain porte sur la totalité des visiteurs, ce qui nous semble probable, et non sur ceux qui ont suivi avec profit les conférences. Les forces, au point de vue mécanique comme au point de vue intellectuel, ne se transmettent pas instantanément : en une semaine on peut dresser individuellement un conducteur, mais on ne peut pas inculquer à 1 500 personnes les notions que l'État d'Ohio a l'air de nous faire croire avoir données ; depuis longtemps nous sommes sceptique sur les chiffres américains, qui sont toujours les plus grands du monde entier !

La même publication donne une statistique sur les tracteurs, résultant d'une enquête, que nous résumons dans un autre article.

---

(1) *L'Agriculture à l'exposition de Chicago ; Journal d'Agriculture pratique*, 1893, t. II, p. 627.

(2) *Bulletin mensuel des renseignements agricoles de l'Institut international d'agriculture*, de Rome, janvier 1919, p. 98, d'après *The Department of Agriculture of Ohio*, Official Bulletin, fév. 1918.

2° En France.

a — *École de Noisy-le-Grand.*

Le décret du 30 janvier 1917 (1) créait une École spéciale de mécaniciens-conducteurs de machines agricoles, dite *Fondation Gomel-Pujos*, à Noisy-le-Grand (Seine-et-Oise), à la fondation de laquelle nous avions beaucoup contribué ; nous avons le regret d'apprendre que, parce que les engagements pris n'ont pas été tenus, l'École qui aurait pu rendre les plus grands services a été supprimée.

b — *École ambulante de Selommes.*

M. Compère-Morel, Commissaire à l'Agriculture, d'accord avec le Ministre de l'Agriculture, a ouvert en février 1919 une *batterie-école* de Culture mécanique à Selommes (Loir-et-Cher), qui est pourvue d'appareils de diverses marques.

Le programme de cette école, dont l'effet sera limité à la région, est le suivant :

1° Développer la Culture mécanique en France ;

2° Apprendre la conduite des tracteurs aux laboureurs et aux ouvriers agricoles ;

3° Familiariser les mécaniciens agricoles, les mécaniciens ajusteurs, les forgerons, les maréchaux ferrants, etc., avec le mécanisme, l'entretien et la réparation des tracteurs.

4° Initier les agriculteurs afin de les mettre à même de juger de l'intérêt que peut présenter l'application de la Culture mécanique dans leur exploitation, et de leur permettre de déterminer dans des conditions pratiques le type de tracteur qui peut plus particulièrement leur convenir ;

5° Guider les constructeurs dans leurs recherches, en vue de perfectionner judicieusement les appareils, et, surtout, de les adapter de mieux en mieux aux besoins de notre agriculture et à la nature si variée de notre sol.

Comme les batteries ordinaires, la *batterie-école* entreprend pour les particuliers tous les travaux agricoles que peuvent exécuter les tracteurs ; elle est donc de ce fait obligée de se déplacer plus ou moins fréquemment en constituant une véritable école ambulante de Culture mécanique.

Cette école admet, à titre d'*élèves rétribués*, pour un stage maximum de deux mois : des mécaniciens et des forgerons pris parmi les mécaniciens agricoles, les ajusteurs, les forgerons d'ateliers, les maréchaux ferrants et des conducteurs pris parmi les agriculteurs, les laboureurs et les ouvriers agricoles.

Un certificat est délivré aux élèves qui ont satisfait aux conditions prescrites.

Cette organisation permettra d'atteindre le but que l'on s'est proposé, à savoir : développer la Culture mécanique en France et contribuer ainsi à réduire la surface des terres abandonnées, tout en guidant la construction française pour le perfectionnement et l'adaptation des appareils, de manière à rendre notre pays de moins en moins tributaire de l'étranger, en attendant qu'il puisse se suffire à lui-même.

c — *Projet de stations d'essais de Culture mécanique.*

M. le docteur Chauveau, Sénateur de la Côte-d'Or, a publié dans le *Journal d'Agriculture pratique* (n° 3 de 1919) le résumé ci-après d'une proposition de loi, dont il a

(1) *Culture mécanique*, t. V, p. 25.

saisi le Sénat, dans le but de coordonner rapidement les desiderata des agriculteurs des régions de la France pouvant appliquer la Culture mécanique.

Il ne viendra à l'idée de personne que la complexité des problèmes que soulève la motoculture puisse être embrassée et condensée dans de simples formules de mécanique appliquée non plus que convenablement figurée dans les épures qui s'en inspirent. La terre est un milieu vivant dont l'aspect et la structure varient dans le temps et dans l'espace, encore qu'on soit fondé à croire, en ce qui concerne tout au moins le sol arable, que les sucs nourriciers qu'il renferme et par quoi s'alimentent les plantes y circulent toujours et partout identiques dans leur composition et dans leur concentration. Les moyens et procédés pour mettre en œuvre cette fécondité latente seront donc divers comme les terrains que l'on cultive, quand bien même ceux-ci seraient destinés à porter la même récolte. C'est assez dire que la même formule mécanique ne saurait s'appliquer indistinctement à toutes les machines de culture. En fait, si on laboure partout, on ne laboure pas partout de la même façon, ni, à culture égale, à la même profondeur. D'autre part, si le labour tel qu'on le pratique depuis des siècles n'a d'autre but que de mettre le sol dans les conditions les plus favorables à la germination des semences qui lui sont confiées, n'est-il pas permis d'imaginer d'autres moyens peut-être plus efficaces encore pour atteindre le même résultat? On s'y emploie d'ailleurs, et des méthodes nouvelles sont préconisées pour les cultures dont le labour constituait jusqu'ici la base principale.

Tout ceci conduit à penser que, pour ce qui a rapport aux choses de la terre, le meilleur chemin pour avancer nos connaissances, qu'il s'agisse de procédés, de semences ou d'instruments, est celui de l'expérience, non l'expérience reçue et suivie aveuglément qui n'est que de l'empirisme, mais celle qui, dirigée par la science, contrôle dans leurs effets la valeur des théories.

C'est sous l'empire de ces idées que nous avons été amené à insister du haut de la tribune du Sénat, vers le milieu de l'année 1913 — à une époque où la Culture mécanique en était à ses débuts — pour que des essais spéciaux fussent organisés en vue de constater les résultats qu'elle était capable de donner. Cette suggestion fut accueillie avec sympathie par le Gouvernement, et M. Clémentel s'empressa de décider qu'il serait procédé à des expériences comparatives de longue durée, dès l'automne de la même année : elles devaient s'étendre sur trois années consécutives, de 1913 à 1915.

Ces expériences et démonstrations publiques, commencées à l'École nationale d'Agriculture de Grignon, devaient, à leur tour, être suivies d'autres démonstrations de Culture mécanique dans des fermes mises gracieusement à la disposition de l'Administration par des agriculteurs dévoués.

Tout était d'ailleurs disposé de façon que tous les éléments à considérer fussent soigneusement et scientifiquement appréciés et contrôlés. Un groupe d'expérimentateurs avait mission d'examiner les appareils au point de vue purement mécanique : force développée par le moteur en travail et à vide, consommation en lubrifiants et combustibles, rôle de chaque organe des machines. Un second groupe devait, en se plaçant sur le terrain cultural, examiner et apprécier le travail exécuté par chaque appareil, en tenant compte de l'état du sol (densité, humidité, etc.,) avant et après le travail. Enfin, un troisième groupe était chargé de dresser en quelque sorte le bilan agronomique de chaque espèce d'appareils, en faisant ensemencer, puis récolter dans des conditions de comparaison aussi exactes que possible, les diverses parcelles préparées par chacun d'eux.

On était en droit d'attendre d'essais organisés et poursuivis aussi rationnellement, prolongés en outre sur un long espace de temps, des données et des indications de la plus haute valeur tant pour la construction que pour l'emploi des appareils de motoculture. La guerre vint malheureusement les interrompre. Ils ne purent être remplacés par les essais publics qui eurent lieu, plus tard, pendant la durée des hostilités. Organisées plutôt en vue de conserver le contact entre constructeurs et agriculteurs, ces réunions eurent surtout un caractère d'exposition commerciale et, par là même, elles se prêtaient peu à des expériences dont on pût faire état (1).

L'élément principal manquait d'ailleurs pour en tirer tout le profit qu'elles comportaient : la concurrence libre, incompatible avec l'état de guerre. Ne prenaient part, en effet, à ces essais que des appareils surtout étrangers, neutres ou alliés, américains en grande majorité, certains conçus peut-être pour d'autres terrains ou pour des méthodes de culture différentes des nôtres. Quant aux appareils français, notre industrie, privée de matières premières, d'ouvriers spéciaux, parfois même de patrons, ne pouvait en présenter que quelques spécimens dont elle aurait été d'ailleurs en peine de garantir la reproduction dans un temps donné, si libéral que fût le délai accordé par l'acheteur.

L'idée vint alors à M. Méline que le développement de la motoculture, contrarié en réalité par les circonstances, pourrait peut-être recevoir une impulsion nouvelle si l'on instituait un organisme autorisé susceptible de l'orienter, et il créa une Commission de Culture mécanique ayant pour mission « d'éviter aux constructeurs des expériences hasardeuses et de leur indiquer une direction qui prévienne les déceptions et empêche les reculs ». On espérait sans doute que cette Commission pourrait, avec ses seules lumières, atteindre à cette vérité que tant d'inventeurs et de constructeurs s'efforcent de découvrir et de réaliser. C'était beaucoup attendre d'une Commission et sans doute trop de l'arrêté ministériel qui en fixa la composition et lui marqua son programme.

*
* *

Cependant, on ne saurait mettre en doute que, pour que la motoculture entre dans la pratique courante, des essais constants, répétés, doivent être poursuivis, et qu'il n'est pas indifférent qu'ils soient coordonnés et réalisés par les soins et sous la direction d'un organisme central. Ne faisons pas de ce dernier une sorte de concile chargé de définir un symbole ou d'élaborer un credo de la motoculture, mais un Office de propagande de l'évangile nouveau dont il examinera les interprétations et vérifiera les gloses, au point de vue de l'orthodoxie scientifique et agronomique, chaque fois que leur examen lui sera déféré.

Pour remplir convenablement sa mission, ce *Comité central de Culture mécanique* devra être composé de membres spécialement qualifiés par leurs connaissances mécaniques et agronomiques, et accueillir dans son sein des représentants des Syndicats industriels et commerciaux intéressés au développement de la motoculture. Il faudra aussi lui fournir les moyens de contrôler et d'expérimenter les appareils qui lui seraient soumis et sur lesquels on lui demanderait de se prononcer. Il ne pourra le faire que s'il dispose d'une station d'essais pour ces machines et d'un domaine étendu pour poursuivre les expériences et démonstrations nécessaires. Il conviendrait sans doute de compléter cette organisation en instituant des cours pratiques destinés à former des mécaniciens pour la conduite des machines de culture et de récolte. Cet enseignement pourrait être donné sur le domaine destiné aux essais ; les portions inutilisées de celui-ci seraient amodiées aux constructeurs d'appareils pour leurs propres expériences.

L'organisation que nous souhaitons ne doit pas s'arrêter là. Il faut encore vulgariser la Culture mécanique par l'installation de stations d'essais distribuées sur toute la France. Les terres arables qui composent notre territoire sont très variées. Un géographe renommé, Onésime Reclus, disait qu'elles sont le résumé de la sphère entière. La décentralisation des expériences et démonstrations est donc ici une nécessité imposée par la nature des choses. Celles qui auront été amorcées à la Station centrale devront être répétées, prolongées et à

(1) Cependant, en plus de nos essais de Grignon, de Trappes et de Neuvilette (1913 et 1914), nous avons pu procéder à des essais spéciaux en 1915, 1916 et 1917 sur un certain nombre de machines des concours publics dont il est question ici ; les résultats ont été détaillés dans la *Culture mécanique*, t. IV et V (Essais de Brie-Comte-Robert, Bertrandfosse, Gournay, Provins et Noisy-le-Grand).

nouveau contrôlées dans différentes régions agricoles que l'on choisira parmi celles qui possèdent une individualité géologique et agronomique bien caractérisée. Les stations expérimentales seraient rattachées de préférence aux Écoles d'agriculture. Elles permettraient de dégager peu à peu les types de moteurs et d'appareils qui conviennent le mieux à chaque région et à chaque culture. L'agriculteur pourrait examiner sur place la machine susceptible de lui donner satisfaction; de leur côté, les constructeurs seraient exactement renseignés sur les régions pouvant offrir un débouché à leurs machines. Ainsi se trouverait réalisé le but poursuivi par M. Méline.

Ces essais décentralisés, il appartiendrait au Comité central d'en tracer les directives; ils pourraient être organisés avec le concours des Sociétés d'agriculture et des Associations professionnelles agricoles. Les Offices agricoles régionaux ou départementaux dont la création paraît prochaine seront tout désignés pour les préparer. Ces expériences locales constitueraient une excellente leçon de choses et le meilleur instrument de propagande. N'étant pas limitées dans le temps, comme les démonstrations et manifestations accoutumées, elles permettront aux agriculteurs de suivre le travail des appareils, d'en apprécier et d'en comparer les résultats dans les conditions qui leur sont familières et sur un terrain semblable à celui qu'ils cultivent.

C'est à un ensemble de mesures de cette nature qu'il faut avoir recours pour imprimer à la Culture mécanique l'impulsion qui doit la porter au point qu'elle mérite d'atteindre. Elle doit pouvoir s'adapter à tous les terrains et aux cultures principales; elle doit aussi se présenter aux cultivateurs entourée de toutes les garanties désirables, sans quoi ils hésiteront à faire les débours nécessaires pour l'utiliser. N'oublions pas que notre relèvement économique et la facilité de notre ravitaillement dépendent étroitement du degré d'industrialisation auquel sera portée la culture de notre sol. Qui dit industrialisation dit emploi de machines. En favorisant l'essor de la motoculture, nous ne ferons donc qu'aider à l'avènement d'un état de choses essentiellement favorable au développement de notre production agricole.

C'est parce que nous l'entendons ainsi que nous avons saisi le Sénat d'une proposition de loi dont les détails qui précèdent suffisent à donner une idée exacte et complète. En dehors des raisons d'ordre pratique qui la justifient, des considérations d'ordre moral la recommandent. Le jour où le moteur inanimé aura pris dans la ferme la place qu'il doit y occuper, une révolution s'ensuivra : ceux qui cultivent la terre et en vivent verront leur condition relevée et leur bien-être accru; leurs connaissances et les spéculations auxquelles ils se livrent se trouveront élargies, pour le plus grand bien de l'économie nationale et pour la plus complète satisfaction du consommateur.

Le projet de M. Chauveau peut contribuer énormément aux perfectionnements rapides des divers types d'appareils de Culture mécanique; mais sa réalisation entraîne à de fortes dépenses comme matériel et surtout comme frais de fonctionnement pendant plusieurs années consécutives, car on devra assurer aux chefs de service de l'expérimentation des appointements au moins équivalents à ceux qu'ils pourraient avoir dans l'industrie par leur savoir, leur intelligence et leur travail; le nombre des fanatiques au service d'une idée, imbus de l'esprit et du désintéressement scientifiques, se raréfie d'autant plus que les frais de l'existence augmentent. Le défaut des organisations de l'État réside dans l'exiguïté des crédits et des émoluments; ces derniers, souvent dérisoires, éliminent les personnes de valeur qui trouvent bien mieux à s'employer chez les particuliers payant toujours d'après les services rendus.

Tracteur à cliquets.

Pendant qu'il était prisonnier de guerre en Allemagne, M. Georges Decouan, 17, rue Montmartre, à Paris, a étudié la transmission du moteur aux roues motrices d'un tracteur ; il a cherché à supprimer les engrenages de la boîte de vitesse, le différentiel et la transmission par chaîne ou par roues dentées aux roues motrices.

Le moyeu de chaque roue motrice R (fig. 25) est solidaire d'une roue à rochets a

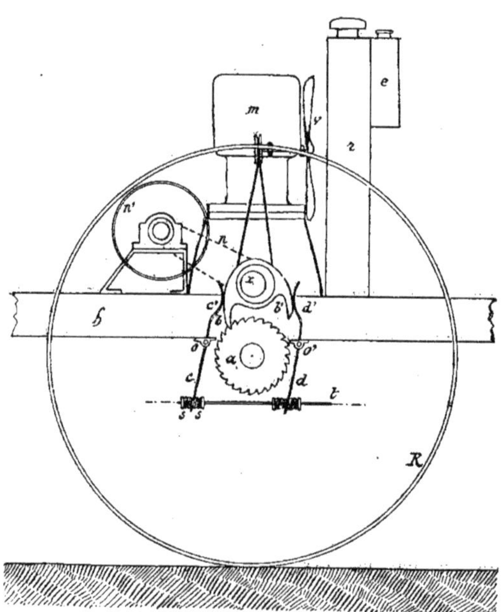

Fig. 25. — Principe du tracteur à cliquets de M. Decouan.

que font avancer des cliquets b calés en excentrique x sur l'arbre même du moteur m (1). En construction il doit y avoir, par roue motrice, trois cliquets dont les excentriques sont calés à 120 degrés afin qu'il y en ait toujours un en |prise ·pour assurer un avancement aussi uniforme que possible.

Pour les virages on peut arrêter l'action des cliquets sur le moyeu de la roue située du côté du centre du virage ou, s'il s'agit de tourner pour ainsi dire sur place, faire tourner une roue en marche avant et l'autre en marche arrière.

La marche arrière est obtenue en inclinant les cliquets b par la tringle de manœuvre t déplaçant par les buttées et les ressorts s, autour des axes o et o', les

____

(1) Le radiateur est figuré en r, le ventilateur en v, le réservoir au combustible en e et le châssis en h.

pièces cc' et dd'; les doigts b' entrent alors en action sur des roues à rochets analogues à a, mais ayant les dents dirigées en sens inverse.

La vitesse d'avancement peut être réglée avec un dispositif modifiant la course des cliquets b qui prennent à chaque oscillation une ou plusieurs dents à rochets a, comme cela existe dans les anciennes machines à percer.

Nous nous souvenons avoir vu autrefois dans un Salon de l'Automobile un camion dont la transmission à cliquets présentait beaucoup d'analogies avec le système de M. Decouan.

En $n\ n'$ est un renvoi du moteur à un arbre portant des poulies pour actionner diverses machines avec une courroie.

La Culture mécanique dans l'Indre.

M. d'Orvau, à la Planchette, par le Blanc (Indre), président du Syndicat de Culture mécanique du Blanc, a résumé dans une note d'utiles indications relatives au travail exécuté en 1918 par le tracteur Case-18 appartenant au Syndicat.

Labours. — Emploi de la charrue Grand Detour, à deux ou trois raies ayant chacune $0^m,30$ de largeur. Les constatations ont porté sur 148 hectares en terrain varié, appartenant à 9 propriétaires.

Les terres argileuses ont été labourées avec la charrue montée à 2 raies. Les terres de consistance moyenne et les sols légers ont été labourés avec la charrue montée à 3 raies ; le travail était effectué à la profondeur moyenne de $0^m,18$.

Les résultats pratiques des labours, ainsi que ceux des travaux suivants sont résumés dans un tableau donné plus loin.

Pseudo-labours. — Les constatations portent sur 38 hectares travaillés avec le cultivateur à dents flexibles Massey-Harris de 13 dents (largeur $1^m,70$) ; 14 hectares ont été travaillés sur guéret, 6 hectares sur chaume d'avoine ont reçu chacun 4 passages : 2 en travers et 2 en long à des profondeurs de plus en plus grandes.

Semis. — On a ensemencé 18 hectares de blé avec le même cultivateur Massey-Harris muni d'un semoir à la volée ; un enfant de 14 ans était sur le siège pour surveiller le mécanisme. Dans le temps indiqué pour ensemencer 1 hectare, on a compris les arrêts nécessaires pour le chargement du semoir.

Récolte des fourrages. — Attelé à une faucheuse ordinaire, le tracteur a récolté 19 hectares de prés naturels.

Moisson. — On a opéré sur 60 hectares, dont 22 en blé et 38 en avoine, avec une moissonneuse-lieuse Deering ayant une longueur de coupe de $2^m,10$. Le terrain étant labouré en planches, suivant l'usage local, on ne pouvait couper que sur deux côtés des champs. Le détourage préalable a été fait à la faux.

Le blé était beau et il fallait 3 à 4 pelotes de ficelle par hectare (on compte, en général, sur 5 à 6 kg de ficelle par hectare).

Dans le temps indiqué pour la moisson d'un hectare sont compris les arrêts pour la mise de ficelle qui représentent 15 minutes par hectare.

Le tracteur, très facile à diriger, a exécuté le travail avec beaucoup de facilité.

Battage. — Emploi d'une batteuse à double nettoyage de Merlin, de Vierzon (Cher).

En 3 jours on a battu une récolte donnant 207 hectolitres de blé et 282 hectolitres d'avoine, soit, en totalité, 489 hectolitres de grain.

Pour ce travail on a réalisé une économie de 130 fr. sur le prix du charbon qui aurait été nécessaire en employant une locomobile à vapeur.

Résultats pratiques constatés. — **Le** tableau suivant résume les résultats constatés en pratique : temps nécessaire pour l'exécution de l'ouvrage et combustible consommé ; nous calculons les surfaces ou les quantités moyennes travaillées par heure.

Travaux.	Temps nécessaire. par hectare h. m.	Travail effectué par heure. m. carrés.	Consommation de combustible (e, essence ; p, pétrole.) par hectare (litres).
Labour à 0^m18.	4.30	2 222 (1)	$\{$ 32 e ou 35 $p + 2\,e$
Cultivateur.	2.0	5 000	12 e
Semis de blé	2.0	5 000	11 e
Récolte des fourrages.	1.40	6 000	7 e
Moisson	1.45	5 714	7,8 e

	pour battre 100 hectolitres de grain.	hectolit. de grain battu.	par heure lit.	par hectolitre de grain lit.
Battage.	6.80	16.3	3.3	0.2

(1) A nos essais de Noisy-le-Grand, en 1917, le tracteur Case-18 avait donné les résultats suivants (*Culture mécanique*, t. V, p. 147) :

Profondeur du labour (cent.)	17.4	21.0
Temps employé par hectare (h. m.).	5.12	4.47
Surface travaillée par heure (m. carrés).	1 926	2 088
Consommation d'essence par hectare (lit).	30.0	31.6

Ces chiffres concordent avec les résultats constatés au Syndicat de Culture mécanique du Blanc.

Dépenses. — Les lubrifiants dépensés par heure ont été en moyenne :

Huile *mobiloil* A.	0^{kg}650
Graisse et valvoline	0 050
Total	0 700

	par heure de travail. fr.
Au prix excessif de 2,70 f le kg, les lubrifiants représentent une dépense moyenne de	1,89
Les pièces usées ou cassées et le remplacement des socs et seps de la charrue représentent en moyenne au cours actuel.	1,66
L'amortissement du tracteur et de la charrue ont été comptés à	3,00
Les assurances et frais divers.	0,45
Soit au total, par heure de travail.	7,00

A ces dépenses il faut ajouter le combustible et le salaire du mécanicien et de l'aide représentant au plus 2 francs par heure de travail.

Conclusion. — M. d'Orvau déclare, comme conclusion, que le tracteur du Syndicat peut rendre les plus grands services dans une exploitation dont les terres sont de consistance moyenne ; — le travail qu'il exécute rapidement, au meilleur moment, n'est pas d'un prix de revient supérieur à celui obtenu avec les attelages. — Le tracteur permet enfin l'exécution rapide des cultures superficielles si nécessaires à une saison où elles seraient impossibles avec les attelages par suite du manque de main-d'œuvre spéciale.

Tracteurs à quatre roues motrices.

On semble s'intéresser en Italie aux tracteurs munis de quatre roues motrices. M. L. Frassetti appelle l'attention sur ces machines dans *Giornale di Agricoltura della Domenica* (5 janvier 1919). Il cite quatre machines : une en Amérique, de la Compagnie

Fig. 26. — Tracteur à 4 roues motrices de la Cie Four Drive Tractor.

Four Drive Tractor, deux en France : Benedetti et de Mesmay, une en Italie, le tracteur Pavesi.

Le tracteur Benedetti a pris part à nos essais de Grignon en 1913 ; la machine de Mme veuve de Mesmay, qui a été décrite antérieurement (*Culture mécanique*, t. V, p. 49), participa aux essais de Chassart, en Belgique. A ces deux appareils français il convient d'ajouter le tracteur de M. Fournier dont nous avons parlé (1).

L'appareil de la Compagnie Four Drive Tractor est représenté par la figure 26. Les quatre roues, portant des cornières obliques, ont le même diamètre et la même voie : l'arbre longitudinal de transmission est placé en dessous du châssis et actionne les roues avant par engrenages logés dans une boîte cylindrique verticale dont l'axe, comme dans la machine de Mesmay, coïncide avec l'axe de la cheville ouvrière de l'avant-train.

Dans le tracteur Pavesi (fig. 27) l'arbre longitudinal de transmission est disposé au-dessus du châssis ; la commande des roues motrices a lieu par chaînes.

(1) *Culture mécanique*, t. VI, fig. 50, p. 63. — Ce volume, p. 17 et fig. 40, p. 90.

On annonce que la maison F. I. A.T. construit un tracteur agricole dont le moteur a une puissance de 25 chevaux ; la machine est un tracteur ordinaire à quatre roues mo-

Fig. 27. — Tracteur à 4 roues motrices de Pavesi.

trices avec cornières obliques débordantes ; l'empattement réduit donne au tracteur un aspect ramassé.

Les tracteurs en Ohio.

Les statistiques suivantes ont été données pour la fin de 1917 par le Département de l'Agriculture de l'État d'Ohio (1) qui comptait alors près de 3000 tracteurs en usage sur le territoire formé d'alluvions modernes recouvrant des terrains primaires ; ces derniers occupent presque le tiers de la surface des États-Unis d'Amérique du Nord. (On trouve les mêmes sols dans l'Illinois, le Missouri, le Michigan, l'Indiana, le Kentucky, le Tennessee, le West Virginia en totalité, et en grande partie dans le Wisconsin, l'Iowa, le Kansas, l'Oklahoma, l'Arkansas, le Pennsylvania, le New York, le Vermont et le Maine.)

Les résultats de l'enquête sur 792 tracteurs donnent leur répartition suivante d'après la puissance de leur moteur :

Puissance du moteur.	Nombre de tracteurs.	
10	22	
12	51	
16	266	
18	30	
20	216	
24	83	397
25	76	
30	22	
36	6	
40	9	
50	4	
60	7	

C'est-à-dire qu'il y a en service, en moyenne générale, 46 pour 100 de tracteurs d'une puissance de 10 à 18 chevaux, 50 pour 100 de tracteurs d'une puissance de 20 à

(1) Voir page 45.

30 chevaux et 4 pour 100 de tracteurs dont le moteur peut développer de 36 à 60 **che-vaux**. Le plus grand nombre (47 p. 100) est du type de 20 à 25 chevaux, chiffre que nous avons indiqué à la suite de nos essais (1).

Les réponses sur le poids total des tracteurs ont été complètes pour 801 machines et se classent de la façon suivante :

Poids moyen du tracteur (kg).	Nombre de tracteurs.
900	9
1 360	103
1 800	84
2 270	348 ⎫
2 724	181 ⎬ 547
3 078	18 ⎭
3 532	19
4 086	5
4 535	7
6 800	18
8 100	5
10 000	4

C'est-à-dire que 25 pour 100 de tracteurs pèsent moins de 2 200 kg ; 68 pour 100 ont un poids de 2 200 à 3 000 kg, et 7 p. 100 seulement pèsent plus de 3 000 kg. La proportion la plus élevée obtenue pour ainsi dire empiriquement concorde aussi avec les chiffres que nous avons indiqués comme conclusion à la suite de nos essais (2).

Au sujet du nombre de versoirs des charrues remorquées, l'enquête complète sur 760 tracteurs donne les chiffres ci-dessous :

Nombre de versoirs de la charrue.	Nombre de tracteurs.
2	553 ⎫ 819
3	266 ⎭
4	25
5	9
6	4
8	3

C'est-à-dire qu'on utilise 64 pour 100 de charrues à deux raies, 31 pour 100 de charrues à 3 raies et 5 pour 100 seulement de charrues de 4 à 8 raies. Cela correspond à la puissance des tracteurs et l'on préfère, avec raison, travailler une plus faible largeur en un seul passage, mais à une allure plus rapide.

Relativement aux résultats d'emploi, les réponses complètes ont été données par 892 agriculteurs :

Nombre d'agriculteurs.	Réponses.
803	Satisfaction complète.
89	Réponse défavorable.

Les 10 pour 100 de réponses défavorables sont dues au mauvais choix des tracteurs ne convenant pas aux conditions dans lesquelles ils devaient évoluer.

Sur 852 agriculteurs, 684 se déclarent disposés à travailler chez les voisins, alors que 168 ne peuvent pas ou ne veulent pas le faire.

L'enquête américaine donne comme frais (combustible, lubrifiants et main-d'œuvre)

(1) *Culture mécanique*, t. VI, p. 9.
(2) *Culture mécanique*, t. VI, p. 9.

une dépense de près de 15 fr. par hectare labouré, mais les terres sont plus légères que chez nous et les labours moins profonds, la main-d'œuvre est à un taux plus élevé, alors que le combustible et les lubrifiants sont à meilleur marché aux États-Unis qu'en France.

Les tracteurs à Cuba.

Les tracteurs se répandent rapidement dans les cultures des sucreries de l'île de Cuba où ils remplacent les appareils à vapeur à deux locomotives-treuils entraînant à des dépenses trop élevées. On constate avec l'emploi des tracteurs une économie de main-d'œuvre et une augmentation de récolte dues à ce que le labour exécuté est plus régulier et de profondeur bien plus uniforme qu'avec les charrues tirées par les bœufs. Cette observation est analogue à celle faite chez nous en comparant les résultats culturaux des sols labourés avec l'araire et avec la charrue brabant-double, cette dernière machine exécutant un travail bien plus uniforme que l'araire.

Subventions pour achats de tracteurs
destinés à l'exécution de travaux viticoles.

L'arrêté ministériel du 8 octobre 1917 (1), relatif aux subventions pour l'achat d'appareils de Culture mécanique (dont les demandes sont examinées par la Direction de l'Agriculture, 2ᵉ bureau), ne visait que l'engagement pris par les bénéficiaires de cultiver une certaine surface en céréales.

M. Victor Boret, Ministre de l'Agriculture et du Ravitaillement, par l'arrêté en date du 17 février 1919, a modifié de la façon suivante l'article 3 de l'arrêté du 8 octobre 1917 :

« *Article 3* (nouveau). — Les bénéficiaires devront s'engager, réserve faite du cas prévu à l'article 4 (relatif aux victimes de l'invasion) à exploiter personnellement les appareils pour l'acquisition desquels une subvention leur aura été accordée et à labourer et à ensemencer en céréales, ou à *exécuter les travaux de culture et d'entretien des vignobles*, au minimum par appareil, un nombre d'hectares qui sera fixé dans chaque cas par la décision accordant la subvention, en tenant compte de la capacité de travail de l'appareil et de la nature des terrains à cultiver. »

Il y a donc lieu de prévoir la création, très intéressante, de *Syndicats de Culture mécanique viticole* dans un avenir prochain, surtout si, comme il faut l'espérer, quelques-uns de nos constructeurs entreprennent la fabrication en série de bons appareils destinés à la Culture mécanique des vignes.

Au sujet de ces appareils spéciaux destinés aux viticulteurs, voici ce que nous écrivait de Bordeaux le 20 mars 1919, un de nos plus anciens élèves, M. E. Paul Noël :

« Je suis convaincu qu'un petit tracteur, peu encombrant, fonctionnera dans les vignobles du Midi dont la grande surface des champs en rendra l'emploi avantageux.

(1) *Culture mécanique*, t. V, p. 155.

« Je doute du même succès pour nos régions (environ de Bordeaux) où les terrains morcelés en raison de leur valeur, conséquence de la cherté des vins fins produits. sont complantés en raies plus rapprochées et à chaintres plus étroites. Il est certain qu'on pourrait élargir les chaintres en arrachant un certain nombre de pieds de vignes aux extrémités des lignes, mais c'est un sacrifice que seul justifierait l'emploi d'une machine vraiment pratique.

« A mon avis, les données d'une machine idéale pour la culture des vignes seraient :

« Tracteur peu volumineux, muni d'une charrue amovible à deux raies, pouvant être facilement déplacée pour travailler à droite ou à gauche selon qu'on désire chausser ou déchausser la vigne. Écartement des socs variables suivant la compacité du sol ou la largeur entre les lignes pour labourer ainsi exactement cet espace en un nombre de tours déterminé.

« L'écartement des lignes est quelquefois de 1^m 50 et, dans ces conditions, il faudrait une machine munie d'un nombre de socs suffisants pour cultiver cet intervalle en une seule fois ; dans ce cas, n'y aurait-il pas à craindre l'obligation d'utiliser un tracteur trop lourd ? »

Nous croyons pouvoir dire qu'on étudie actuellement des machines capables de répondre aux desiderata ci-dessus exposés.

Essais de Montpellier.

Culture mécanique des vignes.

La Société centrale d'Agriculture de l'Hérault (17, rue Maguelone, Montpellier) organise des essais publics d'appareils de Culture mécanique destinés aux vignes, du 2 au 5 mai 1919, sur des domaines des environs de Montpellier, dans des vignes dont les unes sont en terrain plat, les autres en terrain de coteau à faible pente.

Les appareils seront répartis dans les catégories suivantes :

I. — TRACTEURS. — a) Tracteurs pouvant cultiver les vignes plantées suivant les usages du pays, en carré, à l'écartement de 1^m, 50 et taillées en gobelets.

1° Tracteurs circulant dans l'intervalle des lignes de souches ;

2° Tracteurs disposés pour passer à cheval sur une rangée de souches ;

3° Appareils funiculaires.

b) Appareils pouvant circuler dans les vignes plantées en lignes à 2 mètres d'écartement minimum et 2^m,50 maximum, et taillées en gobelets.

II. — APPAREILS DE CULTURE. — c) Charrues à plusieurs raies à relevage automatique, capables de labourer en un seul passage toute la largeur de l'interligne des vignes plantées soit à l'écartement de 1^m,50, soit à l'écartement de 2 mètres.

Ces charrues doivent être disposées pour être montées facilement en chausseuses ou en déchausseuses. Profondeur du labour 12 à 15 centimètres. Largeur de la bande cultivée : 1^m,20 ou 1^m,70.

d) Motoculteurs, fraiseuses, etc.

e) Appareils pour façons superficielles d'été (profondeur 0^m,06 à 0^m,08).

f) Appareils spéciaux de sulfatage et de poudrage, et chariots ou vagonnets de transport appropriés à la traction mécanique et pouvant être remorqués par les tracteurs présentés.

Les tracteurs en pays de métayage.

Dans une propriété du département de la Haute-Vienne, d'une étendue d'environ 600 hectares divisée en métairies, on dispose d'assez de bœufs de trait pour effectuer tous les labours d'hiver, mais on ne peut effectuer les travaux utiles de déchaumage de suite après la moisson, tous les attelages étant occupés à cette époque. On étudie l'utilisation d'un tracteur destiné surtout aux déchaumages, à quelques labours d'hiver et dont le moteur actionnera la machine à battre.

Utilisation agricole des camions automobiles.

On a envisagé, depuis longtemps, l'utilisation agricole des camions automobiles. La question fut posée en janvier 1915 par un ancien ministre de l'Agriculture, M. Clémentel, qui était à l'époque président de la Commission du Budget à la Chambre des Députés. Les études furent commencées à la suite d'une décision du 24 février 1915 de M. Fernand David, ministre de l'Agriculture. On se préoccupait alors de préparer des projets à appliquer immédiatement dès la fin de la guerre, qu'on espérait prochaine. La prolongation des hostilités détourna l'attention sur d'autres questions : les restrictions, le ravitaillement, les taxations, etc.; certes, si le présent était angoissant, ce n'était pas une raison pour perdre de vue l'avenir, surtout l'avenir de l'agriculture qui est seule capable de relever le pays.

Tout en réservant très largement les intérêts de l'industrie et du commerce, le projet de M. Clémentel avait pour but principal de venir en aide aux agriculteurs en leur permettant d'avoir, à un prix relativement bas, des appareils constituant, bien entendu, des moyens de fortune destinés à suppléer temporairement à la diminution de la main-d'œuvre et des animaux de travail qui devait être fatalement consécutive de la guerre. Il était à prévoir que le prix des appareils de culture mécanique construits en France, ou importés d'Angleterre et des États-Unis, subirait une hausse à la fin des hostilités, et que les cultivateurs supporteraient seuls ces augmentations des prix d'achat des appareils et de toutes les machines agricoles. Mais on ne prévoyait pas, en 1915, l'état de choses actuel, la raréfaction des matières premières, la réduction brutale à 8 heures de la journée de travail, le cours du change, l'atténuation de l'ardeur à la besogne, etc., conditions qui ont fait hausser tous les prix d'une façon formidable, conduisant fatalement à la *vie chère*.

L'utilisation agricole des camions automobiles déjà usagés ne pouvait avoir qu'une durée limitée, prévue à 4 ou 5 ans tout au plus, c'est-à-dire au temps minimum nécessaire à la reconstitution des stocks de matières premières indispensables aux constructions mécaniques ; elle ne pouvait donc pas porter ombrage à la fabrication d'appareils nouveaux spécialement adaptés à la culture, d'autant plus qu'il était impossible à cette construction de prendre, chez nous, un très grand développement immédiatement après la fin de la guerre, laquelle devait conduire à des modifications

(1) *Culture mécanique*, t. III, p. 133.

profondes de nos conditions économiques de production, faciles à prévoir dans leur ensemble mais difficiles à bien déterminer d'avance.

D'autre part, les transformations qu'on aurait eu à faire subir à un certain nombre de camions pour les adapter le mieux possible aux besoins de la culture, permettaient de fournir du travail à nos constructeurs et aux fabrications de guerre dès la cessation des hostilités, afin d'atténuer dans la mesure du possible le chômage à prévoir dans un grand nombre d'ateliers.

Si les gens de 1915 envisageaient sérieusement ces problèmes d'après-guerre, ceux qui suivirent, vivant au jour le jour, ne s'en sont guère préoccupés, et le résultat de cette négligence a pu être constaté par le désarroi dans lequel fut jetée l'industrie, surprise, pour ainsi dire brusquement, sans préparation, par l'armistice du 11 novembre 1918.

Enfin, si l'utilisation agricole des camions automobiles pouvait se réaliser pratiquement, elle offrait des emplois à beaucoup d'automobilistes militaires dès leur démobilisation ; on avait des chances de diriger ainsi un certain nombre de citadins vers les campagnes.

Les différents appareils envisagés devaient être affectés d'abord aux départements victimes de l'invasion, au fur et à mesure des besoins de leur reconstitution agricole ; puis, au reste du pays en les mettant à la disposition des collectivités, syndicats ou coopératives appartenant à des régions favorables à l'emploi des appareils et à la culture des céréales qu'il y avait lieu de développer le plus possible, afin de diminuer nos importations ; en dernier lieu, un certain nombre d'appareils devaient pouvoir être vendus à des entrepreneurs de travaux et à des particuliers sous certaines conditions à déterminer.

Le programme général comportait donc à la fois une partie technique et une partie administrative, cette dernière comprenant l'élaboration des divers règlements concernant l'application du projet que nous étions chargés d'étudier.

Si le programme fut abandonné en France par l'administration, un petit nombre de personnes continuèrent de s'en occuper et même passèrent à la réalisation pratique, laquelle, plus répandue, pourrait donner du travail à plusieurs ateliers. Ajoutons que ces projets, qui furent publiés en France, ont été connus aux États-Unis et furent appliqués dès juin 1915, aux camions automobiles, puis à l'utilisation agricole des voitures de tourisme.

Au point de vue technique, il y avait à étudier trois groupes d'utilisation du matériel déjà usagé, après modifications et réparations :

a) Utilisation des moteurs qu'on destinait à actionner diverses petites usines collectives : broyage et concassage des grains, cidreries, celliers, beurreries, boulangeries rurales, services communaux de distribution d'eau et d'éclairage, etc. ;

b) Utilisation des camions avec adjonction de remorques (ayant des ridelles, des cornes et des coffres appropriés) pour effectuer des transports collectifs ou communaux, sortes de messageries rurales pour divers produits : engrais, amendements, grains, fourrages et pailles, racines et tubercules, tourteaux, charbon, animaux, etc.;

c) Utilisation des camions pour effectuer les divers travaux de culture et de récolte.

L'examen rapide que nous allons faire de ces transformations pourra peut-être inciter des constructeurs à entreprendre ces travaux au profit de tous, car il y a en ce moment un matériel important qu'on liquide au prix de la ferraille, en occasionnant un appauvrissement général au pays. — Inutile d'ajouter que ces utilisations ne présentent de l'intérêt que pour du *matériel usagé* pouvant acquérir une valeur appréciable après transformation, et qu'il ne s'agit pas d'opérer sur des camions neufs, ou à l'état de neuf, lesquels rendront toujours plus de services en conservant leur première destination.

a) **Moteurs.** — L'utilisation agricole des moteurs d'anciennes voitures automobiles n'est pas récente. Nous pouvons citer une application qui fut faite en 1905 (1) dans une exploitation agricole possédant une vieille voiture de Dietrich, de 9 chevaux (modèle 1900) ; voulant s'en défaire, le fermier ne trouvait preneur que pour une somme dérisoire ; il résolut de garder l'automobile pour l'utiliser aux travaux de la ferme.

Sans rien changer à la carrosserie, la voiture a été placée de telle façon que le dernier arbre du changement de vitesse, pourvu d'une poulie, commande par courroie un arbre intermédiaire porté par des chaises dont le bâti est fixé sur le sol ; une autre poulie, clavetée sur cet arbre, actionne, avec une courroie, la machine à battre disposée sous le hangar. La batteuse en travers, à simple nettoyage, nécessitait une dépense d'environ 7 litres d'essence minérale par heure de travail.

Dans cet exemple, il s'agit d'une voiture de tourisme ; il montre que d'anciens modèles d'automobiles, qu'on peut se procurer à bas prix, convenablement aménagés, peuvent être économiquement employés dans une exploitation agricole pour actionner diverses machines et pour faire des transports au marché voisin ; de semblables utilisations peuvent aussi intéresser bon nombre d'ateliers ruraux de mécaniciens, charrons, etc.

Il est préférable de retirer le moteur du châssis pour le fixer sur un bâti en fonte de forme appropriée, analogue à ceux qui constituent les bancs d'essais chez les constructeurs. Le bâti en question remplace les longerons du châssis pour recevoir les pattes du carter du moteur.

Pour certaines applications, il est bon de prévoir un réducteur de vitesse, en commandant, par un pignon calé sur l'arbre du moteur et une roue dentée, un arbre intermédiaire tournant à 250 ou 300 tours par minute, comme on en voit de nombreux exemples dans l'installation des réceptrices. Il convient d'employer, pour cette transmission, des engrenages à chevrons, ou un pignon en cuir vert.

Le bâti du moteur peut être installé à poste fixe ; on peut le monter en locomobile sur quatre galets en fonte, ou sur un traîneau (2).

Le moteur léger, à grande vitesse angulaire comme celui des automobiles, dont les plus lourds ne pèsent souvent pas 20 kg par cheval, ne peut être rendu stable qu'en surchargeant le bâti avec des matériaux divers, comme par exemple des pierres ou de la terre logée dans des coffres. Quand on veut transformer un de ces moteurs en machine fixe en le boulonnant seulement sur un petit socle, on constate qu'il ne tient pas, car on oublie que, dans l'automobile, la stabilité est assurée par le poids de la voiture ; il y a donc un rapport à observer non pas d'après le poids propre du moteur ou ses dimensions, mais entre sa puissance maximum et le poids total du bâti. Nous

---

(1) *Journal d'Agriculture pratique*, 1906, t. II, p. 12 : *Batteuse mue par une automobile.*
(2) *Génie rural appliqué aux Colonies*, fig. 775, p. 641.

croyons qu'un poids total (moteur, accessoires, réservoir d'eau et bâti) de 100 à 200 kg par cheval (1), doit assurer la stabilité désirable.

Lorsque l'affectation de la machine est bien définie, on doit établir un groupe moteur : pompe, scie, génératrice, etc.

Dans ces utilisations, on a intérêt à supprimer le radiateur et le ventilateur, en refroidissant le moteur avec un réservoir d'eau. Si le moteur est pourvu d'une pompe, il faut la conserver, car le diamètre du tuyau d'échappement d'eau chaude ne serait pas suffisant pour assurer la circulation nécessaire de l'eau de refroidissement, si l'on voulait fonctionner en thermosiphon.

Il y a intérêt à supprimer le pot d'échappement qui occasionne toujours une résistance ; le bruit qui résulte de cette suppression n'a pas d'inconvénients pour nos applications agricoles ; cette suppression présente l'avantage de réduire la consommation de combustible.

Enfin, il y a lieu d'employer du pétrole lampant à la place de l'essence, ou du gaz pauvre en appliquant le gazogène Hernu dont nous parlerons plus loin.

b) **Transports.** — L'utilisation des camions pour les transports agricoles n'offre pas de grandes difficultés ; les modifications ou adjonctions à apporter aux modèles courants sont de faible importance.

Nos voies, champs, chemins en terre généralement en très médiocre état, chemins garnis d'ornières, etc, sont mauvaises au point de vue du coefficient de roulement. D'après nos essais, sur une voie horizontale, les coefficients de roulement suivants diffèrent notablement de ceux applicables aux camions affectés à des transports industriels :

Terrain marécageux.	0,250 à 0,400
Nouveau labour.	0,200 à 0,250
Vieux labour tassé.	0,117 à 0,180
Sol sableux très meuble.	0,110 à 0,150
Prairie naturelle de fauche récente.	0,096 à 0,113
Éteule.	0,088 à 0,090
Vieille luzerne.	0,050 à 0,066
Empierrement (suivant son état).	0,020 à 0,044
Pavé.	0,009 à 0,024

Pour les charrois d'automne, les plus importants et les plus difficiles en culture, le coefficient de roulement est 7 fois plus élevé que pour les transports industriels sur les voies en empierrement ou pavées ; de plus, nous avons beaucoup de champs présentant des pentes de 0,15. D'autre part, le coefficient d'utilisation du camion varie de 0,4 à 0,6 au plus ; avec le coefficient moyen d'utilisation de 0,5, pour une charge utile transportée de 3 000 kg, le poids total (tare et chargement) est de 6000 kg que peuvent supporter les routes, mais non la mauvaise voie de nos champs. Avec ce poids de 6000 kg, l'effort moyen nécessaire au roulement seul du véhicule (non compris les autres résistances passives, la transmission, etc.), serait de 120 kg sur route et de 840 kg dans les champs. Enfin, la pression par centimètre de largeur de bandage peut être relativement élevée sur une route empierrée ou

(1) Dans un de nos essais, avec un moteur à deux pistons ayant le même calage des manivelles, il nous a fallu porter le poids à un peu plus de 250 kg, par suite du mauvais équilibrage du moteur.
(2) *Traité de Mécanique expérimentale; Génie Rural appliqué aux Colonies*, p. 647.

pavée, toujours résistante, alors qu'elle doit être fortement réduite dans les champs pour atténuer l'enfoncement des roues.

Ce qui précède montre qu'il y a une étude particulière à faire au sujet des roues et des essais à poursuivre en vue de l'adaptation des camions aux transports ruraux.

Une autre étude est à faire au sujet de l'appropriation du coffre de chargement (1), étant donné la nature et le poids du mètre cube des marchandises à transporter.

Certains produits, comme les engrais chimiques et les grains logés dans des sacs, la marne ou la chaux mise en vrac, peuvent se charger dans des coffres ordinaires avec un panneau arrière, ou *hayon*, facile à retirer. Pour les racines et les tubercules, le coffre doit être remplacé par une benne basculante. Il faut ajouter des cornes ou fourragères pour les transports des gerbes et des fourrages constituant des marchandises encombrantes (nous laissons de côté les transports spéciaux de terre, de pierres, de bois, de charbon, etc.).

Pour donner une idée du poids maximum de marchandises à transporter par hectare, nous citerons les chiffres suivants :

		kg.	
	Chlorure de potassium	100 à	150
	Nitrates	100 à	200
Engrais chimiques.	Kaïnite	300 à	400
	Superphosphates	400 à	500
	Scories	500 à	600
Engrais organiques (sang, cornes)		200 à	300
	Marne	15 000 à	150 000
Amendements.	Plâtre	1 000 à	1 500
	Chaux	1 200 à	2 500
Fumier (tous les trois ans)		30 000 à	60 000 (2)
Semences (céréales)		100 à	200
Fourrages		10 000 à	20 000
Céréales		6 000 à	10 000
Tubercules		20 000 à	40 000
Racines		40 000 à	60 000

Ajoutons que le débardage des récoltes d'automne, dans les terres généralement détrempées par les pluies, est des plus pénibles : une automobile de tourisme ne peut même pas avancer dans ces champs, à plus forte raison un camion automobile. Nous avons proposé, en 1910, la solution suivante : un attelage conduit à l'extrémité du champ la voiture vide tirant derrière elle un câble qui se déroule du treuil d'un tracteur-treuil placé sur le chemin ; c'est le treuil qui est chargé de faire avancer la voiture par bonds successifs, en l'arrêtant devant les tas de racines pour donner au personnel le temps de les jeter dans le coffre. Après son arrivée sur le chemin, la voiture est emmenée à la ferme par un attelage ou par un camion automobile et, si ce dernier est assez puissant, on peut lui faire remorquer deux voitures chargées, car le poids total de nos véhicules (tare et chargement) devant débarder les récoltes d'automne ne doit pas, économiquement, dépasser une certaine limite.

Les voitures à employer doivent être disposées afin qu'on puisse les faire tirer

(1) Des exemples de ces transports employés aux États-Unis ont été donnés dans la *Culture mécanique*, t. IV, p. 73 ; t. VI, p. 140.

(2) Constitué surtout par de l'eau, *Aménagement des Fumiers et des Purins*, p. 41.

indistinctement par un attelage ou par un tracteur, sans qu'on soit obligé à des manœuvres compliquées.

Tous ces transports ruraux doivent se faire à une vitesse de 2 mètres, ou, au plus et dans les cas les plus favorables, de 3ᵐ,50 par seconde (7 à 12 kilomètres à l'heure) ; nous sommes loin des vitesses données aux camions automobiles actuels. La vitesse de 7 kilomètres à l'heure, qui sera le plus fréquemment adoptée, engage à étudier des bandages de roues moins coûteux que ceux en caoutchouc ; il en est de même pour ce qui concerne la suspension des véhicules.

Pour les transports sur route, il convient d'atteler un ou plusieurs véhicules au camion ; on peut adopter des remorques à deux roues, comme on en a établi dans les dernières années de la guerre ; la remorque à quatre roues sera d'une application plus générale. Il faut prévoir l'attelage au camion et les attelages des voitures dont la dernière doit être munie d'un frein si le profil en long de la voie offre des pentes, ce qui est le cas de beaucoup le plus fréquent.

L'attelage de plusieurs véhicules successifs, à avant-train comme les chariots ordinairement employés dans les exploitations rurales, donne lieu à des difficultés dans les tournants (1) : le rayon de virage diminue d'un mètre environ à chaque voiture, de sorte qu'il n'est plus possible de faire passer le train dans les tournants courts que présentent un grand nombre de nos chemins ruraux et les rues des agglomérations rurales. On peut tourner la difficulté en employant des véhicules spéciaux établis sur les types de ceux qui sont utilisés aux États-Unis pour constituer les trains routiers tirés par des tracteurs.

Parmi d'autres questions à examiner pour l'application des camions automobiles aux transports ruraux, surtout pour nos colonies, nous pouvons appeler l'attention sur la nature du combustible, qui doit être à aussi bas prix que possible pour réduire les dépenses de la tonne kilomètre ; le même problème se pose d'ailleurs pour les tracteurs et nous avons eu l'occasion d'en parler à plusieurs reprises ici, surtout à propos de l'emploi du gaz pauvre (2). Dans cet ordre d'idées, nous pouvons citer un modèle récent (3) étudié par M. Henri Hernu, ingénieur, 44, avenue Jacqueminot, à Meudon (Seine-et-Oise) ; dans son gazogène, la vaporisation de l'eau, qui s'effectue autour du foyer et dans la voûte de la partie supérieure du foyer, se règle automatiquement et est proportionnelle au volume de gaz aspiré par le moteur. Le gazogène est complété par un épurateur-refroidisseur à force centrifuge.

L'ensemble, gazogène et épurateur Hernu, est de petites dimensions ; il s'installe, avec le ventilateur de mise en route, sur le marchepied de gauche d'un camion automobile ordinaire sans qu'on soit obligé de modifier le moteur.

L'allumage du gazogène Hernu demande 5 ou 6 minutes ; mais, avant le départ, il est bon de laisser tourner le moteur à vide pendant une ou deux minutes afin que le gazogène prenne son régime normal.

Des essais comparatifs ont été effectués avec un camion militaire Berliet, du type

(1) La difficulté avait été résolue par un accouplement spécial assurant le *tournant correct* des voitures du train du colonel Charles Renard, en 1903, et dans celles du système Arnoux, utilisé sur la ligne de Paris à Sceaux et à Limours, qui fonctionna de 1846 à 1881.

(2) *Tracteurs à gaz pauvre*, p. 24.

(3) *Journal d'Agriculture pratique*, n° 11, du 17 avril 1919, p. 223. Ce volume, p. 190.

autobus, de 4 tonnes, chargé successivement de 2600, 3100 et 3200 kg. Les essais sur route ont eu une durée de 8 heures. Les consommations correspondantes étaient, pour l'exécution du même travail (poids du chargement, parcours et vitesses) de 4 et de 5 kg d'essence minérale par heure, ou 4 et 5 kg d'anthracite menu par heure, qu'on peut remplacer par du charbon de bois donnant un gaz très propre, facile à laver par suite de sa faible teneur en cendres et en goudrons.

c) **Travaux de culture et de récolte.** — L'utilisation des camions pour effectuer les divers travaux de culture et de récolte présente plusieurs solutions.

On essaya d'employer un camion ordinaire, avec bandages pneumatiques, pour effectuer, en *tracteur direct*, de légers travaux comme ceux de récolte. Dans des essais aux environs d'Arles, on attela, à l'arrière et à droite d'un camion de 16 chevaux, une faucheuse dont la flèche était remplacée par un timon court. La fauche s'effectua très régulièrement sur des prairies naturelles irriguées, et on remarqua que les pneumatiques du camion présentaient une usure bien plus faible que s'ils avaient parcouru le même chemin sur la route. Par contre, on fut obligé d'abandonner rapidement la remorque de la moissonneuse-lieuse du domaine, car l'éteule et le sol caillouteux détérioraient beaucoup les enveloppes de caoutchouc; cela montre qu'il est indispensable de modifier les bandages des roues pour l'utilisation des camions aux travaux de la moisson, tant pour tirer la moissonneuse-lieuse que pour déplacer des remorques destinées au débardage des gerbes.

Un essai fut tenté en 1916, pendant la guerre, par un de nos amis, officier sur le front : sans avoir réfléchi aux conditions de fonctionnement, il attela une charrue à un camion militaire non transformé ; le résultat fut négatif; le camion ne put tirer la charrue et ses roues motrices, tournant sur place, se taupèrent rapidement.

Dès le milieu de 1915, la question fut examinée en Amérique et, en rapportant un bandage spécial aux roues motrices de camions ordinaires se déplaçant à la petite vitesse, on put les utiliser à la traction directe de charrues, de pulvériseurs, de semoirs, etc. (1) ; on en fit des applications aux États-Unis et dans l'Amérique du Sud; en retirant les bandages spéciaux, le camion servait aux transports sur route ; si, d'une façon générale, l'ensemble donnait satisfaction, les virages ne pouvaient s'effectuer qu'avec un grand rayon par suite de l'empattement des camions.

On a cherché à remplacer le camion automobile par la voiture de tourisme, en faisant subir à cette dernière les modifications nécessaires pour la transformer en tracteur direct.

M. de Salvert, ingénieur-constructeur et agriculteur à Provins (Seine-et-Marne), avait présenté, en octobre 1916, aux essais organisés à Champagne (près Juvisy, Seine-et-Oise) par la Chambre syndicale des Constructeurs de Machines agricoles de France (2), une vieille automobile Panhard, de 18 chevaux, transformée en tracteur avec transmission par chaines et arbre intermédiaire disposé au-dessus du châssis dont on avait enlevé la carrosserie (3).

Par suite de leur fabrication en grande série et, comme corollaire, de leur bas prix de vente, les automobiles sont très répandues dans les exploitations agricoles des

____

(1) *Culture mécanique*, t. IV, p. 73.
(2) *Culture mécanique*, t. IV, p. 153.
(3) *Culture mécanique*, t. V, p. 26.

États-Unis, malgré l'état déplorable des routes et des chemins. Sous la pression de nombreuses demandes, les constructeurs américains ont établi des pièces permettant de transformer rapidement, en tracteurs légers, un certain nombre de types d'automobiles de tourisme. En 1917, une seule maison aurait ainsi, en trois ou quatre mois, fourni le matériel pour transformer plus de 20 000 voitures Ford ; une vingtaine de constructeurs établissent d'une façon courante les pièces permettant à l'agriculteur de transformer lui-même, en tracteur, telle ou telle marque de voiture automobile primitivement destinée aux déplacements des personnes. Le matériel est très simple, mais nous aurions des critiques à formuler sur certains détails de la transmission ; la transformation n'affecte que les roues motrices, les roues avant conservant leurs bandages pneumatiques au sujet de l'usure desquels il y a lieu de faire des réserves.

A propos de ces transformations, ayant pour but de changer les roues motrices en réduisant leur vitesse angulaire, on pourrait utiliser la roue-carter imaginée par M. Paul Le Maitre (1), de préférence aux transmissions des constructeurs américains.

M. Marcel Landrin, 20, rue de Bellefond, à Paris, a repris le problème de la transformation des camions en tracteurs directs (2) ; il laisse l'essieu et les roues arrière, dont le moyeu commande par chaine un nouvel essieu, plus rapproché de l'avant, portant les roues motrices qu'on peut élever ou abaisser à volonté afin de travailler soit en camion, soit en tracteur ; dans ce dernier cas, des bandages spéciaux sont reportés sur les roues avant. Une première application à un camion Panhard figura aux essais de Noisy-le-Grand, en avril 1918, puis effectua des labours très difficiles pour les jardins scolaires à Arcueil, à Glatigny et à Saint-Cyr.

Le dispositif Landrin fut construit d'une façon courante par MM. A. Goutz et Cie, 46, rue de Londres, à Paris, sous le nom de tracteur routier agricole et colonial. Le camion reçoit le dispositif pesant environ 400 kg ; il est utilisable comme camion automobile auquel on peut atteler une remorque pour effectuer les transports sur route ; il se transforme en tracteur direct ; enfin, par les roues du camion commandant un arbre surélevé, on peut actionner par courroie diverses machines de la ferme (3).

Dans un de nos projets de transformation, nous avons vu qu'il était préférable de changer le châssis du camion en réduisant l'empattement, de garnir les roues avant d'une saillie, et de modifier les roues motrices : on conserve le moteur, la boîte de vitesses et la direction. L'ensemble du projet semble devoir donner satisfaction, mais on ne peut se prononcer qu'après des essais pratiques et prolongés effectués sur un premier modèle à construire.

Dans toutes ces transformations de camions, qui doivent continuellement se déplacer à la petite vitesse, avec le moteur travaillant toujours presqu'en pleine charge, le radiateur devient insuffisant ; il est facile de tourner la difficulté en le raccordant (haut et bas) avec un réservoir d'eau disposé au-dessus de l'essieu moteur qui doit exercer une certaine pression sur le sol ; à côté du réservoir en question, des coffres, avec portes de vidange, doivent pouvoir recevoir une charge constituée par de la terre.

Les roues arrière doivent recevoir les pièces d'adhérence faciles à retirer pour dis-

(1) *Culture mécanique*, t. VI, p. 75.
(2) *Culture mécanique*, t. VI, p. 44, 90.
(3) Voir p. 188.

poser la machine pour les transports sur route, ou, ce qui est préférable, les cornières doivent être prévues pour employer le dispositif Bouchard (1).

On peut transformer le camion-automobile en *tracteur-treuil* devant fonctionner par bonds successifs. Le treuil doit pouvoir enrouler 210 m de câble d'acier de 12 mm de diamètre; le câble doit pouvoir prendre deux vitesses : $0^m,70$ et 1 m par seconde; le câble doit être dirigé en arrière, suivant l'axe longitudinal de la voiture, en ayant la possibilité de faire, en plan horizontal, un angle de 15 degrés, tant à gauche qu'à droite de cet axe.

M. Pierre Lambert, ingénieur, 7, passage de l'Église, à Vanves (Seine), a étudié plusieurs transformations en tracteur-treuil, et combiné différents ancrages que nous avons déjà signalés.

Dans un de ses derniers projets, M. Lambert dispose le treuil sur l'essieu arrière, entre les roues motrices.

Les camions automobiles peuvent trouver un dernier genre d'utilisation si on les transforme en *treuils automobiles* pour les travaux à effectuer avec deux treuils, un sur chaque fourrière, tirant alternativement, par un câble, la machine de culture. Chaque treuil doit pouvoir enrouler 410 m de câble en acier, de 12 mm de diamètre; le câble doit être dirigé perpendiculairement à l'axe longitudinal de la voiture, en ayant la possibilité de faire, en plan horizontal, avec cette direction perpendiculaire un angle de 30 degrés, tant vers l'avant que vers l'arrière du véhicule; les deux vitesses à donner au câble sont de $0^m,70$ et 1 m par seconde.

Des transformations ont été combinées dans ce sens par M. Lambert et par M. Landrin, précités. Un premier modèle Landrin figura aux essais publics de Noisy-le-Grand, en avril 1918; un second dispositif a été signalé dans la *Culture mécanique*, t. VI, p. 155.

Essais de Marseille.

Des démonstrations, dites *Journées de Motoculture des Bouches-du-Rhône*, sont organisées par le Comité d'encouragement à la motoculture des Bouches-du-Rhône et l'Automobile-Club de Marseille; elles se tiendront du 16 au 20 mai 1919 au domaine du Grand-Saint-Jean, commune d'Aix-en-Provence (par Lignane, sur la ligne d'Aix à Salon). Seront admis :

a) Les appareils de grande culture destinés à la préparation du sol (labours à différentes profondeurs, scarifiages, hersages, roulages, etc.), aux ensemencements, aux fauchaisons, etc.;

b) Les appareils de culture de la vigne (labours, façons superficielles, pulvérisations. poudrages);

c)Les appareils destinés à la culture maraîchère (charrues et bineuses à petit travail).

Des dispositions sont prises pour permettre l'application des appareils présentés à la commande de diverses machines (batteuses. presses à fourrage, outillage de cave, hâche-paille, coupe-racines, etc.), ou aux transports sur route.

M. Artaud Marceau, à la préfecture de Marseille, est commissaire général de cette manifestation organisée au centre d'une région de moyenne et de grande propriété, à proximité des riches vallées du Rhône et de la Durance et à portée des départements des Basses-Alpes, du Var et de Vaucluse.

(1) *Culture mécanique*, t. VI, p. 19.

La Culture mécanique dans les plaines du Sud Constantinois.

Un de nos anciens élèves de l'École nationale d'Agriculture de Grignon, M. Fernand Couston, chef du Service agricole du Sud de l'Algérie, a donné un certain nombre d'indications (1) sur l'application de la Culture mécanique dans les plaines du Sud Constantinois dont l'étendue est d'environ 620000 hectares ; nous en extrayons le résumé ci-dessous. Ces plaines, d'une remarquable fertilité, montrent de nombreux vestiges de la colonisation romaine. Biskra est la capitale géographique et économique d'une étendue cultivable de 500000 hectares.

La Direction des Territoires du sud de l'Algérie et le Bureau arabe qui administre la région de Biskra ont, en 1917, organisé une entreprise agricole ayant pour but l'extension des cultures dans ces plaines. Une des innovations de cette entreprise a été l'introduction d'un appareil de Culture mécanique dans le but de déterminer pratiquement les conditions de son application, et d'initier les agriculteurs du pays (européens et indigènes) à l'emploi du matériel moderne.

La coutume du pays est de ne pas toucher à la terre tant que les crues inondantes des cours d'eau qui dévalent de l'Atlas Saharien vers le Sud, ou les pluies d'automne n'ont pas mouillé les champs à ensemencer. Alors on répand le grain à la volée sur le sol et on le recouvre par un très léger labour exécuté au moyen d'une petite charrue primitive en bois exécutant un travail analogue à celui d'un cultivateur. Une de ces charrues, attelée d'un bon mulet, opère sur un quart d'hectare environ par journée.

Un tracteur de 25 chevaux a été employé de la façon suivante aux travaux successifs de la culture des céréales.

Labour et semailles. — On a attelé au tracteur un semoir à la volée large de 3 mètres et à la suite, trois déchaumeuses ayant chacune 5 socs, et un mètre de train, afin de travailler sur le train de 3 mètres du semoir.

Pour atteler le semoir et afin qu'il ne ripe dans les virages, l'avant-train a été enlevé, et la cheville ouvrière de cet avant-train a été engagée dans une douille adaptée exprès à l'arrière du tracteur.

La première déchaumeuse était attelée à une chaîne (passant sous le semoir), tirée par le crochet d'attelage du tracteur. Pour la seconde, une barre d'attelage était fixée à l'avant de la première déchaumeuse et sur son bâti pour y accrocher la chaîne en dehors et à gauche à un point réglé pour que la roue droite de la deuxième déchaumeuse passe exactement dans la raie laissée ouverte par le cinquième corps de charrue de la première. La troisième déchaumeuse était attelée de façon analogue.

Le tracteur entraînait ainsi à la fois un semoir et quinze corps de charrues ; il menait un train large de 3 mètres et travaillait 9 hectares par jour, en terres d'alluvions légères ; le grain tombait sur le guéret et était enterré par un labour de 10 centimètres environ de profondeur.

Lorsque la terre était un peu plus consistante, ou se trouvait enherbée, il fallait dételer la troisième déchaumeuse pour marcher avec deux seulement, et l'on opérait sur 6 hectares par jour.

Le travail était parfaitement régulier. La récolte a été superbe.

____

(1) *Journal d'Agriculture pratique*, n° 8, 1919, p. 156.

On pourra améliorer le dispositif en montant un semoir à la volée sur chaque déchaumeuse.

Moisson. — On a attelé au tracteur deux moissonneuses-lieuses de 1ᵐ,50 de longueur de scie (fig. 28). La récolte, très dense, était versée par places, et il fallait souvent ne couper que dans un seul sens en revenant à vide ; pour ce motif on n'a pas évalué la surface du travail quotidien.

Transport des récoltes. — Le tracteur aurait pu être employé à ce travail, car, dans un essai de transport, il tirait sur une bonne route un lourd chariot chargé de 6 tonnes.

Battage. — Une batteuse-finisseuse à batteur de 0ᵐ,76 a été parfaitement actionnée par la poulie du tracteur. Mais le moteur n'était pas assez puissant pour une batteuse plus large.

Pressage de la paille. — Des essais avec une presse à grand travail ont montré que

Fig. 28. — La moisson mécanique à Biskra en 1918, dans un champ d'orge partiellement versée.

le moteur du tracteur peut l'actionner parfaitement ; le rendement a été de 450 balles de 47 kilogr. par journée de dix heures, soit en moyenne et par heure 45 balles représentant 2100 kg. de paille.

Labours préparatoires. — L'Entreprise pense dès le printemps 1919 exécuter des labours préparatoires afin d'étudier leur action sur le rendement des cultures et sur les conditions de réalisation des travaux d'ensemencement, bien qu'un tracteur lourd doive circuler assez difficilement sur des terres déjà labourées, en les tassant fortement. Pour ensemencer mécaniquement des labours préparatoires, il faudra probablement faire usage de tracteurs légers.

Cette modification radicale dans l'exécution des travaux doit être faite avec prudence, après multiples essais, car dans les pays chauds il est mauvais d'*arracher* la terre trop sèche.

Conclusions. — Ces premiers essais ont démontré que la Culture mécanique peut rendre les plus grands services dans les plaines alluvionnaires de la région de Biskra, où la terre est facile à travailler et où les labours légers donnent d'excellentes récoltes en raison de la fertilité du sol. Mais, dans cette région un peu éloignée des grands centres d'approvisionnement en personnel mécanicien et en toutes matières nécessaires, la Culture mécanique sera évidemment trop coûteuse chaque fois que l'exploitation n'utilisera qu'un seul appareil ; elle ne paraît donc pas adoptable par l'agriculteur isolé, un seul matériel de culture exigeant un bon mécanicien et un atelier complet de réparations.

Un mécanicien et son atelier de réparation peuvent assurer la marche régulière d'une batterie de cinq ou de six tracteurs, car ceux-ci peuvent être conduits par des indigènes surveillés par le mécanicien avisant aux pannes et effectuant les réparations, à la condition que les tracteurs soient rapprochés les uns des autres pendant le travail. Les frais généraux se trouvent ainsi considérablement réduits, et l'application devient avantageuse. Ce qui ne peut pas être réalisé par un agriculteur isolé deviendra possible à un entrepreneur effectuant les travaux à forfait dans les diverses exploitations ; on prépare une semblable organisation à Biskra.

Une association de plusieurs agriculteurs se propose d'acquérir le nombre de tracteurs et de machines travaillantes nécessaires pour effectuer, à l'entreprise, la plupart des travaux agricoles : labours, ensemencements, moissons, transports, pressages, etc., afin que le matériel soit occupé toute l'année sans interruption, condition indispensable pour obtenir le rendement le plus avantageux.

Salaires des conducteurs de tracteurs
dans les régions libérées.

Les conducteurs de tracteurs du Service de la Culture des terres, dans les régions libérées, sont pris de préférence parmi les agriculteurs démobilisés ayant appartenu au service automobile, et ils doivent être possesseurs du permis de conduire.

Les sommes suivantes, arrêtées en janvier 1919, sont allouées au personnel civil signant un engagement de six mois.

1° De 10 à 13 fr. par jour pour les conducteurs et metteurs au point ; de 11 fr. par jour pour les comptables et conducteurs divers ;

2° Une prime de production et d'économie de carburants susceptible d'augmenter les salaires d'environ 15 p. 100 ;

3° Une indemnité de 3 fr. par jour, pour cherté de vie ;

4° Une indemnité de dépaysement de 2 fr. par jour.

La nourriture et le logement sont garantis au personnel pour 5 fr. par jour.

Un conducteur ou un metteur au point touche ainsi par jour 10 à 13 fr., plus 3 fr., plus 2 fr., soit de 15 à 18 fr. ; la prime peut augmenter ces sommes de 2 f 25 à 2 f 70 par jour.

Un conducteur ordinaire ou un comptable touche 16 fr. par jour.

Essais d'appareils de Culture mécanique en Écosse.

La Société *Highland and Agricultural* d'Écosse a publié un rapport général des essais de 29 appareils différents et d'un grand nombre de types de charrues effectués, en 1918, dans des terres garnies d'un chaume et des terres engazonnées. Le sol était constitué, dans une partie, par un limon glaiseux épais, avec occasionnellement des pierres dures, et, dans une autre partie, d'un limon glaiseux recouvrant un sous-sol d'argile. La pente la plus forte était de 0 ^{m} 04 par mètre.

Sur les 29 machines qui prirent part à la démonstration, 15 avaient 4 roues, 6 avaient 3 roues, 4 étaient des appareils à chenilles, et 4 étaient des charrues automobiles.

25 machines étaient actionnées par des moteurs à essence minérale, 3 par le pétrole et 1 par la vapeur.

Les poids variaient de moins de 1500 kg à plus de 4000 kg.

La profondeur du labour variait de 0 ^{m} 15 à 0 ^{m}, 20 pour les terres engazonnées et de 0^m 175 à 0 ^{m} 225 sur les chaumes.

*
* *

Les conclusions générales qui ont été tirées des résultats de ces essais sont indiquées ci-après. (Elles confirment nos conclusions antérieures ; *Culture mécanique*, t. VI, p. 9).

Le poids du tracteur ne doit pas dépasser 1500 kg, et la puissance du moteur ne doit pas être inférieure à 20 chevaux.

Les tracteurs à chenilles n'ont montré aucun avantage sur les meilleurs types de tracteurs à roues, au point de vue de l'adhérence au sol.

Les cornières bien établies apparaissent préférables aux faîtages et ogives ou aux barres plates rivées sur les bandages des roues.

Les engrenages non protégés aux roues motrices des tracteurs et l'usure excessive des articulations des chaînes des tracteurs à chenilles, tendent à diminuer la durée des machines.

Les ressorts amortisseurs interposés entre le tracteur et la charrue, avec un dispositif de déclenchement dans le cas de chocs violents, apparaissent désirables.

On a trouvé que le point d'attelage doit pouvoir varier verticalement et horizontalement sur le tracteur.

Les vitesses comprises entre 4000 à 6400 mètres par heure en marche avant, avec une marche arrière, apparaissent comme étant les plus utiles.

L'utilisation complète de l'essence minérale n'était généralement pas obtenue (?), il est probable que l'usage du pétrole donnera plus de satisfaction dans les conditions normales.

La maniabilité et les virages ne présentaient généralement pas de difficulté.

Les charrues automobiles ont l'avantage que les pièces travaillantes sont directement placées sous l'observation du conducteur.

Les tracteurs les plus légers et les charrues automobiles prenaient moins de temps et d'espace pour tourner (virages).

Il a été constaté que les charrues doivent pouvoir être réglées aussi bien pour faire varier la largeur que pour modifier la profondeur du labour.

Quand le tracteur et la charrue sont séparés, un relevage automatique est apparu désirable.

Un sillonneur a été trouvé désirable.

Il a été conclu plus tard que, dans les conditions des essais, le prix d'un tracteur ne doit pas dépasser 300 livres sterling, représentant 7500 fr. au cours du change d'avant la Guerre.

Tracteurs et moteurs animés (1)

par M. H. DE LAPPARENT

membre de l'Académie d'Agriculture, Inspecteur général honoraire de l'Agriculture.

Une des objections que beaucoup d'agriculteurs font à l'emploi des tracteurs est qu'il ne dispense pas d'entretenir dans la ferme des moteurs animés, pour l'exécution des nombreux travaux que comporte l'exploitation, tels que les transports soit sur route, soit dans les champs, les hersages, les binages des plantes sarclées, le fauchage, etc.

C'est une objection sérieuse ; car, outre l'accroissement du capital d'exploitation nécessité par l'emploi combiné des deux modes de traction, il y a à tenir compte des dépenses d'entretien incombant aux moteurs animés durant leur inaction dans les périodes où les tracteurs exécutent les gros travaux de culture du sol auxquels ils sont applicables. Cette inaction sera en effet sinon totale, au moins importante, attendu que les animaux de travail n'auront plus à exécuter ces travaux de longue haleine et que, d'ailleurs, une partie du personnel nécessaire à leur conduite devra forcément être occupée à celle des tracteurs mécaniques.

Mais il importe de faire à ce sujet une distinction entre les divers moteurs animés. Si l'objection est valable pour ce qui concerne les équidés, elle ne me paraît pas l'être pour les bovidés.

Dans une étude que je fis en 1907, sur les moteurs animés appliqués à la viticulture, étude qui fut publiée par la *Revue de viticulture*, j'essayais d'établir :

1° Les prix de revient annuels des uns et des autres, non compris la nourriture (intérêts et amortissement du capital animaux et du capital harnais, ferrure et entretien, pansage);

2° Les prix de revient par journée de travail *effectif* de ces animaux, comprenant les éléments ci-dessus, plus la nourriture.

J'arrivais aux comparaisons suivantes, avec les prix d'avant-guerre :

| | Valeur. | Intérêts 3 p. 100. | | Amortissement. | | Ferrure (entretien). | Pansage. | Totaux. |
		Animal 3 p. 100.	Harnais 5 p. 100.	Animal.	Harnais.			
	fr.	fr.	fr. c.	fr. c.	fr. c.	fr. c.	fr.	fr. c.
Cheval . . .	1 100	33	5 »	135 »	10 »	70 »	108	361 »
Bœuf. . . .	500	15	1 27	7 50	2 50	17 50	36	79 75

Le capital harnais était évalué à 100 fr. par cheval, en comptant un harnais de limon par trois chevaux, et 25 fr par bœuf.

L'amortissement, comprenant les risques, était calculé pour le cheval en huit ans, à partir du moment où il pouvait être mis en plein travail. En ce qui concerne le bœuf, il n'était fait état que des risques basés sur le taux d'assurance contre la mortalité du bétail.

La ferrure et l'entretien des harnais étaient portés pour les équidés au quadruple de ce qu'ils coûtent pour les bovidés. Un panseur est nécessaire pour trois chevaux, alors qu'un bouvier peut panser dix bœufs.

(1) *Journal d'Agriculture pratique*, n° 19, 1919.

Quant au prix de revient de la nourriture, il avait pour base celui des rations nécessaires aux animaux pour leur alimentation rationnelle quand ils sont soumis à un
travail normal durant 265 jours par an, augmenté du coût des rations réduites de
60 jours fériés et de 40 jours de chômage forcé. Ces rations ont été déterminées pour
les chevaux par Lavalard et Müntz, à la suite des expériences méthodiques qu'ils
firent à la Compagnie générale des Omnibus :

	Poids de l'animal.		Nourriture pour		Autres frais (intérêts, amortissements, etc.).	Totaux.
			265 jours de travail.	100 jours de repos.		
	kilogr.		fr. c.	fr. c.	fr. c.	fr. c.
Cheval. . .	500	Prix d'achat	299 50	77 50	332 »	709 »
		— de production.	241 »	58 »	332 »	631 »
Cheval. . .	650	Prix d'achat	390 »	99 »	361 »	850 »
		— de production.	307 »	73 »	361 »	741 »
Bœuf. . . .	500	Prix d'achat	272 95	103 »	74 »	449 95
		— de production.	259 »	71 »	74 »	404 »
Bœuf. . . .	650	Prix d'achat	352 45	133 »	79 75	565 20
		— de production.	243 80	92 »	79 75	415 55

En sorte que le prix de la journée de travail effectif ressortait à 3 fr.017 pour le
cheval et à 1 fr. 70 seulement pour le bœuf de 500 kilogr., en cas d'achat des aliments,
ou à 2 fr. 66 et 1 fr. 26 si ces aliments étaient produits par l'exploitation. Ces prix
devenaient 3 fr. 66 ou 3 fr. 15 pour le cheval pesant 650 kilogr. et 2 fr. 09 ou 1 fr. 56
pour le bœuf de même poids, et cela malgré que la ration de ce dernier soit maintenue
la même durant les 100 jours d'inactivité que pendant les 265 jours de travail.

Bien entendu, les chiffres ci-dessus, établis antérieurement à la Guerre, et qui
n'avaient pas la prétention d'être applicables partout, ni même d'être indiscutables,
ne doivent être considérés que comme ayant une valeur relative et ne servant qu'à
faire la comparaison entre le moteur équidé et le moteur bovidé.

Cette comparaison, en prenant pour base les prix d'après guerre, ne pourra
qu'être en faveur de ce dernier, ne fût-ce qu'en raison de la majoration du capital
harnais, qui affectera bien plus les prix de revient du premier que ceux du second.

Il ne faut pas, d'ailleurs, perdre de vue que l'inactivité du bœuf, ne reçût-il que la
même nourriture en quantité et qualité que lorsqu'il travaille, est productrice de gain.
Dans cette étude, je faisais ressortir la supériorité des résultats obtenus dans les
exploitations ayant pour programme d'entretenir toujours un nombre de bœufs très
supérieur à celui qui serait nécessaire pour exécuter les travaux, de manière que non
seulement ils soient constamment maintenus en chair, mais encore qu'ils engraissent
tout en travaillant. Je citais une exploitation de 76 hectares, dans laquelle on entre-
tenait normalement 4 chevaux et de 10 à 12 paires de bœufs. Ceux-ci, successivement
vendus à la boucherie et remplacés, portaient moyennement l'écart entre le prix
d'achat et celui de vente à 1800 fr. par an.

Il y a lieu, toutefois, de tenir compte de ce que l'allure du bœuf étant sensiblement
inférieure à celle du cheval, il y a de ce fait une diminution des avantages que présente celui-là pour l'exécution de certains travaux.

Quoi qu'il en soit, l'emploi sinon exclusif, du moins prépondérant, des bovidés
dans les exploitations où les gros travaux de culture seront faits par tracteurs, me
paraît rationnel et de nature à répondre à l'objection dont il s'agit.

Il y a, par suite, lieu de penser que l'utilisation des équidés dans les exploitations, qui avait de plus en plus tendance à se substituer à celle des bovidés, non seulement ne progressera pas, mais encore se restreindra dans une assez forte proportion, si la Culture mécanique prend l'extension dont elle est susceptible en France.

La conséquence sera que l'élevage des bêtes bovines de races joignant à de bonnes aptitudes de travail, des aptitudes particulières à l'engraissement, prendra un très grand développement, qui est d'autant plus à désirer que la consommation de la viande est appelée à croître dans de grandes proportions par suite des habitudes qu'ont prises les mobilisés durant la Guerre.

Les tracteurs aux États-Unis.

D'après une enquête faite par le département fédéral de l'Agriculture sur la production des 240 constructeurs de tracteurs des États-Unis (sur lesquels 40 sont encore en période préparatoire de fabrication), on a construit, aux États-Unis, 29 600 tracteurs en 1916, 62 700 en 1917 et 58 500 pendant le 1er semestre de 1918.

En 1917 les tracteurs vendus ont été de 49 500 aux États-Unis et 14 800 à des exportateurs. Pendant le 1er semestre 1918, 15 600 tracteurs ont été exportés.

****

Dans ce qu'on nomme aux États-Unis la zone du maïs (*corn belt*), cette céréale occupe 40 pour 100 de la surface cultivée, le reste étant consacré à l'avoine et aux fourrages (prairies naturelles, luzerne et trèfle). Les champs sont plats, rectangulaires et ont une étendue moyenne de 8 hectares. Ce sont des conditions favorables au développement de la Culture mécanique.

Le *Bulletin de l'Institut international d'Agriculture* (mars 1919) analyse les résultats d'une enquête faite par MM. Yerkes et Church chez près de 400 propriétaires de tracteurs de la zone du maïs, et dont voici les points principaux pouvant intéresser notre pays :

La profondeur moyenne des labours effectués à l'aide des attelages est de 0m,13, alors qu'on exécute le travail à 0m,17 ou 0m,18 avec les charrues déplacées par les tracteurs, ce qui constitue une amélioration. Aussi 90 pour 100 des propriétaires de tracteurs considèrent ces machines comme avantageuses.

Au sujet du nombre de raies ouvertes en même temps, des étendues moyennes des exploitations qui utilisent ces charrues et de la surface labourée par 10 heures, on a les chiffres suivants :

	Charrues à		
	2 raies.	3 raies.	4 raies.
Nombre de charrues employées (pour 100)	11	76	13
Étendue moyenne des exploitations (hectares).	70	100	120
Surface moyenne labourée en 10 heures (hectares)	2.60	3.50	4.00

L'enquête fait remarquer que beaucoup de fermiers surchargent leur tracteur en ouvrant une raie de plus qu'il ne conviendrait d'après la puissance du moteur employé, d'où il résulte une diminution de vitesse et un plus grand glissement des roues motrices. Il en résulte aussi une augmentation des frais de réparations entraînant plus de pertes de temps ; mais, avec un versoir de plus, on augmente d'environ 6 000 mètres carrés la surface labourée par jour et l'on réduit la dépense de combustible par hectare.

La durée des tracteurs est estimée de 7 ans et demi à 8 ans et demi.

La moyenne des frais de réparations est de 3 pour 100 du prix d'achat pendant les trois premières années ; puis on l'estime à 4 pour 100 et même ensuite légèrement supérieure à ce taux.

Dans les exploitations enquêtées, 20 pour 100 seulement des tracteurs sont utilisés pour les transports sur route.

Le nombre moyen de journées d'utilisation a été de 45 par tracteur et par an.

Dans l'État de New-York, sur 250 exploitations, on employait 1 321 chevaux avant l'acquisition des tracteurs et 1 018 après l'adoption des machines, c'est-à-dire qu'on a supprimé en moyenne 1,2 cheval par tracteur.

Sur 217 agriculteurs de l'État de New-York, 85 pour 100 déclarent que le tracteur leur a permis de réaliser une économie de main-d'œuvre salariée, et près de 40 pour 100 fixent cette économie à 1 100 francs en moyenne par an, représentant 71 journées à 15 fr. 55.

L'enquête montre que les frais du labour sont les mêmes que dans le cas d'emploi des chevaux et que l'avantage du tracteur est d'exécuter, dans le même temps, plus d'ouvrage et de meilleure qualité.

Des labours avec tracteurs.

Comme l'industrie nationale se trouve actuellement dans l'impossibilité de fournir des appareils de culture mécanique en quantité suffisante, on est conduit à utiliser des machines américaines. Ajoutons que l'emploi de différents systèmes de tracteurs permet aux intéressés d'étudier les modifications qu'il y aura lieu d'apporter aux machines étrangères, et fournit ainsi d'utiles documents à la fabrication nationale, qu'il faut favoriser le plus possible, mais non au détriment des Agriculteurs lesquels peuvent déclarer, avec raison, qu'avec une machine américaine, ils peuvent faire pousser beaucoup de blé français.

Les tracteurs américains ne sont certainement pas parfaits en tous points ; ils sont établis pour des terres plus faciles que les nôtres et pour d'autres modes de cultiver le sol. Les labours américains ne sont pas si profonds que chez nous, et la traction de la charrue est, relativement à celle demandée par nos terres, dans le rapport de 2 à 3, de sorte que dans le Far West, le même tracteur peut ouvrir en un seul passage un plus grand nombre de raies qu'en France.

Les labours américains se pratiquent à une profondeur de 13 à 17 centimètres. Avec une charrue à trois raies, travaillant sur $0^m,93$ à $0^m,94$ de largeur, la traction moyenne oscille, aux États-Unis, de 485 à 635 kilogr. suivant la profondeur du labour, alors que la même charrue, dans nos champs, exigerait une traction de 600 à 725 kilogrammes (labour à $0^m,13$), de 790 à 950 kilogr. (labour à $0^m,17$), et, dans nos terres difficiles, les plus fertiles, une traction de 1 270 kilogr. est nécessaire pour labourer à la profondeur de $0^m,17$, avec la même charrue à trois raies.

Il nous faut prendre les tracteurs qu'on peut avoir actuellement à notre disposition et chercher à en tirer le meilleur parti possible ; il faut limiter à 500 ou à 600 kilogr. l'effort de traction qu'on leur demande, afin de ne pas fatiguer outre mesure les organes de transmission ainsi que le bâti, et régler la profondeur du labour et le nombre de raies en conséquence pour ne pas user prématurément le tracteur. Il n'y a pas à hésiter entre labourer à faible profondeur afin de produire du blé, ou ne pas labourer du tout.

Les forts labours (liés à l'apport de matières fertilisantes) ne peuvent d'ailleurs pas s'appliquer partout ; il y a des régions où le sous-sol se rencontre si près de la surface que la charrue ne peut aller à plus de 0ᵐ,10 ou 0ᵐ,12 de profondeur. Les labours légers, ne dépassant pas 0ᵐ,15, sont pratiqués presque exclusivement dans une quarantaine de nos départements et les labours plus forts se pratiquent surtout dans une vingtaine d'autres, dont plusieurs appartiennent aux Régions libérées ; pour le reste du pays on effectue généralement de faibles labours.

*
**

Nous pouvons donner des détails relatifs à la meilleure organisation d'un chantier

Fig. 29. — Charrue à siège.

de labourage avec un tracteur tirant une charrrue à plusieurs raies, ne versant la terre que d'un seul côté, ce qui conduit aux labours en planches. On prévoit qu'il y a une technique nouvelle à établir ; nous pouvons tenter d'en jeter les bases, laissant à l'expérimentation le soin de contrôler les conclusions d'une étude rationnelle.

La charrue est indépendante de ce qui va suivre ; elle peut être à relevage automatique ou non ; disons à ce propos qu'il ne convient pas d'exagérer les mérites des systèmes à relevage automatique sous prétexte qu'un seul homme suffirait au travail, car nous croyons qu'il est préférable d'avoir toujours deux ouvriers en prévision d'un arrêt quelconque : le mécanicien sur le tracteur et un aide sur la charrue, ce qui est loin d'exclure le relevage automatique, surtout si l'aide est un mutilé, une femme ou un enfant.

Les charrues à siège (1), à une ou à plusieurs raies, tirées par des attelages, dont on avait tenté à maintes reprises l'introduction chez nous, sont très employées en Amérique. La figure 29 donne un spécimen de construction canadienne : il y a de nombreux modèles de fabrication courante aux États-Unis et en Angleterre. Dans de bonnes charrues anglaises, le laboureur peut, de son siège, braquer la roue avant en manœuvrant un volant de direction. L'emploi de ces charrues à siège facilite beaucoup le travail aux enfants et aux femmes. Pour assurer le travail aux mutilés, il convient de généraliser les principes que nous avons eu l'occasion d'exposer en 1885 dans le *Journal d'Agriculture pratique*.

* * *

Il semble qu'il y ait intérêt à faire des planches aussi larges que possible ; il y a cependant une limite pratique.

On peut calculer le chemin total parcouru à vide par le tracteur et la charrue sur une des deux fourrières pour des demi-planches constituées chacune par un certain nombre de trains ; dans la figure 30, par exemple, les deux demi-planches a et a' de 5 trains chacune, constituant la planche A, sont séparées par l'axe de symétrie $y\,y'$ de l'enrayure ou de la dérayure ; pour venir exécuter les trains successifs indiqués par les flèches r, afin de labourer la demi-planche a de largeur l, on a dû parcourir sur une des fourrières F la somme des longueurs *1*, *2*, *3*, *4* et *5*, représentant 1 fois, 2 fois, 3 fois... la largeur du train labouré à chaque rayage ; dans la figure 30, nous avons supposé un ordre de trains de 1 à 5 qui peut être en sens inverse et nous avons écarté intentionnellement les uns des autres ces passages successifs de *1* à *5*, afin de bien les faire distinguer, alors qu'en pratique ils se superposent en tassant la fourrière d'autant plus énergiquement qu'ils sont plus nombreux.

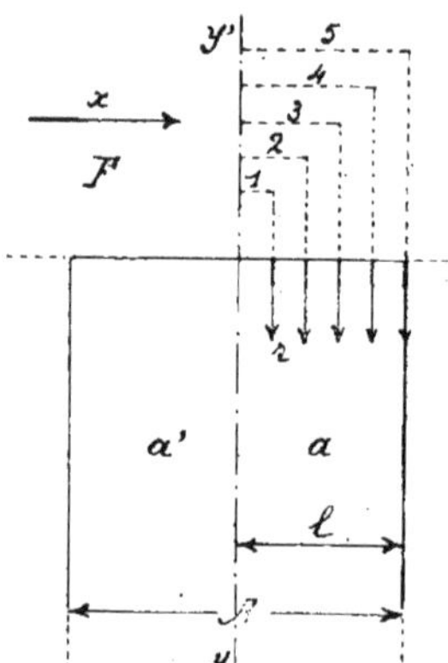

Fig. 30 — Vue en plan de l'extrémité d'une planche.

Nous ne pouvons compter ici les parcours *1*, *2*, *3*... (figure 30) que sur une demi-planche, car généralement le tracteur vient d'assez loin, suivant le sens indiqué par la flèche x, d'une autre demi-planche qu'il laboure en même temps que a, de sorte qu'aux chemins *1*, *2*, *3*... il faut ajouter autant de fois la longueur x qu'il y a de trains r à faire pour labourer la demi-planche a.

---

(1) Voir dans la collection du *Journal d'Agriculture pratique* : *Des sièges adaptés aux instruments de culture* (1885, t. I, p. 516) ; *Des charrues tilbury* et *Des charrues tricycles* (1898, t. II, p. 276-340) ; *Essais de charrues à siège*, à Coupvray (1898, t. II, p. 706) ; *Essais du Plessis* (1901) ; *Brabant-double reversible à siège* (1910, t. II, p. 216).

Les figures de cet article sont extraites du *Journal d'Agriculture pratique*.

Sur l'autre fourrière opposée à F (fig. 30), il y a la même longueur de passages *1*, *2, 3... 5.*

Nous ne voulons pas entrer dans des détails algébriques d'ailleurs très simples (il s'agit de la somme des termes d'une progression arithmétique, dont le premier est la largeur du train et la raison 1), mais nous pouvons donner un exemple de calcul numérique dans lequel nous supposons que la largeur d'un train de charrue est égale à un mètre. Nous indiquons dans le tableau suivant les longueurs des parcours sur une des fourrières par demi-planche, des parcours sur les deux fourrières; enfin, comme moyen de comparaison, nous donnons, par demi-planche, la longueur moyenne du parcours qu'il faut faire pour chaque train sur les deux fourrières.

Par demi-planche, pour une fourrière.			Par demi-planche, pour les 2 fourrières.	
Largeur de la demi-planche (mètres).	Nombre de trains.	Longueur des parcours sur la fourrière (mètres).	Longueur des parcours (mètres).	Longueur moyenne des parcours par train (mètres).
5	5	15	30	6.0
10	10	55	110	11.0
15	15	120	240	16.0
20	20	210	420	21.0
25	25	325	650	26.0
30	30	465	930	31.0

Ainsi, dans les conditions numériques de notre exemple, pour chaque train et par demi-planche, il faut faire un parcours moyen sur les fourrières variant de 6 mètres à 31 mètres suivant que la demi-planche est constituée par 5 ou par 30 trains, plus 10 à 60 fois les chemins représentés en x sur la figure 30. Pour une planche de 60 mètres de largeur, quelle que soit sa longueur, on aurait ainsi, sans compter les chemins x, un parcours à vide sur les fourrières d'environ 2 kilomètres, représentant, d'après nos essais récents, une dépense de 2 à 3 litres d'essence minérale.

La dernière colonne du tableau précédent est la plus significative, et il semble qu'on n'ait pas intérêt à faire des planches de plus d'une vingtaine de mètres de largeur ; il est probable qu'il ne convient pas de dépasser une trentaine de mètres.

Enfin, il faut noter que le tassement de la fourrière par les passages répétés du tracteur, est irrégulier ; il augmente d'une rive à l'autre de la demi-planche, et il s'accroît avec la largeur, c'est-à-dire avec le nombre de trains nécessaires au labour de cette demi-planche. Dans certains terrains, ces passages répétés doivent transformer les fourrières en chemins ruraux dont le labour sera pénible aux attelages ; on risque également de *gâter* la terre, comme disent les praticiens, lorsqu'on opère sur des sols ayant une certaine dose d'humidité.

* * *

Il y a lieu de bien calculer la largeur des planches, laquelle doit être un multiple du train mené par la charrue.

Si l'on est conduit, pour labourer un grand champ, à le diviser en un certain nombre de planches, il y a une précaution à observer pour le dernier train de chaque demi-planche, si l'on veut que tout le travail soit fait avec le tracteur.

Dans la figure 31, A représente la dernière bande de terre, ou le dernier train à labourer, entre les portions B et C déjà retournées.

Le tracteur T a une largeur l, entre les bords extérieurs des bandages des roues motrices. Pour bien travailler, il est bon de réserver, entre les bords des bandages des roues motrices et la muraille de la raie précédente, une distance a, de sorte que la largeur L du dernier train devrait être égale à l plus $2\,a$.

Les largeurs l (fig. 31) oscillent souvent de $1^m,40$ à $2^m,50$, et a doit être d'au moins $0^m,20$; dans ces conditions, L varie de $1^m,80$ à $2^m,90$. Or, les charrues ne labourant généralement pas une semblable largeur en un seul passage, il reste une bande comprise entre les lignes y et y' qu'on doit achever avec des attelages. La largeur n, de cette bande, variant de $0^m,80$ à $1^m,40$ suivant les tracteurs, est indépendante de la

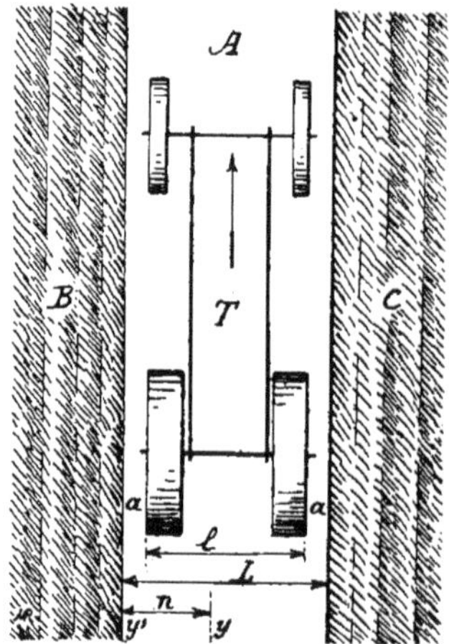

Fig. 31. — Plan du dernier train à labourer
avec un tracteur à deux roues motrices.

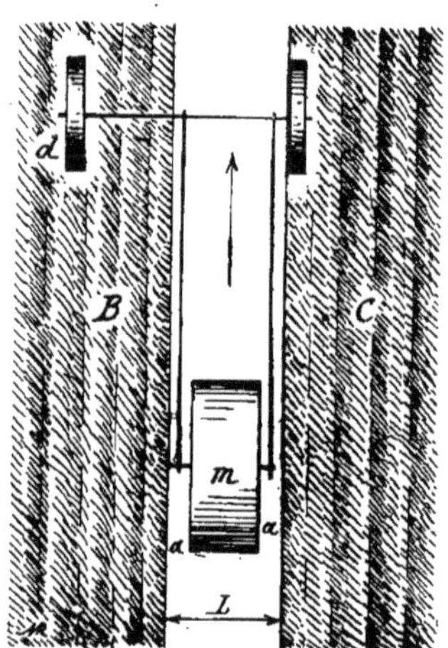

Fig. 32. — Plan du dernier train à labourer
avec un tracteur à une roue motrice.

largeur des planches et, pour une surface déterminée, devient d'autant plus importante que les planches sont moins larges.

Tout à l'heure, nous constations un avantage aux planches étroites et par suite nombreuses, alors qu'à présent nous y trouvons un inconvénient.

Jusqu'à un certain point, cet inconvénient n'est pas capital, mais il vaudrait mieux qu'il n'existât pas. Il y aura toujours des attelages à la ferme, car il ne faut pas croire que le tracteur doit supprimer toutes les bêtes de trait d'une exploitation ; cependant, nous préférons réserver les attelages à des travaux complémentaires, légers, permettant de maintenir les animaux en bon état, plutôt que les utiliser à parachever les labours dont la majeure partie serait faite par le tracteur.

L'inconvénient sur lequel nous venons d'insister peut disparaître avec certains dispositifs ; nous en entrevoyons deux pour l'instant : l'emploi d'un tracteur à une seule roue motrice ; l'exécution des labours à plat.

Les tracteurs à une seule roue motrice m (fig. 32), en plus de certains autres avantages d'ordre mécanique (simplification, suppression du différentiel, etc.), ont celui de pouvoir labourer des bandes L n'ayant qu'un mètre de largeur entre les portions B et

C, l'écartement *a* étant fixé à 0^m,20, le bandage de la roue motrice *m* ayant environ 0^m,60 de génératrice, et une des roues directrices *d*, peu chargée, pouvant sans inconvénient passer sur la partie *B* déjà labourée ; il en serait de même si *B* était un héritage voisin, bien obligé de supporter le passage d'un animal dans le cas d'une culture au moyen d'attelages.

Avec les labours à plat, l'inconvénient s'atténue ou disparaît ; il s'atténue avec un tracteur à deux roues motrices, parce qu'il ne reste plus à labourer avec les attelages qu'une bande insignifiante relativement au reste du champ travaillé avec le tracteur ; il disparaît dans le cas d'emploi d'un tracteur à une seule roue motrice.

*
* *

La largeur qu'il convient de réserver à chaque fourrière est à considérer afin de faciliter les manœuvres en diminuant le temps dépensé aux tournées.

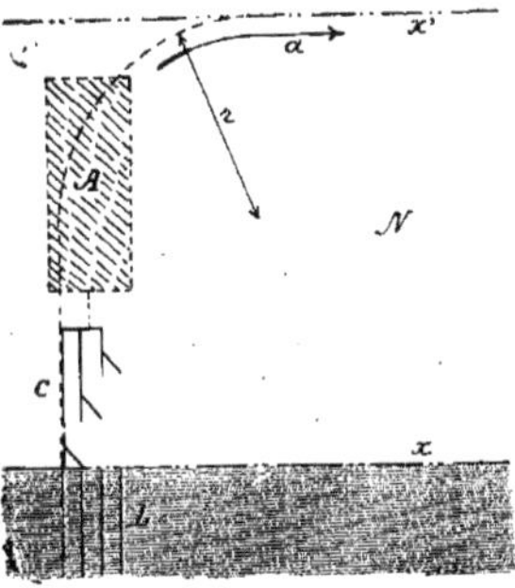

Fig. 33. — Plan d'un virage à angle droit d'un tracteur.

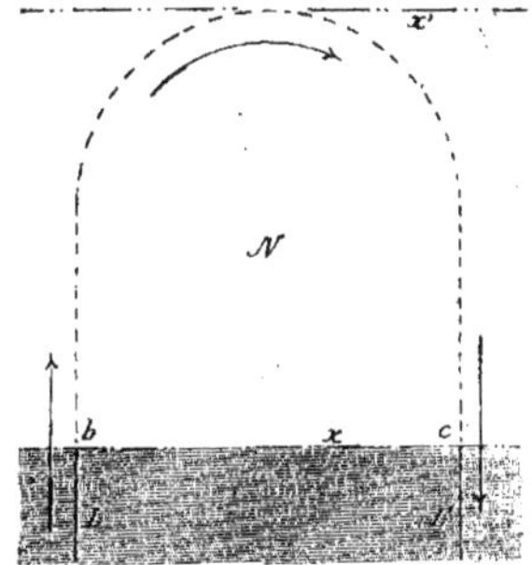

Fig. 34. — Virage d'un tracteur.

Dans le cas de labours effectués avec des attelages, lorsque la charrue est tirée par deux animaux, la fourrière a de 4 à 5 mètres de largeur, alors qu'elle est de 7 à 8 mètres quand l'attelage comprend 3 chevaux ou 4 bœufs, et au moins de 10 à 11 mètres s'il y a 6 bœufs. En résumé, la largeur de la fourrière est en fonction du nombre des animaux de l'attelage : il faut compter comme largeur de la fourrière de 1 mètre à 1^m,50 pour la charrue, plus autant de fois 2^m,50 à 3 mètres qu'il y a d'animaux attelés les uns derrière les autres.

La largeur à donner à la fourrière dans le cas d'emploi d'un tracteur est du même ordre de grandeur, étant donné que la charrue tirée par la machine ne pourrait être déplacée que par un attelage de 6 à 10 forts bœufs, exigeant au moins de 10 à 11 mètres et au plus de 16 à 17 mètres de fourrière ; en pratique on est conduit, avec 6 ou 8 bœufs, à réduire souvent la fourrière à une dizaine de mètres, ce qui oblige d'achever la raie en soulageant un peu la charrue en ne faisant tirer que les deux dernières paires d'animaux, les autres commençant la tournée sans fournir un effort de traction ; c'est ainsi que les animaux qui sont au plus près de la charrue fatiguent toujours beaucoup plus que ceux de tête.

L'ensemble du tracteur *A* (fig. 33) et de la charrue *C* occupe une longueur d'environ 7 à 8 mètres sur la fourrière N en dehors de l'alignement x des bouts de raies du labour L ; s'il s'agit de virer à angle droit pour se déplacer suivant la flèche a, il faut compter, à partir de l'axe de la ou des roues motrices du tracteur A, sur un

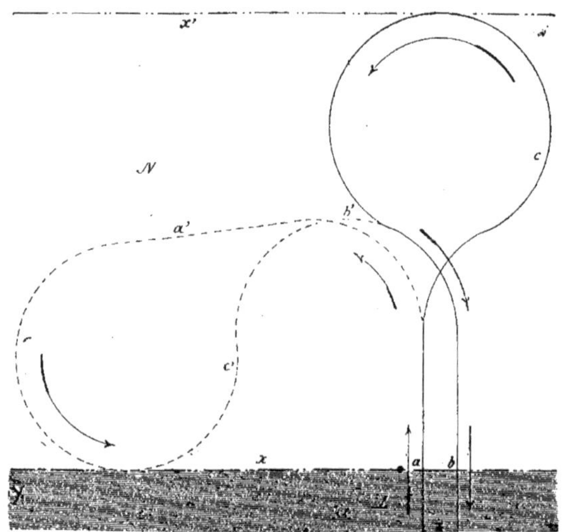

Fig. 35. — Plan de virages en huit.

rayon r d'au moins $3^m,50$, de sorte que la largeur $x\,x'$ de la fourrière N est d'au moins $7^m,70$ à 8 mètres. On a intérêt, en pratique, à faciliter les manœuvres en réservant des

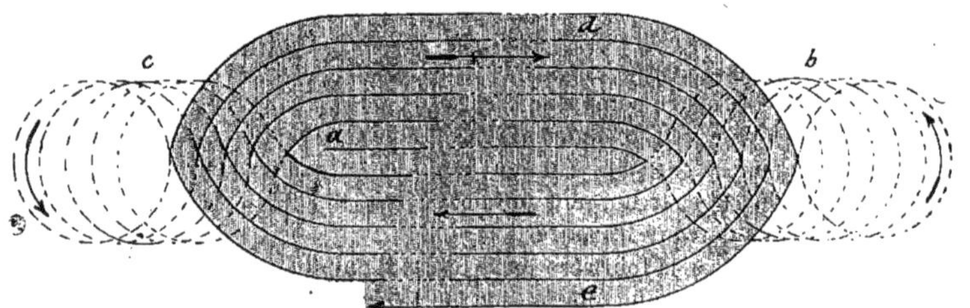

Fig. 36. — Plan d'un labour en huit.

fourrières de 9 à 12 mètres de largeur afin de tourner plus aisément sans perdre du temps.

S'il s'agit de revenir sur un rayage L' (fig. 34) parallèle et aussi rapproché que possible du train L, on voit par ce qui précède que l'écartement $b\,c$ est d'au moins 7 mètres, la largeur x à x' de la fourrière N étant celle indiquée ci-dessus, c'est-à-dire environ 9 à 12 mètres.

Quand la distance $b\,c$ (fig. 34) de deux trains successifs doit être plus petite que 7 à 8 mètres, il faut faire la *tournée en huit* présentant une certaine analogie avec ce qu'on appelle la *tournée à cul* qu'on est souvent obligé d'effectuer avec les attelages, et qu'on pratique toujours lorsqu'on laboure avec une charrue brabant-double. La tournée à cul fait perdre du temps aux attelages ; il en est de même quand on l'applique à un tracteur.

Dans la tournée en huit, l'appareil arrivant en a (fig. 35) sur le bord x de là partie labourée L, tourne suivant le cercle c pour revenir en b, ce dernier point pouvant être aussi rapproché qu'on le désire du point a. Le cercle c ayant au moins 7 mètres de diamètre, la largeur $x\,x'$ de la fourrière N est d'au moins 14 mètres, et généralement plus d'une quinzaine de mètres.

Si l'on était contraint de réduire la largeur de la fourrière N (fig. 35), il faudrait pouvoir suivre un autre tracé, bien plus long, tel par exemple le virage indiqué par le pointillé $a\,a'\,c'\,b'\,b$; la largeur de la fourrière aurait alors la distance $x\,b'$ (8 mètres au moins), au lieu de $x\,x'$.

En Angleterre et aux États-Unis, on propose de faire ce qu'on appelle le *labour en huit*, que nous ne recommandons pas, car il faut toujours éviter de travailler en tournant, au moins dans les portions qui ont un petit rayon de courbure ; enfin la méthode n'admet que l'enrayage au milieu du champ, ce qui n'a lieu qu'une fois sur deux façons. La figure 36 indique le principe de ce labour en huit, dont le départ est en a ; les tournées en huit se font en b et en c, suivant les sens indiqués par les flèches ; après un certain nombre de trains, lorsque la largeur $d\,e$ est

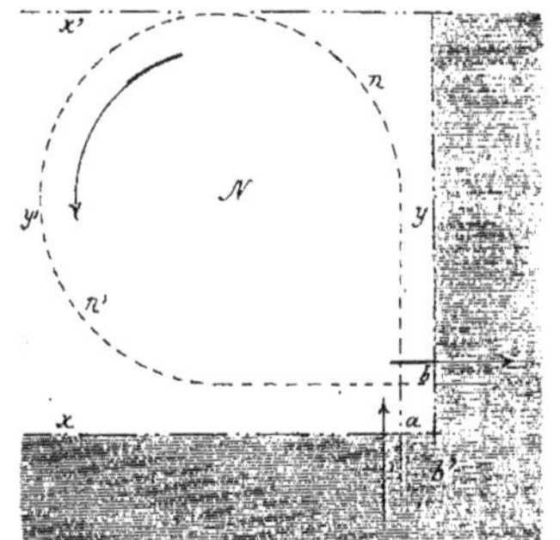

Fig. 37. — Plan d'un virage à angle droit.

suffisante (9 à 12 mètres), on tourne tout autour du labour en effectuant un travail qui présente beaucoup d'analogie avec ce qu'on appelle le *labour à la de Fellenberg*, ou à *raies continues*, très employé aux États-Unis ; cette méthode, imaginée. il y a un siècle par le fondateur de l'École d'Agriculture d'Hofwil, près Berne, transportée en Amérique par des Helvétiens, n'est cependant pas à conseiller avec des attelages ; elle ne s'applique qu'aux pièces rectangulaires ; avec les tracteurs, elle laisse des triangles curvilignes aux angles du champ.

Enfin on peut avoir à effectuer un virage orthogonal ; le tracteur arrivant en a (fig. 37) décrit le chemin $n\,n'$ pour prendre ensuite la direction b ; ici encore il est bon de pouvoir disposer entre x et x' comme entre y et y' d'un espace N de 8 à 10 mètres.

Ce virage à angle droit (fig. 37) est surtout à utiliser quand le tracteur déplace une moissonneuse-lieuse ; dans ce cas, le point b vient en b' en dessous de la ligne $x\,a$, réduisant ainsi la largeur $x\,x'$.

En résumé, comme avec les attelages, il faut éviter le plus possible de tourner trop court avec les tracteurs, et il est bon de faciliter les manœuvres au conducteur en donnant une assez grande largeur aux fourrières.

Étude économique des tracteurs en Pensylvanie.

Voici le résumé des rapports détaillés d'une enquête, portant sur 54 fermes du Centre et du Sud de l'État de Pensylvanie, relative à l'emploi des tracteurs pendant l'année qui a pris fin au printemps de 1918 (1).

Les tracteurs furent surtout utilisés dans les plus grandes fermes; l'étendue moyenne est de 50 hectares de cultures par ferme.

Le prix moyen d'achat des tracteurs était de 959 dollars (2); la durée moyenne d'un tracteur fut estimée à 8,1 années.

Le pétrole à 264 cents les 100 litres était un combustible meilleur marché que l'essence à 550 cents les 100 litres.

Le coût moyen du combustible par journée de 10 heures était de 2,06 dollars pour le pétrole et 3,32 dollars pour l'essence; par cheval-heure les dépenses étaient respectivement de 2,2 cents et 3,1 cents.

Chaque tracteur a fait, en moyenne, 50,6 jours de travail par an. Il y avait une moyenne de 12,8 jours pour le labour, 9,3 jours pour le hersage et 19,6 jours de travail par moteur fixe actionnant une machine avec une courroie.

La moyenne des tracteurs a usé par journée de 10 heures un peu plus de 4 litres et demi d'huile à cylindres, valant 45 cents.

Le coût moyen des travaux, y compris le salaire du conducteur, a été de 622,12 dollars pour 50,6 jours de travail, ou, en moyenne, 12,30 dollars par journée.

Le coût, non compris le salaire du conducteur, a été de 495,62 dollars, ou 9,80 dollars par journée de travail.

L'étendue de la ferme utilisant le tracteur s'est accrue seulement dans 2 cas, et le rendement des récoltes, relativement à ce qu'il était avant l'achat du tracteur, s'est accru seulement dans 7 fermes sur 52.

Le facteur le plus important affectant le prix de revient du travail a été le nombre de journées de travail faites dans l'année par le tracteur. — Les tracteurs travaillant 30 jours ou moins (moyenne 24,3) ont coûté 19,97 dollars par jour, tandis que les tracteurs travaillant plus de 70 jours par an (moyenne 84,9) n'ont coûté que 9,85 dollars par jour. Dans le 2ᵉ cas, le coût supplémentaire était réparti sur un plus grand grand nombre de journées de travail.

Le prix de revient moyen du labour avec le tracteur a été de 5,83 dollars par hectare. Le coût de la charrue a été 177 cents par hectare, ce qui fait un total de 7,60 dollars par hectare.

Le travail du tracteur pour le hersage et le pulvérisage est revenu à 172 cents par hectare pour un passage, non compris le coût des instruments de culture utilisés.

Le fils du fermier a été le meilleur conducteur du tracteur. — Les prix moyens par jour ont été, suivant le conducteur : fils, 10,75 dollars; propriétaire 12,16 dollars et ouvrier salarié 12,82 dollars.

En moyenne, 1,8 chevaux ont été supprimés par ferme dans 48 fermes. Le coût de l'opération, diminué du travail du conducteur, a été de 275,34 dollars pour chaque cheval déplacé dans la ferme. Les champs de la plupart des fermes pourraient être remembrés afin d'obtenir une meilleure utilisation des tracteurs.

(1) *Pennsylvania Sta. Bul.*, 1919; *Experiment Station Record*, octobre 1919.

(2) A cause de la variation du change, nous ne transformons pas le dollar et le cent en francs; par contre, nous ramenons les sommes à l'hectare.

Les entreprises de Culture mécanique en Provence

M. Marceau Artaud a donné des indications sur l'avenir de la Culture mécanique en Provence dans le Marseille-Auto (du 1er avril 1919), *Bulletin officiel de l'Automobile-Club de Marseille*. Nous en résumons ci-après les points principaux.

M. Marceau Artaud entrevoit surtout le développement de la Culture mécanique en Provence par les entreprises se confondant avec celles de battages.

Il y a, dit-il, en Provence, un grand nombre d'entrepreneurs de battages qui ont pu, malgré la Guerre, effectuer rapidement le travail dans de bonnes conditions et à des prix raisonnables, demandant moins de 2 fr. par quintal de blé battu, tout le personnel nécessaire étant payé et nourri par l'entrepreneur.

Or, pour peu qu'on leur vienne en aide, ces entrepreneurs de battages peuvent devenir demain des entrepreneurs de Culture mécanique.

Ces entrepreneurs seraient très bien placés ; ils ont un personnel familiarisé avec le matériel rural et disposent d'un petit atelier pour les réparations courantes. A la place de leur locomobile à vapeur, avec l'ennui des approvisionnements nécessaires en charbon et en eau, le tracteur avec moteur à essence ou à pétrole servira aux déplacements de la batteuse et de la presse à fourrages sans avoir besoin de recourir à des attelages. Enfin, l'addition des travaux de culture à ceux de battage, permettant d'augmenter le nombre annuel de journées utiles, aurait pour résultat de faciliter aux entrepreneurs le recrutement d'un personnel permanent et de réduire les frais généraux afférents aux diverses opérations.

Outre le battage et le pressage des pailles, qui constituent actuellement leurs seuls travaux, les entrepreneurs auraient à effectuer les labours d'automne, les transports sur route et les améliorations foncières. Mais il faudrait, croyons-nous, décaler un peu l'époque des battages afin d'effectuer, immédiatement après la moisson, les déchaumages dont la répercussion est si grande sur les récoltes ultérieures et qu'on néglige généralement par suite de l'insuffisance des attelages.

Pour réaliser ce programme, M. Marceau Artaud demande :

1° Qu'on encourage les entrepreneurs par une subvention de l'État analogue à celle qui est accordée aux Syndicats de Culture mécanique, car, dit-il avec raison, l'entrepreneur comme le Syndicat contribue au bien général non seulement de l'Agriculture, mais de toute la nation. Rappelons qu'un projet de loi conçu dans cet ordre d'idées fut déposé le 10 janvier 1918 au Sénat par le Dr Chauveau, sénateur de la Côte-d'Or : nous ne savons quelle suite sera donnée à ce projet, dont l'application aurait pu rendre les plus grands services au pays.

2° Qu'on établisse des tracteurs, avec moteurs de 30 à 35 chevaux, afin de pouvoir actionner facilement et simultanément la batteuse et la presse à fourrages.

Que les tracteurs possèdent un treuil capable de servir dans les travaux de défoncements.

Que les tracteurs soient suspendus afin de pouvoir effectuer les transports sur route en remorquant un poids total de 5 à 6 tonnes.

Il ne faut pas, selon nous, pour ces transports sur route, escompter de grandes vitesses, auxquelles la batteuse et la presse ne résisteraient pas ; il faudrait se limiter à 4 ou 5 kilomètres à l'heure, et dans ce cas, la suspension de l'essieu avant serait suffisante, celle de l'essieu arrière risquant, avec certains montages, de devenir mauvaise lors des labours. Nous entreprenons des recherches à ce sujet.

Enfin, M. Marceau Artaud dit que les terres de Provence, compactes et sèches, offrent une résistance de 60 à 70 kilogrammes par décimètre carré de section du labour ; il demande que le tracteur puisse labourer à 0^m.25 de profondeur avec une charrue à 3 raies, cette dernière devant alors travailler sur un train d'environ 1 mètre.

Nous sommes surpris du chiffre indiqué (60 à 70 kilogr.), étant donné qu'en Provence il s'agit de terrains pleistocènes, des étages du tertiaire et de la partie supérieure du secondaire (crétacé) ; la résistance spécifiée doit être relative à une charrue dont le soc et le versoir sont mal tracés et à un travail d'arrachement d'un sol très sec et pauvre en matières organiques qu'on n'a pas pu labourer plus tôt faute de moyens d'exécution. Quoi qu'il en soit, en tablant sur une résistance de 70 kilogr. par décimètre carré, et sur un labour à 0^m.25, qui semble exagéré, il faut disposer d'une traction moyenne de 1750 kilogr., correspondant aux 1 500 à 1 800 kilogr., indiqués par M. Marceau Artaud, correspondant également à un effort maximum de traction de 2 600 à 2 700 kilogr. Tous ces chiffres semblent trop élevés, car ils conduiraient à un tracteur lourd dont le moteur serait capable de développer une puissance de 50 à 60 chevaux. Dans ces conditions, c'est le tracteur-treuil, ou mieux l'appareil funiculaire à double treuil qu'il conviendrait d'adopter, en éliminant par suite son adaptation entrevue pour les battages, contrairement aux conclusions formulées : si les 300 ou 400 entrepreneurs de battages de Provence (Bouches-du-Rhône, Var, Vaucluse et Basses-Alpes) substituaient les tracteurs à leurs locomobiles à vapeur, la Culture mécanique provençale ferait immédiatement un grand pas et un brillant avenir lui serait réservé à bref délai. La réalisation de ce programme n'est aisée qu'avec des tracteurs dans lesquels la puissance du moteur est d'environ 20 chevaux.

La Culture mécanique à la Foire de Paris.

Parmi les machines nouvellement présentées au public, lors de la Foire de Paris (mai 1919), nous citerons les suivantes :

M. R. Dubois (130, avenue de Neuilly, à Neuilly-sur-Seine) présente un nouveau *tracteur spécial pour la Viticulture*, à moteur horizontal, à un cylindre, à régime lent, marchant au pétrole. L'appareil, à deux roues motrices, est dépourvu de différentiel, les virages se font en débrayant une des roues motrices. Le prix de ce tracteur de 10 chevaux est de 10 000 francs.

Un autre petit *tracteur viticole* est exposé par la maison Chapron (45, rue de la République, à Puteaux, Seine). Le prix du tracteur de 18 chevaux est de 13 500 francs. Il peut être livré avec une charrue dite spéciale pour la vigne d'un prix de 2 500 francs.

On connaît l'importance du pétrole comme carburant pour les moteurs agricoles et principalement pour les tracteurs. Le nouveau *carburateur super*, à huiles lourdes et à pétrole, présenté par la Société Robin, Grenier, Vidy et G. Zwingelstein (37, rue Lafayette, à Paris), peut s'adapter à tout moteur. Dans cet appareil, on réchauffe, par les gaz d'échappement, l'air carburé dans lequel on injecte de la vapeur d'eau qui a passé sur du charbon porté au rouge par la mise en marche à l'essence minérale.

Tracteur Citroën.

Le tracteur André Citroën (143, quai de Javel, à Paris, (1), représenté par les figures 38 et 39, est actionné par un moteur à 4 cylindres verticaux, de 65 millimètres d'alésage et 100 millimètres de course, pouvant développer 12 chevaux à la vitesse de 1 600 tours par minute; un régulateur permet de modifier la vitesse du moteur, tout

Fig. 38. — Vue de face du tracteur Citroën.

en maintenent cette dernière constante entre environ 400 tours et 1 600 tours par minute, mais la vitesse en travail courant est réglée à 1 300 tours par minute. L'emploi du régulateur a été imposé pour l'utilisation du moteur lorsqu'il s'agit d'actionner une machine par courroie; à cet effet, une poulie de transmission est placée à l'avant et sert à la prise de la manivelle de mise en route. Le graissage automatique est assuré par une pompe à huile dont le fonctionnement est indiqué par un manomètre. Le

1 Le tracteur a pris part aux essais de Montpellier des 2-4 mai 1919 : page 57.

refroidissement s'effectue par thermosiphon et ventilateur, car à faible vitesse d'avancement et lorsque le moteur travaille à poste fixe, on ne peut compter sur l'action de l'air sur le radiateur résultant du déplacement de la machine.

Les vitesses en marche avant sont d'environ 3500 et 4800 mètres à l'heure ; la marche arrière correspond à 3000 mètres à l'heure environ.

Pour les virages, qui peuvent s'effectuer facilement dans un rayon de 2 mètres, des freins indépendants permettent de bloquer la roue motrice qui se trouve du côté du centre de virage. L'essieu avant, monté sur un ressort transversal, est articulé

Fig. 39. — Vue de profil du tracteur Citroën.

dans le plan vertical afin de pouvoir prendre une grande obliquité relativement à l'essieu arrière. Les diamètres des roues sont de $0^m,55$ et $0^m,90$; les largeurs de bandages sont $0^m,080$ pour les roues avant et $0^m,100$ pour les roues arrière ; l'empattement est de $1^m,34$.

Le poids du tracteur en ordre de marche est de 840 kilogr, dont 270 kg sur les roues avant (16 k,9 par centimètre de bandage) et 570 kg sur les roues arrière (28 k, 5 par centimètre de bandage).

Les dimensions du tracteur Citroën sont très réduites : largeur, $0^m, 86$; longueur, $2^m, 50$; hauteur, $1^m, 50$. Ces dimensions permettent au tracteur de passer dans des vignes plantées sur lignes espacées de $1^m, 50$ (1). Le prix de vente est de 9 500 francs.

(1) Dans la *Revue de viticulture*, du 1er avril 1920, M. Labergerie dit ce qui suit : « Un tracteur d'une largeur totale d'un mètre peut passer utilement dans tous les vignobles de plus de $1^m,75$ d'écartement, et même de $1^m,50$ avant la végétation.

« Les virages de $1^m,45$ et de $1^m,70$ de rayon permettent, non seulement dans la viticulture, mais aussi dans la moyenne et petite culture, la suppression pratique des fourrières, ou du moins leur réduction à un minimum inconnu avec les grands tracteurs ».

* *

En août 1919, nous avons procédé à différents essais du tracteur Citroën sur les terres de la ferme de la Justice, exploitée par M. Pasquier (ancien élève de l'École nationale d'Agriculture de Grignon) au Plessis-Pâté, près Brétigny-sur-Orge (Seine-et-Oise). Les principaux résultats des essais sont résumés ci-dessous.

Moisson de l'avoine. — Avoine de Ligowo, en lignes à 0ᵐ,15 d'écartement, poids total de la récolte par hectare 6 220 kg.

Moissonneuse-lieuse Mac Cormick, de 1ᵐ,80 de scie.

Fourrières dégagées de gerbes sur une largeur de 8 mètres afin de faciliter les virages.

```
Vitesse moyenne dans le rayage (mètres par heure) . . . . . .   4 320
Largeur moyenne coupée par train (mèt.) . . . . . . . . . . .    1.60
Surface moissonnée pratiquement par heure (mèt. car.). . . .    5 082
Poids moyen d'une gerbe (kg.) . . . . . . . . . . . . . . .         6
Consommation d'essence { par heure (kg.) . . . . . . . . . .     2.75
   minérale (densité 710. { par hectare (kg.. . . . . . . .      5.11
```

La décomposition du temps total employé au travail donne les résultats suivants en centièmes.

```
Arrêts du tracteur. . . . . . . . . . . . . . . . . . . .       12.4
Arrêts divers occasionnés par la moissonneuse-lieuse . .        12.4
Virages et marche à vide sur les fourrières. . . . . . . .       5.8
Temps utile employé à la moisson . . . . . . . . . . . .        69.4
                                          Total. . . . .       100.0
```

Déchaumage. — Sol très sec. Charrue à deux raies, non appropriée au travail de déchaumage.

```
Largeur d'un train (mèt.) . . . . . . . . . . . . . . . . . .    0.52
Profondeur moyenne du déchaumage (centim. . . . . . . . . .      6.9
Section du labour (décim. car.) . . . . . . . . . . . . . . .    3.58
Traction moyenne (en kg.) { totale . . . . . . . . . . . . .   169.4
                          { par décim. carré. . . . . . . .     47.3
Vitesse moyenne dans le rayage. { Mèt. par seconde. . . .       0.94
                                { Mèt. par heure. . . . . .     3 384
Surface labourée par heure (mèt. car.). . . . . . . . . . .     1 645
Consommation d'essence minérale { par heure (kg. . . . . .      2.56
   (densité 740) . . . . . . . . . { par hectare. . . . . .    15.55
```

Roulement à ride sur le guéret (chaume).

```
Vitesse à l'heure (mèt.) . . . . . . . . . . . . . . . . . .    4 695
Consommation d'essence minérale { par heure (kg.). . . . .      3.02
                                { par kilomètre (kg.). . . .     0.64
   (densité 740) . . . . . . . . { par tonne kilomètre (kg.     0.71
```

Traction maximum et traction moyenne; — 1° Sur le guéret (chaume). — L'effort maximum de traction (à la vitesse de 3000 mètres à l'heure) a été de 750 kg, permettant d'obtenir un effort moyen pratiquement utilisable de 425 à 430 kg.

2° Sur sol engazonné, la traction maximum a été constatée également de 750 kg (à la vitesse de 3000 m. à l'heure), permettant d'obtenir un effort moyen pratiquement utilisable de 425 à 430 kg.

3º Pour les transports sur route, les roues motrices sont garnies d'une bande de roulement maintenues sur la cornière d'adhérence par quelques boulons. Sur un chemin horizontal, en terre très ferme, la traction maximum a été de 525 kg (à la vitesse de 3000 m à l'heure) permettant d'obtenir un effort moyen pratiquement utilisable de 300 kg.

Enfin, le tracteur seul se déplace sans difficultés sur des sols très mouvementés présentant des pentes atteignant 25 p. 100, sur des remblais meubles, en plâtras, en mâchefer et sur des fascines.

A la ferme de la Justice, le moteur du tracteur a remplacé pendant une demi-journée le moteur fixe de l'exploitation, pour actionner, par courroie, la transmission commandant la batteuse fixe et les appareils de nettoyage du grain.

Les tracteurs aux essais de Strasbourg (1)

par M. René Greilsammer, ingénieur agronome.

Le Commissariat général de la République et la Direction de l'Agriculture d'Alsace et Lorraine avaient organisé des démonstrations publiques de Culture mécanique qui ont eu lieu du 5 au 9 juin 1919 au polygone de Neuhof, près de Strasbourg.

Un grand nombre de constructeurs avaient tenu à répondre à l'appel de la Direction de l'Agriculture, ce qui permit de donner une ampleur particulière à cette première manifestation agricole organisée en Alsace.

De nombreux Agriculteurs alsaciens vinrent assister aux essais; mais aussi beaucoup d'Agriculteurs lorrains se rendirent à Strasbourg pour voir travailler les machines, car si le morcellement de la propriété en Alsace ne permet pas à la Culture mécanique d'y prendre une grande extension, au contraire, en Lorraine, la demande de tracteurs est importante, les conditions de la culture (domaines plus étendus, terres difficiles à travailler) y étant favorables au développement de ces appareils.

23 exposants, présentant 31 appareils, se trouvaient réunis sur le polygone de Neuhof.

Les appareils présentés se répartissaient ainsi, d'après leur nationalité :

Français	10
Américains	18
Anglais	1
Suisse	1
Suédois	1
Total	**31**

Notons cependant que 2 appareils étrangers, le Gray (américain) et l'Austin (anglais) vont être fabriqués prochainement par des usines françaises.

Les appareils présentés se classent ainsi :

Appareil funiculaire. **Français :**

1 Tracteur-toueur Filtz de 40 chevaux.

(1) *Journal d'Agriculture pratique*, nº 22, 1919.

Tracteurs à 2 roues motrices. Français :

1 Tracteur S. C. E. M. I. A. de 25 chevaux.

Américains :

2 Tracteurs Case de 18 chevaux et 27 chevaux.
1 Tracteur Rip de 16 chevaux.
1 Tracteur Fordson de 22 chevaux.
1 Tracteur Globe de 18 chevaux.
1 Tracteur Heureux-Fermier de 18 chevaux.
1 Tracteur Le Gaulois de 25 chevaux (de Lacour et Fabre).
2 Tracteurs Titan de 20 chevaux (C. I. M. A.)
1 Tracteur Mac-Cormick (Titan) de 20 chevaux (Wallut).
1 Tracteur national de 22 chevaux (Butterosi Syndicate).
1 Tracteur Parrett de 24 chevaux (La Traction agricole).

Anglais :

1 Tracteur Austin de 25 chevaux (Th. Pilter).

Tracteurs à 1 roue motrice. Américains :

1 Tracteur Gray de 40 chevaux (American Tractor).
1 Tracteur Taureau de 24 chevaux (Agricultural).

Tracteurs à 4 roues motrices. Français :

2 Tracteurs Auror de 16 chevaux (S. Neuerburg et fils).

Avant-trains tracteurs. Américain :

1 Tracteur Universel Moline de 18 chevaux.

Suisse :

1 Tracteur, le Griffon, de 16 chevaux.

Charrues automobiles. Française :

1 Charrue automobile Tourand-Latil de 35 chevaux.

Suédoise :

1 Moto-charrue Avance de 18 chevaux (Wallut).

Tracteurs à chenilles. Français :

1 Tracteur Renault de 35 chevaux.
2 Tracteurs Peugeot de 38 chevaux.

Américains :

2 Tracteurs-tank Neverslip de 20 et 30 chevaux (Pidwell).
1 Tracteur Cleveland de 20 chevaux (Allied Machinery Cᵒ).

Motoculteurs. Français :

1 Motoculteur S. O. M. U. A. de 35 chevaux.
1 Motoculteur S. O. M. U. A. de 5 chevaux.

Un grand nombre de ces appareils ont déjà été décrits dans la *Culture mécanique* . Quelques machines nouvelles méritent une mention particulière.

* * *

Les Établissements S. Neuerburg et fils (3, rue La Boëtie, Paris) présentaient *2 tracteurs Auror*, l'un attelé à une charrue Deere pour le labour en planches, l'autre muni d'un dispositif nouveau pour le labour à plat (fig. 40).

Ces tracteurs, à 4 roues motrices et directrices, sont remarquables par leur légèreté.

Fig. 40. — Tracteur *Auror*.

Munis d'un moteur Ballot à 4 cylindres, de 16 chevaux à 1 200 tours (course 140, alésage 80), ils ne pèsent que 1 300 kilogr. On compte sur les 4 roues motrices pour obtenir une adhérence élevée, malgré ce faible poids. Le tracteur Auror a une transmission symétrique par rapport à l'axe transversal, et peut marcher dans les deux sens, il revient en arrière à l'extrémité du rayage sans tourner.

On lui a adapté à chaque extrémité une charrue à 2 socs (fig. 40) suspendue par un tirant après un bras de relevage mobile autour d'un axe horizontal; un volant à main placé à la portée du conducteur agit sur un petit treuil sur lequel s'enroule un câble fin attaché après le bras de relevage.

Le câble agit simultanément en sens inverse sur les bras de relevage des 2 charrues réunis par une barre de fer passant au-dessus du conducteur. De sorte qu'une des charrues fait balance à l'autre et qu'en relevant l'une, l'autre s'abaisse et est prête à travailler au retour. Ce dispositif, simple et léger, permet à l'appareil de labourer à plat sans faire de virages et avec des fourrières très réduites, la manœuvre à l'extrémité du rayage prenant moins d'une minute.

Les roues du tracteur sont munies d'une jante à crampons formée de 3 pièces assemblées par de simples clavettes avec la roue, ce qui permet de les enlever pour le roulement sur route en un temps très court. On peut remplacer la jante d'adhérence par un bandage en caoutchouc assemblé de même, pour le roulement sur route.

Le tracteur Auror, construit par la Société Gnôme et Rhône, est vendu (juin 1919) avec la charrue pour le labour à plat, au prix de 15 000 fr.

*
* *

Le tracteur *le Griffon*, construit par la Société de fabrication de chauffage central

Fig. 41. — Tracteur *le Griffon*.

de Berne et présenté par la Maison Nathan Bloch et fils (50, rue des Marais, à Paris), a fait à Strasbourg sa première apparition en France.

C'est un avant-train tracteur à 2 roues motrices et directrices et 2 roues porteuses à l'arrière. Les machines de culture s'attachent sous l'essieu moteur, par l'intermédiaire d'une longue chaîne. Le moteur, à 4 cylindres, est de 16 à 20 chevaux.

Grâce à un accouplement réversible, sans déplacement d'engrenage et sans embrayage denté, le tracteur peut se mouvoir indifféremment en avant ou en arrière. Le renversement de mouvement s'accomplit sans secousse, même si l'on agit soudainement sur les commandes. Ce dispositif permet à l'appareil de labourer à plat en l'attelant à 1 ou à 2 brabants-doubles. Il revient alors à l'extrémité du rayage sans virer (fig. 41).

L'appareil est dépourvu de différentiel. Chaque roue motrice peut être débrayée et rendue folle sur l'essieu moteur. Les virages se font en débrayant la roue qui se trouve du côté du centre du virage. Enfin, les roues sont munies d'un système très curieux de segments articulés garnis de crampons qui peuvent être rapidement disposés en saillie pour le labourage ou effacés pour le roulement sur route. Six segments sont disposés suivant la circonférence de la roue : chacun de ces segments peut pivoter autour d'une de ses extrémités ét l'autre extrémité peut être à volonté clavetée sur la périphérie ou au centre de la roue, suivant qu'on veut faire saillir ou effacer les crampons. Deux trous sont disposés à la périphérie pour le clavetage, ce qui permet, en utilisant l'un ou l'autre, de faire saillir plus ou moins les crampons suivant la nature du sol.

Le prix actuel (juin 1919) du tracteur le Griffon, en France, est de 16 000 francs.

*
* *

La grande firme française d'automobiles et cycles *Peugeot* (80, rue Danton, à Levallois-Perret, Seine), exposait pour la première fois ses *tracteurs à chenilles type T₂*.

Le tracteur Peugeot est muni d'un moteur à 4 cylindres de 38 chevaux, à 1 200 tours (alésage, 100 millimètres; course, 150 millimètres). Le moteur est le même que celui des camions automobiles Peugeot qui ont été mis en service pendant la Guerre.

*
* *

On a beaucoup remarqué le *tracteur Austin* présenté par la maison Th. Pilter, qui était apparu pour la première fois en France aux essais de Saint-Germain-en-Laye.

Cet appareil, muni d'un moteur de 25 chevaux, est du type *carter-châssis*, tous les organes étant enfermés dans un carter ; celui-ci forme lui-même le châssis de l'appareil qui prend son appui en avant sur le milieu de l'essieu et en arrière sur les 2 roues motrices. Le tracteur, d'un encombrement réduit, très maniable, d'un poids de 1 500 kilogrammes, a fait un bon travail à Strasbourg dans un terrain difficile. Son prix actuel (juin 1919) est de 12 500 francs.

*
* *

La maison R. Wallut et Cⁱᵉ (168, boulevard de la Villette, à Paris) présentait la *Moto-charrue Avance*, de fabrication suédoise, à moteur semi-Diesel de 18 chevaux, marchant à l'huile lourde ou au pétrole. Les trois corps de charrue peuvent se relever indépendamment l'un de l'autre.

Quoique cet appareil, étant donné sa puissance, soit assez lourd et volumineux, il faut voir là un premier et intéressant essai d'utilisation des combustibles économiques dont l'emploi en Agriculture viendra se substituer peu à peu à celui de l'essence, trop coûteuse, au fur et à mesure du développement et du perfectionnement de ces machines.

Concours de charrues pour tracteurs
en Suisse.

Il est ouvert, en Suisse, un concours de charrues à deux raies destinées à être remorquées par des tracteurs. Le programme du concours (juin 1919) est le suivant :

Afin de permettre l'emploi du labourage mécanique, même sur des parcelles de moyenne grandeur, la *Fédération des Sociétés d'Agriculture de la Suisse Romande* organise avec les autres Sociétés générales d'Agriculture de la Suisse, et sous les auspices de la Division de l'Agriculture du Département fédéral de l'économie publique, et de l'Union suisse des Paysans, un concours international pour la construction d'une charrue pour tracteurs, à deux socs au moins, systèmes tourne-oreille, reversible ou à balance, versant la terre du même côté, permettant de revenir sur le sillon et de labourer le champ à plat, sans ados ni sillon.

La Confédération, l'Union suisse des Paysans et les Sociétés générales d'Agriculture consacrent à ce concours une somme de 5 000 francs, à répartir entre les concurrents dont les charrues auront fourni les meilleurs résultats. Les épreuves auront lieu en octobre 1919 devant le jury qui a fonctionné pour les essais de tracteurs. Les charrues devront être livrées à fin septembre 1919.

L'appréciation se fera sur les bases suivantes :

1° Qualité du labour ;

2° Facilité de réglage en profondeur et largeur ;

3° Facilité de renversement de la charrue ;

4° Brièveté de la chaintre ;

5° Force nécessaire ;

6° Construction générale.

M. Martinet, chef de la Station fédérale d'essais et de contrôle de semences, à Lausanne (Suisse), ajoute : « Nous attirons l'attention sur cet important concours, qui est de nature à augmenter considérablement, en Suisse et dans tous les pays à domaines moyens et petits, l'emploi et la vente des charrues reversibles et des tracteurs. »

De la Standardisation des machines agricoles.

En mai 1919, le Ministre de l'Agriculture (M. Boret) a adressé les instructions suivantes aux Directeurs départementaux des Services agricoles :

« La Sous-commission du matériel agricole de la *Commission permanente de Standardisation* instituée au Ministère du Commerce, de l'Industrie, des Postes et Télégraphes, a décidé, lors de sa première séance qui a eu lieu le 21 février 1919, d'aborder dès maintenant l'étude des moyens et procédés à mettre en œuvre pour réduire les prix ; à cet effet, d'unifier, dans toute la mesure du possible, les éléments de construction, ainsi que les pièces de machines, et même, éventuellement, les machines complètes, qu'on peut, sans inconvénient, uniformiser ; enfin, de diminuer autant qu'il y aura possibilité et intérêt à le faire, le nombre souvent excessif des types de machines qui ont été construites jusqu'ici.

Il est indispensable, pour mener à bonne fin une telle œuvre, de faire appel à toutes les compétences. Il ne s'agit nullement, bien entendu, d'imposer aux Agriculteurs comme aux Constructeurs, des types immuables d'instruments, mais il convient de toute évidence, d'établir une entente qui permette à notre Industrie nationale de s'organiser définitivement pour lutter avec succès contre la concurrence étrangère et d'éduquer les Agriculteurs pour les amener, dans leur intérêt comme dans celui des constructeurs, à renoncer aux exigences particulières qu'ils ont jusqu'ici manifestées et qui, ne portant en général que sur des détails d'importance pratique à peu près nulle, se sont néanmoins opposées à l'adoption des procédés de fabrication modernes et économiques. Il semble d'autant plus possible d'obtenir ce dernier résultat que les Agriculteurs ont toujours accepté les machines ou instruments d'origine étrangère, tels qu'on les leur a présentés, sans demander de modifications qu'ils n'auraient, d'ailleurs, pas obtenues, et qu'ils ont compris tout l'avantage qu'ils retirent eux-mêmes d'une fabrication en grandes séries bien comprises, notamment au point de vue de l'obtention des pièces de rechange.

Les Constructeurs accepteront (1), d'autre part, d'autant plus volontiers le principe d'une standardisation des éléments et parties des machines qu'ils sentiront les Agriculteurs plus portés eux-mêmes à en apprécier les avantages.

Il importe, en conséquence, que les Directeurs des Services agricoles exercent, chacun en ce qui le concerne, une action constante sur les Agriculteurs, pour leur démontrer l'intérêt primordial qu'il y a à simplifier et à uniformiser au maximum l'outillage mécanique de nos exploitations.

Il convient, d'autre part, qu'ils fassent profiter la Commission de Standardisation de leur expérience et de leur connaissance des régions où ils exercent. Il est, en effet, très délicat, étant donné la variété des sols et celle des procédés de culture de la France, de délimiter les types de machines et les parties de celles-ci qu'il y a intérêt à normaliser.

La comparaison des avis fournis par les Directeurs des Services Agricoles de nos différents départements fournira à la Commission des éléments précieux d'appréciation. »

Ces instructions ont été inspirées, sans aucun doute, par le désir de rendre service aux Agriculteurs. Toutefois, il est utile de rappeler que nous avons démontré combien ces conceptions recouvrent d'utopies (page 20).

Récemment, M. Marius Ricard, président de la Société d'Agriculture de Vaucluse, faisait ressortir en ces termes le caractère utopique de certaines conceptions sur ce sujet : »

« Dans un département comme le nôtre, où les sols diffèrent essentiellement les uns des autres, les instruments de travail, charrues, lichets, eissades, etc., varient beaucoup d'un territoire à l'autre. C'est par une collaboration de toujours entre les Agriculteurs et les Constructeurs que petit à petit se sont créés les types d'outils qui donnent satisfaction dans chaque cas particulier. Aussi éprouvons-nous une véritable crainte lorsqu'on nous parle de « moderniser notre outillage, de nous faire connaître les types convenant le mieux à chaque région, de standardiser ces types, » « de créer des stocks de pièces de rechange, » et « de recruter des opérateurs sédentaires. »

Nous avons en Vaucluse des constructeurs expérimentés dont les créations débordent le département ; dans toutes nos communes un peu importantes existent des ateliers de réparation qui donnent entière satisfaction.

Nos constructeurs, toujours à l'affût du progrès, suivront de très près les travaux, les découvertes et les essais des Commissions; ils seront les premiers à les utiliser pour l'amélioration de leurs fabrications, et à en assurer le bénéfice à leur clientèle.

Mais, de grâce, qu'on ne crée pas une armée de nouveaux fonctionnaires qui, quel que soit leur mérite individuel, ne rendront jamais les services que nous ont rendus et nous rendront encore les initiatives individuelles, aiguillonnées par l'intérêt évident de satisfaire à une clientèle très informée d'ailleurs de ses besoins. »

Ce qui est dit ici du département de Vaucluse pourrait être répété dans la plupart des régions du pays.

(1) Il y a là une erreur; c'est, malheureusement, le contraire, qui a été déclaré et constaté.

Vulgarisation de la Culture mécanique (1)

par M. Raymond Dupré, ingénieur agronome, secrétaire de la Rédaction du
Journal d'Agriculture pratique.

Le Service de la Mise en Culture des terres, créé par les lois des 2 janvier et 7 avril 1917, a incontestablement rendu de grands services.

En dehors de l'aide qu'il a apportée à la remise en culture dans les pays libérés (2), en dehors des 6000 militaires qui sont passés comme mobilisés dans ce Service et y ont appris la conduite des tracteurs, le Service a joué un rôle de vulgarisation de la Culture mécanique.

La loi du 7 avril 1917 prévoyait la cession aux Agriculteurs du matériel employé par voie de diminution de prix ; l'arrêté du 8 octobre 1917 institua les subventions pour achat de tracteurs aux Syndicats, Collectivités agricoles, communes et départements. Ces subventions sont plus ou moins fortes, suivant le nombre d'appareils acquis, 50 pour 100 pour l'acquisition de 5 appareils, 33 pour 100 pour l'acquisition de 1 à 5 appareils.

Cette différence dans le pourcentage de la subvention s'explique par le désir des Pouvoirs publics de favoriser la création de Batteries de tracteurs. En effet, cinq tracteurs travaillant dans un rayon de 5 à 6 kilomètres ont, chacun, un rendement bien plus élevé que le tracteur isolé ; de plus et surtout, si les appareils sont de même marque, le ravitaillement en pièces de rechange est très simplifié, ainsi que les réparations.

La création d'une Batterie entraîne la naissance du petit atelier de mécanique agricole qu'il serait si utile de voir se développer dans nos campagnes.

Il semble intéressant de connaître le nombre d'appareils qui, par région agricole, ont bénéficié de la subvention, à fin juin 1919 :

Subvention de 50 p. 100 :

	Appareils.
Nord	10
Région de Paris	206
Est	5
Ouest	5
Centre	52
Sud-Ouest	36
Midi et Sud-Est	15
Soit un total de	329

Subvention de 33 p. 100 :

Nord	19
Région de Paris	133
Est	23
Ouest	29
Centre	38
Sud-Ouest	111
Midi et Sud-Est	29
Soit un total de	382

(1) *Journal d'Agriculture pratique*, n° 24, 1919.
(2) *Journal d'Agriculture pratique*, n°s du 1er novembre 1917, p. 420, du 15 nov. 1917, p. 444, du 29 nov. 1917, p. 469.

Matériel cédé par le Service de la Motoculture par voie de diminution du prix de cession :

Nord	60
Région de Paris	129
Est	1
Ouest	1
Centre	38
Sud-Ouest	63
Midi et Sud-Est	16
Algérie et Maroc	54
Soit un total de	362

Si l'on récapitule tous les appareils ayant bénéficié de subventions ou cédés par le Service de la Mise en Culture des terres, on arrive aux constatations suivantes :

Nord : 89 appareils, avec prédominance d'appareils Case (60 pour 100).

Région de Paris : 468 appareils, avec prédominance de Case (50 pour 100), puis Emerson (14 pour 100) et Mogul (12 pour 100).

Est : 29 appareils.

Ouest : 35 appareils, avec prédominance de Mogul et Titan.

Centre : 128 appareils, avec prédominance de Case (25 pour 100) et Mogul (20 pour 100).

Sud-Ouest : 210 appareils, avec prédominance de Mogul (33 pour 100).

Midi et *Sud-Est :* 60 appareils.

Algérie et *Maroc :* 54 appareils, dont 49 Case.

Sur les 1 073 appareils acquis par les collectivités agricoles, les communes ou les départements, on trouve 350 Case, 202 Mogul, 116 Emerson, 84 Titan ; puis 43 Avery, 43 Moline, 41 Globe, 35 Tourand-Latil, 31 Gray, 30 Filtz, 27 Bull, etc.

Enfin, 46 syndicats, 1 commune, 1 département et l'Office de Reconstitution agricole au Ministère des Régions libérées ont obtenu la subvention de 50 pour 100 ; 279 Syndicats, 29 communes, 1 département, 12 Écoles d'agriculture ou Fermes-écoles ont obtenu la subvention de 33 pour 100.

325 Associations agricoles ont donc profité de la subvention établie pour l'acquisition de tracteurs.

Le mouvement de vulgarisation de la Culture mécanique, à peine ébauché avant la Guerre, s'est donc grandement accru depuis la création du Service de la Mise en Culture des terres.

Cette diffusion de la Culture mécanique, qui est si nécessaire au moment où la crise de la main-d'œuvre atteint si profondément nos campagnes, aurait pu être encore beaucoup plus féconde si le projet de loi de M. le sénateur docteur Chauveau, déposé par le Gouvernement, qui étendait le droit à la subvention aux agriculteurs isolés et aux entrepreneurs de Culture mécanique, avait été voté.

Démonstrations de Bourges (1)

Impressions de Culture mécanique, par M. H. de Lapparent,
Membre de l'Académie d'Agriculture, Inspecteur général honoraire de l'Agriculture.

Le Syndicat de Motoculture du département du Cher ayant fait appel aux constructeurs d'appareils pour qu'ils prennent part, non à un Concours, ni même à des Essais contrôlés,

(1) *Journal d'Agriculture pratique*, n° 35, 1919.

mais à des *Démonstrations pratiques*, 17 matériels ont été présentés et ont fonctionné sur les terres d'un important domaine situé à proximité de Bourges, les samedi 23 et dimanche 24 août 1919.

Quatorze constructeurs ont participé à ces essais :

Matériel de culture moderne : tracteur-toueur Filtz, 30-40 chevaux.

Maison *Pilter* : 1 tracteur Austin 25 chevaux et charrue Oliver à 3 socs; 1 tracteur Avery 10 chevaux et charrue Oliver à 2 socs; 1 pulvériseur à 40 disques; 1 charrue Sultzy double; 1 cultivateur Major.

Maison *Auroir*, à Bourges : 1 tracteur Beeman, 6 chevaux.

Compagnie *Case* : 1 tracteur Case 18 chevaux ; 1 tracteur Case 25 chevaux.

Compagnie des Tracteurs *Cleveland* : 1 tracteur Cleveland 20 chevaux ; 1 charrue Oliver 12, trisoc; 1 pulvériseur à disques.

Maison *Maleville et Pigeon*, représentée par MM. Paris, de Nérondes : 1 tracteur Fordson 22 chevaux; 1 charrue, 1 pulvériseur à disques, 1 canadienne.

Maison *Wallut* : 1 tracteur Mac-Cormick (Titan, 20 chevaux).

Maison *La Traction Automobile* : 1 tracteur Parrett, 25 chevaux.

Maison *Renault* : 1 tracteur Renault 18 chevaux.

Maison *Pidwell* : 1 tracteur Tank 20 chevaux et charrue à 3 socs; 1 tracteur Tank 30 chevaux et charrue à 4 socs.

Compagnie internationale des Machines agricoles : 1 tracteur Titan 20 chevaux; 1 charrue automatique trisoc et un pulvériseur à 32 disques.

Maison *Tourand-Latil* : 1 charrue automobile Tourand-Latil 35 chevaux.

Maison *Moline* : 1 tracteur Universel-Moline 18 chevaux ; 1 charrue trisoc.

Maison *Agricultural* : 1 tracteur Heureux Fermier 16 chevaux ; 1 tracteur Taureau 24 chevaux; 1 charrue trisoc.

Étant dans le voisinage, c'était une trop tentante occasion pour moi, que mes infirmités avaient privé jusqu'ici de suivre les progrès de la Culture mécanique autrement que dans des comptes rendus, pour que je n'affrontasse pas la souffrance et la fatigue du piétinement dans les champs sous un soleil brûlant.

Je ne les regrette pas, car j'ai emporté de cette journée la conviction que le développement de la Culture mécanique est désormais assuré, non seulement parce que la plupart des matériels que j'ai vus fonctionner exécutaient un travail très satisfaisant et, pour plusieurs, excellent, dans un sol argilo-calcaire trop durci par une sécheresse prolongée pour être labouré par des attelages, mais parce que je voyais de nombreux cultivateurs Berrichons, prudemment lents à accepter les innovations, très impressionnés de ce qu'ils avaient sous les yeux, très disposés à se laisser convaincre et ne faisant d'objections, justes d'ailleurs, qu'en ce qui concerne, non les **tracteurs** eux-mêmes, mais les **charrues** mises en mouvement par certains d'entre eux.

C'est qu'en effet, si tous les constructeurs se sont acharnés et ont réussi plus ou moins à établir de bons tracteurs, tous n'ont pas envisagé, comme il l'aurait fallu, la nécessité de leur faire mouvoir des appareils de labourage réunissant toutes les conditions désirables de stabilité, d'entrure, de retournement du sol, etc. Mais quel plaisir de voir travailler les matériels pour lesquels ces conditions ont été résolues, par exemple, avec les charrues du type Oliver, si bien réglées que le conducteur descendu de son siège suivait son tracteur abandonné à lui-même plus tranquillement que ne le fait un laboureur avec un brabant traîné par des moteurs animés.

Les cultivateurs Berrichons ont d'ailleurs maintenant la possibilité de voir fonctionner des appareils de Culture mécanique sur beaucoup de points du département du Cher où l'on n'en compte pas moins d'une cinquantaine. Mais tous ont-ils été judicieusement choisis, en raison du milieu dans lequel ils ont à travailler ? Tous sont-ils entre bonnes mains ? C'est pour cela qu'il y a grand intérêt à multiplier les Démonstrations telles que celles faites par le Syndicat du Cher. Il est de toute nécessité que l'Agriculteur qui veut faire l'acquisition d'un matériel puisse établir des comparaisons.

Le si dévoué, si actif et si compétent directeur des Services agricoles du Cher, M. Rabaté, qui était l'organisateur des Démonstrations auxquelles j'ai assisté, me disait que ceux des Agriculteurs de ce département qui ont su faire un bon choix d'appareils et en font usage depuis deux ans sur des domaines d'une étendue suffisante, les ont déjà amortis, *si l'on tient compte de l'augmentation des récoltes due à l'exécution rapide de la préparation du sol dans les périodes les plus favorables.*

Un des progrès que le Syndicat du Cher poursuit est celui de l'émiettement immédiat des surfaces labourées, qui a une très grande importance pour les labours exécutés en saison d'été. Les maisons Pilter, Cleveland, Maleville et Pigeon, Compagnie internationale des machines agricoles, ont fait fonctionner des **pulvériseurs** qui répondaient bien à ce desideratum.

Le président du Syndicat, M. Marcel Pillivuyt, agriculteur distingué, qui, l'un des premiers, a fait usage des appareils de Culture mécanique, vient de réaliser la réunion en *Fédération* des Syndicats de sept départements du Centre. Il y a lieu de l'en féliciter. C'est certainement le vrai moyen d'assurer au mieux la solution des questions d'approvisionnement d'essence, de réparation d'outillage, de fourniture des pièces de rechange, et de formation du personnel.

Culture mécanique des rizières de Cochinchine.

La Cochinchine occupe, après la Birmanie appartenant à l'Angleterre, le deuxième rang comme pays exportateur de riz ; la production de la colonie approche de 2 millions et demi de tonnes de riz décortiqué, sur lesquels l'exportation absorbe de 1 à 1,5 millions de tonnes d'une valeur d'environ 200 millions de francs ; on se préoccupe d'augmenter la production, plusieurs millions d'hectares étant encore incultivés.

Des tentatives, peu heureuses, ont été faites dès 1917 en vue d'appliquer la Culture mécanique (1).

Il faudrait remorquer de petites charrues, genre Oliver, en écartant de 0^m,90 les transversales passant par la pointe de deux socs successifs, afin d'éviter les bourrages de terre et d'herbes. Les roues des charrues devraient être remplacées par de larges tambours légers, ou par des patins de grande surface.

Après les premières pluies, il serait avantageux de substituer des pulvériseurs (2) aux charrues.

Le tracteur ne doit pas travailler sur une grande largeur en un seul passage, ce qui conduirait à un fort moteur et à un poids élevé. Nous avons montré qu'il est préférable de diminuer la largeur du train et d'augmenter la vitesse de déplacement.

Rappelons que, pour les Colonies, il y a lieu de proscrire les moteurs à essence minérale pour adopter ceux employant le pétrole lampant, ou mieux le gazogène à gaz pauvre au sujet duquel nous avons déjà appelé l'attention.

Il est plus que probable, croyons-nous, qu'à l'époque des travaux, la croûte superficielle de la rizière est plus solide que les couches situées en dessous.

Pour les travaux de culture des rizières, nous croyons qu'il y aurait lieu d'essayer un tracteur analogue à celui de Gray, avec des cornières d'adhérence d'au moins 0^{m}08 à 0^{m}10 de hauteur, et en augmentant la largeur des bandages des roues avant.

---

(1) Pour plus de détails, voir notre article dans le *Journal d'Agriculture tropicale*, juillet 1919.
(2) *Culture mécanique*, t. VI.

Travail des attelages (1).

Pour étudier les conditions économiques d'emploi d'un *appareil de Culture méca-nique* dans diverses exploitations prises comme types, il me fallait connaître la répar-tition mensuelle des journées d'attelages de ces exploitations. Or, n'ayant pu trouver ces renseignements qui sont, en définitive, du ressort de l'*Économie rurale*, j'avais tenté une première évaluation basée sur quelques observations dont la généralisation est aléatoire ; le détail, avec une représentation graphique, figure dans la *Culture mécanique*, t. VI, p. 152. — Cette évaluation donne ce qu'il est possible d'obtenir des attelages comme nombres de jours et d'heures de travail, mais ces nombres ne sont pas utilisés en totalité par les besoins de l'exploitation.

Un des correspondants de l'Académie d'Agriculture, M. Henry Girard, ayant eu connaissance des calculs précités, me fit savoir qu'il avait fait noter, jour par jour, tous les travaux des hommes et des attelages pendant les années 1911, 1912 et 1913, dans son exploitation de Bertrandfosse, par Plailly, au Sud-Est du département de l'Oise. Il eut l'amabilité de me confier ses trois agendas (2), constituant de précieux documents au sujet desquels je puis donner les premières indications générales suivantes.

Le domaine de Bertrandfosse comprenait 253 h. 58 en 1911 et 1912, et 271 h. 26 en 1913. Les superficies cultivées (en hectares) ont oscillé de la façon suivante :

Blé, 56.3 à 63.0 ; — avoine, 67.9 à 74.0 ; — betteraves, 32.7 à 28.0 ; — pommes de terre, 3.7 à 2.7 ; — carottes et navets, 2.5 à 6.5 ; — luzerne, sainfoin et minette, 18.1 à 22,2 ; — cultures fourragères, 12.2 à 11.0 : — prés fauchés, 20.1 à 17.8 ; — her-bages pâturés, 40.0 à 46.0.

Les surfaces minima à labourer, au moins une fois chaque année, pour les soles suivantes : blé, avoine, betteraves, pommes de terre, carottes et navets, représentent 163 et 174 hectares.

Pendant les années 1911, 1912 et 1913, l'effectif des bêtes de trait était de 17 che-vaux de culture (2 attelées de 4 chevaux et 3 attelées de 3 chevaux) et 18 forts bœufs (3 attelées de 6 bœufs).

Il serait bien trop long de détailler les relevés journaliers, pendant trois années, des journées des chevaux et des bœufs affectés à divers travaux ; je puis cependant citer les nombres extrêmes d'animaux employés dans chaque mois (moyenne de trois années) :

Chevaux. — En janvier, on fait travailler, par jour, au moins 10 chevaux et au plus 16 ; — en février les variations vont de 11 à 16 ; — mars, 13 à 17 : — avril, 13 à 17 ; — mai, 12 à 16 ; — juin, 11 à 16 ; — juillet, 12 à 15 ; — août, 12 à 15 ; — septembre, 12 à 16 ; — octobre, 14 à 17 ; — novembre, 14 à 17 ; — décembre, 12 à 17.

L'effectif des chevaux de trait est utilisé au complet seulement pendant certains jours des mois de mars, d'avril, d'octobre, de novembre et de décembre. Le minimum se présente en janvier.

Bœufs. — En janvier, on fait travailler, par jour, au moins 6 bœufs et au plus 17 ; — en février de 7 à 17 ; — mars, 11 à 18 ; — avril, 13 à 18 ; — mai, 6 à 16 ; — juin, 2 à 10 ; — juillet, 4 à 12 ; — août, 6 à 12 ; — septembre, 8 à 14 ; — octobre, 11 à 17 ; — novembre, 10 à 17 ; — décembre, 4 à 16.

(1) Extrait de notre Communication à l'Académie d'Agriculture, le 1ᵉʳ octobre 1919.
(2) L'agenda de 1914 a été laissé de côté, étant incomplet par suite de la Guerre.

Tout l'effectif des bœufs de trait n'est utilisé que pendant certaines journées des mois de mars et d'avril; le minimum se présente en juin.

Main-d'œuvre. — Sans insister sur ce chapitre, sur lequel il y aura lieu de revenir avec plus de détails, disons qu'en moyenne des trois années, on emploie par jour 15 hommes, 5 femmes et, comme main-d'œuvre saisonnière, 8 Bretons (1).

Travail des attelages. — Pour résumer les dépouillements mensuels des journées de travail, qu'on peut mettre sous forme de graphiques très intéressants à étudier, nous réunissons les journées de chevaux et de bœufs, moyennes des trois années, en les comparant avec les journées qui étaient utilisables d'après les nombres de chevaux, de bœufs et de jours de travail (2), c'est-à-dire non compris les dimanches et fêtes, et en donnant les coefficients mensuels d'utilisation.

Mois.	Nombre de journées d'attelages		Coefficient d'utilisation p. 100.
	utilisables.	utilisées.	
Janvier.	875	616.50	70.4
Février	851.75	574.25	67.0
Mars.	910	791.0	86.9
Avril.	936.75	744.75	79.5
Mai.	885.75	662.25	74.7
Juin.	875	419.25	47.9
Juillet	921.75	470.75	51.0
Août.	968.25	622.0	64.2
Septembre	898.25	625.50	69.6
Octobre.	933.0	764.50	81.9
Novembre	828.25	662.75	79.9
Décembre.	886 75	640.50	72.2
Totaux.	10 770.50	7 591.00	Moy. génér. 70.4

Sans aucune correspondance avec les nombres des journées utilisables, les deux maxima d'utilisation se présentent en mars et en octobre (3) ; les minima en février et en juin.

Sur les 10 770 journées utilisables annuellement, les attelages n'ont été utilisés que pendant 7 591 journées ; le coefficient moyen annuel d'utilisation est de 70.4 p. 100 (il varie de 47 p. 100 en juin à 86 p. 100 en avril). On a inutilisé, par an, 3 179 journées d'attelages pendant lesquels on a nourri les animaux, et la question est importante aujourd'hui pour les forts chevaux de culture qui reviennent environ à 15 francs par jour à Bertrandfosse, sans compter le charretier (4) ; une journée de cheval non

(1) Les variations mensuelles extrêmes sont : 10 à 18 hommes; 0 à 12 femmes; 0 à 12 bretons.

(2) Le nombre moyen annuel de journées pendant lesquelles les attelages ont travaillé, est de 306, alors que, d'après nos calculs exposés dans la *Culture mécanique*, t. VI, le nombre correspondant indiqué était de 228, ce qui montre qu'on travaille dans les champs pendant plus d'un tiers des jours indiqués comme pluvieux par les météorologistes.

(3) C'est l'inverse de ce qui résulte des calculs basés sur les indications astronomiques et météorologiques, exposés dans la *Culture mécanique*, t. VI.

(4) A propos des salaires des charretiers dans la banlieue parisienne, voici ce que dit la *Gazette du Village*, n° 61, du 12 octobre 1919 :

On n'a pas perdu le souvenir de la grève fomentée [par la C. G. T. dans la région parisienne le 21 juillet 1916. Auparavant, un accord était intervenu entre les agriculteurs et leurs ouvriers, sur la

employée constitue une perte, alors que le bœuf qui reste à l'étable tire toujours profit de la nourriture qu'on lui distribue.

Nous donnons, dans le tableau suivant, les nombres absolus et relatifs des journées d'attelages pour les principaux travaux des mois les plus chargés d'avril et d'octobre (moyenne de 3 années).

Travaux.	Avril.		Octobre.	
	Nombre de journées.	Rapports.	Nombre de journées.	Rapports.
Labours.	148.25	15.83	214.75	23.01
Hersages, roulages, scarifiages.	279.25	29.81	64.00	6.85
Épandage d'engrais et semis.	74.50	7.95	55.25	5.92
Charrois.	127.75	13.62	359.25	38.49
Divers.	113.00	12.26	71.00	7.58
Totaux.	744.75	79.47	764.25	81.85

Ainsi, sur 100 journées de travail des attelages, les labours n'en absorbent que 15 et 23, tandis que les hersages, les roulages, les scarifiages, et surtout les charrois d'octobre occupent le plus grand nombre d'animaux de trait.

Dans beaucoup de fermes, les attelages manquent pour les labours et les travaux préparatoires parce que les autres sont employés aux transports qu'on ne peut différer.

Cela justifie ce que m'expliquaient récemment de grands agriculteurs des environs de Saint-Cyr et de Brétigny ; ils me déclaraient que les animaux de trait, qu'ils sont obligés d'entretenir sur le domaine, seraient bien suffisants pour les labours s'ils n'étaient pas employés aux travaux légers (pendant lesquels ils fatiguent beaucoup en se déplaçant sur le sol labouré) et aux charrois.

Je compte poursuivre l'enquête car, si ce qui précède se vérifiait, ce serait, au moins pour chez nous, *une nouvelle orientation pour beaucoup d'appareils de Culture mécanique :* ces derniers devant surtout être adaptés aux travaux légers : traction des herses, des rouleaux, des semoirs et distributeurs d'engrais, des moissonneuses-lieuses et principalement aux charrois de l'exploitation.

A la suite de cette communication, notre confrère, M. H. Petit, qui avait pendant longtemps la belle exploitation de Champagne, près de Juvisy (Seine-et-Oise), a donné les indications suivantes.

M. Petit. — J'ai été très frappé des observations de M. Ringelmann ; elles sont entièrement justifiées par la pratique que j'ai eue des attelages pour l'Agriculture. Il est bien certain que

base de 9 fr. 50 par jour pour 303 jours de travail et de 3 francs par jour pour 62 jours fériés. A ces salaires fixes s'ajoutent des suppléments, de sorte qu'un premier charretier gagne 6 975 fr. par an ; le 2e charretier, 3 539 fr. 50 ; le 3e, 3 404 fr. 50 ; les 5e et 6e charretiers, 3 209 fr. 50.

Si l'on évalue le prix de la journée de travail effectif (jours de mauvais temps compris), il s'élève à 22 fr. 40 pour le premier charretier ; à 11 fr. 06 pour le 2e ; à 10 fr. 62 pour le 3e ; à 9 fr. 94 pour les 5e et 6e.

Le salaire des botteleurs est de 13 fr. 23 et celui des batteurs de 10 fr. 14.

Indépendamment des salaires en argent, il est accordé aux ouvriers des avantages en nature 5 ares de jardin par homme (fumé et labouré) ; lait 0 fr. 30 le litre ; œufs, 0 fr. 20 pièce.

Ces conditions, acceptées par les ouvriers, parurent insuffisantes à la C. G. T., qui jeta la perturbation dans le monde des travailleurs, les incitant à réclamer 20 francs par jour pour les charretiers et bouviers et la journée de huit heures.

On sait que cette tentative a échoué lamentablement.

les mois d'avril et d'octobre sont les deux mois pendant lesquels les attelages manquent dans toutes les fermes. On est obligé, pour en avoir suffisamment à cette époque, d'en avoir plus qu'il ne faudrait. Voilà déjà une première observation qui concorde avec les miennes. Voici la seconde : c'est le remplacement des chevaux par des bœufs, qui s'impose au point de vue économique.

En effet, le bœuf qui est au repos, qui n'est pas utilisé, coûte moins cher à nourrir qu'un cheval ; il ne perd pas de sa force. On doit donc réserver les chevaux pour les transports que les bœufs sont moins aptes à bien faire et remplacer autant que possible, pour les travaux de culture, les chevaux par des bœufs.

Il faudrait remplacer les animaux par des appareils de Culture mécanique en avril et en octobre. Il faut remarquer que les travaux de labour sont les plus pénibles et fatiguent énormément les attelages qui perdent ainsi de leur valeur. Si on peut les remplacer par des tracteurs, il en résultera un bénéfice réel.

D'autre part, les tracteurs ne doivent pas être employés seulement aux labours, mais aux travaux de scarifiage qui sont très pénibles et que ces appareils peuvent exécuter dans de meilleures conditions que les animaux de trait.

Semaine de Motoculture de Senlis

par M. René Greilsammer, Ingénieur agronome.

M. René Greilsammer a suivi, pendant toute leur durée, le travail des appareils de Culture mécanique fonctionnant à Senlis ; il en a publié un compte rendu dans le *Journal d'Agriculture pratique*, n° 38, du 23 octobre 1919, et n° 39, du 30 octobre 1919. Nous donnons ci-dessous ce compte rendu in extenso. Quelques appareils de Culture mécanique seront décrits à la suite avec plus de détails.

La Semaine de motoculture d'automne, organisée par la *Chambre syndicale de la motoculture de France*, a eu lieu à Senlis (Oise) du 29 septembre au 5 octobre 1919. Le nombre et la variété des appareils présentés, l'étendue des surfaces travaillées, ont fait de cette démonstration de Culture mécanique la plus importante que nous ayons eue en France jusqu'à présent.

58 types de tracteurs, dont 23 français, 30 américains, 1 anglais, 2 italiens et 2 tchéco-slovaques, ont participé aux essais.

Les champs d'essais, bien trop grands, s'étendaient sur plus de 300 hectares, ce qui rendait très long et très difficile l'examen de tous les appareils.

Les démonstrations publiques, qui ont commencé le 1ᵉʳ octobre, ont été précédées d'épreuves éliminatoires au cours desquelles chaque appareil devait exécuter le travail d'une surface donnée à une profondeur déterminée, en rapport avec la puissance de son moteur.

Les machines n'ayant pas satisfait aux conditions indiquées devaient être immédiatement immobilisées et enlevées, sans pouvoir participer aux démonstrations publiques. Le principe de ces épreuves conduisait à laisser les appareils travailler pendant deux jours une surface importante sans contrôle sérieux susceptible de renseigner sur leurs qualités et défauts et, d'autre part, à éliminer des machines intéressantes, pour des causes souvent indépendantes de leur valeur. Il y avait pourtant là un timide essai de contrôle, et il est surprenant qu'on n'ait pas eu le courage de l'appliquer jusqu'au bout.

Plus d'une douzaine d'appareils, parmi lesquels ceux de maisons importantes, éliminés à la suite des épreuves préliminaires, ont cependant continué à travailler devant le public les jours suivants.

Nous avons retrouvé à Senlis un grand nombre de types d'appareils déjà connus en France. Nous nous bornerons à les signaler, en donnant quelques indications sur les machines nouvelles.

Appareils funiculaires. — Tracteur-toueur *Filtz* de 40 chevaux (Matériel de culture moderne, 3, rue Taitbout, Paris). Système à 2 treuils automobiles de 50 chevaux *De*

Fig. 42. — Tracteur « International », de 16 chevaux.

Dion-Bouton (36, quai National, Puteaux, Seine). (Voir plus loin une description spéciale).

Les Forges et Ateliers de Meudon (2, rue de Paris, Meudon, Seine-et-Oise) ont repris la construction du Tracteur-treuil *Bajac*, de 35 chevaux (poids 3 800 kilogr.). Cet appareil, à treuil à axe vertical, qui permet un bon enroulement, fonctionne par bonds successifs, le déplacement du tracteur et la traction par câble se faisant alternativement. L'ancrage est obtenu automatiquement par des cales qui viennent tomber en .arrière des roues motrices. Ce tracteur, qui est intéressant pour les forts travaux, comporte un dispositif spécial permettant d'isoler 2 cylindres du moteur sur 4, et de marcher à demi-puissance pour les travaux légers de la ferme.

L'avant-train tracteur l'*Agro* (90, rue Saint-Lazare, Paris), de 8 chevaux (poids, 650 kilogr.), transformation du brabant-double à treuils, a subi des modifications qui lui permettent de marcher en traction directe et d'être attelé aux différentes machines de la ferme (brabant-double, cultivateur, faucheuse, moissonneuse, semoir, etc.).

MM. J. Fillet et Cie (25, rue Millière, Bordeaux) (1) présentaient des treuils de

(1) En mars 1920, la machine est vendue par les établissements Albert Douilhet, 9 à 47, rue Marcelin-Jourdan, à Bordeaux-Caudéran (Gironde), à la place de M. Fillet.

labourage légers (750 kilogr.) d'une puissance de 10 chevaux, destinés à la petite et à

Fig. 43. — Tracteur Borel (type Rumely), de 20 chevaux.

Fig. 44. — Tracteur « Fiat », de 25 chevaux.

la moyenne culture. Chaque treuil, à axe horizontal situé dans le prolongement de celui du moteur, est monté sur un châssis à 3 roues ; il est tiré par un cheval pour être amené aux champs ; son déplacement sur la fourrière se fait en le halant sur un pieu au moyen d'un câble fin s'enroulant sur un tambour à manivelle. L'ancrage se fait par une cornière analogue aux bêches d'artillerie. On agit sur l'ancrage au moyen d'un volant à main pour régler l'enroulement du câble sur le treuil, dépourvu de guide enrouleur.

Tracteur à une roue motrice. — Tracteur *Gray* de 40 chevaux (American Tractor, 11, avenue du Bel-Air, Paris). (Voir plus loin une description spéciale.) Tracteur

Fig. 45. — Tracteur « Avery » (10 chevaux), attelé à une houe.

Taureau de 24 chevaux (ancien tracteur *Buil*, Établissements Agricultural, 25, route de Flandre, Aubervilliers).

Tracteurs à 2 roues motrices. — Outre le tracteur *Scemia* U-20 de 25 chevaux, la *Scemia* (9, rue Tronchet, Paris) présentait un nouveau tracteur étroit, type E-10, de 14 chevaux. D'un poids de 1 600 kilogr. et d'une largeur de 1 mètre, ce tracteur est intéressant pour la culture des vignes, la petite culture et aussi, dans les grandes exploitations, pour l'exécution des travaux légers, tels que déchaumages, hersages, roulages, moissons, etc. A noter que ces appareils sont de construction française.

Les tracteurs *A. Citroën* de 12 chevaux (143, quai de Javel, Paris) et *Chapron* de 18 chevaux (43, rue de la République, Puteaux, Seine), également de construction française, présentent des qualités analogues au précédent.

La Société des Tracteurs agricoles français (6, Cité Monthiers, Paris) présentait un tracteur *T. A. F.* de 18 chevaux, d'un poids de 1 800 kilogr. Les roues motrices sont munies de cornières ou de crampons à adhérence variable. La transmission aux roues motrices se fait par pignon et roue dentée non protégés par un carter.

La C. I. M. A. (155, avenue du Général-Michel-Bizot, Paris), concessionnaire des tracteurs *Mogul* et *Titan*, bien connus des agriculteurs, a introduit nouvellement en France le tracteur *International* (fig. 42) muni d'un moteur vertical à grande vitesse, de 16 chevaux, à 4 cylindres. Les organes essentiels sont bien protégés et accessibles. La transmission aux roues motrices se fait par chaînes. Léger et maniable (1 500 kilogr.), cet appareil semble intéressant pour la petite et la moyenne culture.

Le tracteur *Sandusky* de 20 chevaux (poids 2 000 kilogr.), construit aux États-Unis, est mis en vente par les Établissements Clément-Bayard (33, quai Michelet, à Levallois-

Fig. 46. — Tracteur Fordson, de 22 chevaux.

Perret, Seine). La transmission aux roues motrices se fait par deux grandes roues dentées non protégées, tournant très près du sol.

Les tracteurs *Rumely* (fig. 43) de 20 chevaux et 30 chevaux (Établissements Borel, 64, quai National, Puteaux, Seine), sont d'un poids élevé et munis d'un moteur à régime lent. Le refroidissement se fait avec de l'huile à la place de l'eau.

La Compagnie française des Établissements Gaston Williams et Wigmore présentait deux appareils américains, de 25 chevaux, le tracteur *Huber*, de 2 300 kilogr., très analogue au tracteur *Parrett*, anciennement connu (Traction automobile, 19, rue de Rome, Paris), et le tracteur *La Crosse* à moteur lent. La transmission aux roues motrices se fait par engrenages non protégés, tournant près du sol.

Le tracteur *Sexton* (M. Long et Cie, 56 *bis*, rue de Châteaudun, Paris) est muni d'un moteur à 4 cylindres, de 33 chevaux, à 1 000 tours ; poids, 2 300 kilogr. Tous les organes sont bien protégés. L'essieu avant est mobile autour d'un tourillon horizontal. Les roues motrices sont munies de cornières réunies par des palettes, l'ensemble se démontant rapidement pour le roulement sur route.

Le tracteur *Fiat* (fig. 44) (F. Loste, 115, avenue des Champs-Élysées, Paris) est construit par les grandes Fabriques Italiennes d'Automobiles de Turin ; puissance, 25 chevaux, poids, 2 600 kilogr. Le châssis est formé par le carter en acier coulé renfermant la transmission et reposant en arrière sur les roues motrices et, par l'intermédiaire d'un ressort de suspension, sur l'essieu avant. Tous les organes sont ainsi protégés et baignent dans l'huile. L'attelage se fait par l'intermédiaire de 2 chaînes tendues par un tirant à vis, ce qui permet de régler le point d'attelage, les 2 roues motrices, munies de cornières obliques, roulant sur le guéret.

Le tracteur *John Deere* (Ch. Faul et fils, 47, rue Servan, Paris) de 25 chevaux est analogue au tracteur Amanco, connu depuis longtemps.

Les autres tracteurs à 2 roues motrices qui figuraient à Senlis sont : Tracteurs

Fig. 47. — Tracteur « Atlas » (ancien de Mesmay), de 15 chevaux.

Case, de 18 chevaux et 27 chevaux (Compagnie Case de France, 253, faubourg Saint-Martin, Paris); *Titan* et *Mogul* de 20 chevaux (C. I. M. A.); *Heureux-Fermier* de 16 chevaux (Agricultural) (voir plus loin la description spéciale), *Le Gaulois* de 25 chevaux (Établissements de Lacour et Fabre, 19, rue d'Aumale, Paris); *Globe* de 18 chevaux (28, rue Saint-Lazare, Paris) (voir plus loin la description spéciale); *Fordson* de 22 chevaux (Malleville et Pigeon, 6, place Decazes, Libourne, Gironde) (fig. 46); *Avery* de 10 chevaux et *Austin* de 25 chevaux (Th. Pilter, 24, rue Alibert, Paris) (fig. 45 — voir plus loin la description spéciale); *Rip* de 16 chevaux et 22 chevaux (60, avenue de la République, Paris); *Mac-Cormick* ou *Titan* de 20 chevaux (Wallut et Cie, 168, boulevard de La Villette, Paris).

Tracteur à 3 roues motrices. — Tracteur *Nilson* (la Traction et le Matériel agraires, 18, rue de Mogador, Paris) de 36 chevaux (voir plus loin la description spéciale). Les 3 roues motrices sont sur le même essieu ; les 2 roues latérales sont actionnées par chaînes enfermées dans des carters étanches, la roue centrale étant entraînée par les

2 autres; les pignons d'attaque des chaînes sont réunis par un différentiel et, dans les virages, la roue centrale tourne avec la roue latérale la plus rapide. Les roues motrices roulent sur le guéret, une roue directrice roulant dans la raie et formant sillonneur. Enfin, la traction se fait par une barre d'attelage reliée obliquement à un montant qui vient s'appuyer sur le châssis en avant des roues motrices, ce qui a pour effet d'appuyer les roues motrices sur le sol et de donner une adhérence variable, croissant avec la traction, avec un appareil relativement léger, d'un poids ne dépassant pas 2 000 kilogr.

Tracteurs à 4 roues motrices. — Tracteurs *Auror* de 16 chevaux (S. Neuerburg et

Fig. 48. — Tracteur « Agrophile » (système Pavesi, de 16-20 chevaux.

fils, 8, rue La Boëtie, Paris); *Atlas* de 15 chevaux (ancien tracteur de Mesmay, construit par les ateliers Atlas, 21, rue Desrenaudes, Paris) (fig. 199).

Le tracteur *Agrophile* (fig. 47, 48), système Pavesi, de 25 chevaux, présenté par la Société auxiliaire agricole (47-49, rue Cambon, Paris) est formé de 2 corps avant et arrière portant chacun 2 roues motrices et directrices, et pouvant être séparés l'un de l'autre; ces deux corps sont articulés entre eux par un pignon et deux secteurs dentés, ce qui donne à l'appareil une grande flexibilité et lui permet de franchir facilement les dénivellations, trous d'obus, etc. En enlevant le train arrière, l'appareil fonctionne en avant-train tracteur.

Tracteurs à chenilles (1). — Tracteurs-tanks *Pidwell* de 20 chevaux et 30 chevaux

(1) Dans l'Artillerie d'assaut, l'usure des plaques ou *tuiles* et des articulations (*fourreaux de tuiles*) était complète après 150 à 175 heures de marche à 5 kilomètres à l'heure, soient 750 à 875 kilomètres au maximum, représentant le labour de 62 à 72 hectares.

(A. W. Pidwell, 19, boulevard Malesherbes, Paris) (voir plus loin la description spéciale);
tracteurs *Renault* de 28 chevaux (15, rue Gustave-Sandoz, Billancourt, Seine); *Peugeot*
de 19 chevaux (fig. 49) (80, rue Danton, Levallois-Perret, Seine); *Cleveland* de
24 chevaux (Allied Machinery Cy de France, 19, rue de Rocröy, Paris); *Abeille* de
12 chevaux (Globe, 28, rue Saint-Lazare, Paris).

Avant-trains tracteurs. — Appareil *Moline* de 18 chevaux (Moline Plow Cy, 159 *bis*,
quai de Valmy, Paris).

L'avant-train tracteur L. Dubois de 20 chevaux (29, rue de l'Avenir, Asnières) (voir

Fig. 49. — Tracteur Peugeot T 3, de 19 chevaux.

plus loin la description spéciale) a été conçu pour permettre le labour à plat avec un
brabant-double à trois raies. A l'extrémité du rayage, le décliquetage du brabant se
fait en appuyant sur une pédale, et en tournant court en freinant sur une roue motrice
on assure le renversement de la charrue ; le moteur se trouve en porte-à-faux en avant
des roues motrices et forme contre-poids à la charrue pour le retournement. Les
roues motrices sont munies de palettes d'adhérence qu'on peut faire saillir plus ou
moins. On peut atteler à l'appareil une machine de culture quelconque. L'appareil
peut se transformer en treuil de labourage par l'adjonction d'un arrière-train suppor-
tant un treuil horizontal.

Charrues automobiles. — 1° Pour le labour en planches :

Tourand-Latil de 35 chevaux (Ch. Blum et Cie, 8, quai Galliéni, Suresnes, Seine)
(voir plus loin la description spéciale).

Les charrues automobiles *Excelsior* (A. Ravaud, 1, rue des Italiens, Paris) (voir
plus loin la description spéciale) et *Praga* (Bocquentin, 167, rue Saint-Honoré, Paris),

d'une puissance de 40 chevaux, sont toutes deux construites en Tchéco-Slovaquie. Elles présentent la plus grande analogie avec les charrues automobiles de construction allemande qui ont été conçues pour les terres sableuses de l'Allemagne du Nord. Dans la première, le bâti de la machine porte les corps de charrue, tandis que dans la seconde les corps de charrue sont fixés sur un deuxième bâti mobile par rapport au premier.

2° Pour le labour à plat :

Charrue automobile à bascule à trois roues motrices, dite *Tournesol*, de 32 chevaux (Société des Automobiles Delahaye, 10, rue du Banquier, Paris). Cette machine, brevet F. J. B. Demaizin, a été signalée aux essais de Saint-Germain-en-Laye.

L'auto-charrue *Normania* est construite par M. Ed. Lefebvre (1, rue du Champ-des-Oiseaux, Rouen), dont on connaît le tracteur à grande adhérence, imaginé il y a plusieurs années. C'est une charrue-balance à moteur de 20 chevaux, dont la propulsion se fait par deux roues motrices à jante étroite, munies de cornières droites : l'angle que forment les deux parties du bâti est très grand, il suffit du poids du conducteur pour faire basculer la charrue ; en travail, les corps de charrue relevés ont tendance à soulever de terre ceux qui labourent.

Appareils à pièces travaillantes rotatives. — *Motoculteurs S. O. M. U. A.* de 5 1/2 et 25 chevaux (19, avenue de la Gare, Saint-Ouen, Seine) (voir plus loin la description spéciale), *Effriteuse Xavier Charmes* de 20 chevaux (Forges et Ateliers de Meudon, 2, rue de Paris, Meudon (Seine-et-Oise).

Le *Cultivateur Rotatif T. P.* (Pétard et Préjean, 115, avenue de la République, Aubervilliers, Seine) est formé par une fraise à axe horizontal actionnée par un moteur de 8 chevaux. L'ensemble de l'appareil, d'un poids de 550 kil., est tiré par un cheval. Le relevage de la fraise se fait au moyen d'un petit treuil à main. Nous décrivons cet appareil à titre de curiosité.

Bineuses. — Bineuse automobile *Bauche* de 7 chevaux (Bauche et Cie, Le Chesnay, Seine-et-Oise) à pièces travaillantes animées d'un mouvement alternatif. Bineuse *Beeman* de 6 chevaux (La Traction et le Matériel agraires, 18, rue de Mogador, Paris) (voir plus loin la description spéciale).

Enfin, nous devons signaler la *charrue Messidor* pour les labours à plat (R. M. Pétard, 60, rue de Provence, Paris) qui peut s'atteler à tous les tracteurs (voir plus loin la description spéciale). Il y a là une idée intéressante, la charrue étant constituée par deux bâtis formant un angle droit qui peut pivoter autour d'un axe longitudinal porté par un châssis à quatre roues. L'enterrage ou le déterrage des corps de droite ou de gauche se fait en agissant sur un volant qui fait tourner un pignon engrenant avec un secteur denté. La manœuvre à l'extrémité du rayage est assez longue. La stabilité de la charrue est défectueuse, la traction étant déportée par rapport à la résistance, et les corps de charrue déterrés formant contre-poids à ceux qui labourent ; l'enterrage laisse à désirer.

Quelques conclusions d'ensemble. — L'examen de l'ensemble très varié des appareils qui figuraient à la Semaine de Motoculture d'automne, nous permet d'énoncer les conclusions suivantes :

1° Les constructeurs ont tendance à remplacer les moteurs à régime lent par des moteurs plus rapides, d'un poids moins élevé, d'une mise en marche plus facile, d'une plus grande souplesse et aussi, contrairement à l'opinion ancienne, d'une plus faible usure (1).

(1) Voir p. 5.

2° On a tendance à protéger tous les organes des tracteurs par des carters étanches, ce qui évite l'usure exagérée subie dans le cas contraire et qui se manifestait dans beaucoup d'appareils anciens. Il ne faut pas cependant qu'un excès de protection nuise à l'accessibilité des organes. Pour le même motif, il ne semble pas qu'on cherche à développer la construction des appareils à chenilles dont les articulations travaillent continuellement dans la terre et s'usent rapidement. Aucun nouvel appareil à chenilles ne se trouvait exposé à Senlis.

3° Il semble qu'il y ait actuellement un gros effort fait par les constructeurs pour trouver la solution pratique des labours à plat par tracteurs. Mais il ne faut pas que les avantages obtenus par les labours à plat soient détruits par les inconvénients qui résultent d'une trop grande complication dans le mécanisme des machines ou dans leur manœuvre, qu'on doit toujours chercher à simplifier le plus possible.

4° On constate avec satisfaction que beaucoup d'appareils utilisent le *pétrole lampant*, bien plus économique que *l'essence minérale*, mais on doit regretter l'absence d'appareils utilisant le *gaz pauvre*.

Treuils de labourage automobiles de Dion-Bouton.

Les ateliers de Dion-Bouton (36, quai National, à Puteaux, Seine) avaient envoyé à Senlis un groupe de deux treuils automobiles mus par moteurs à essence minérale de 50 chevaux. Le principe de construction du treuil de Dion-Bouton a été donné, avec dessins explicatifs, dans la *Culture mécanique*, tome VI, page 143 ; les indications numériques qui suivent complètent la description précédente.

****

Le poids de chaque treuil est d'environ 6 tonnes et le prix de l'ensemble est de 85 000 fr.

Le système fonctionne comme les grands appareils de labourage à vapeur, avec deux locomotives-treuils tirant alternativement, par câble, une forte charrue-balance effectuant le labour à plat.

Chaque treuil est actionné par un moteur à quatre cylindres, de 125 d'alésage et de 150 de course, développant une puissance de 50 chevaux à une vitesse de 1 000 à 1 200 tours par minute.

L'automobile est montée sur quatre roues ; celles de l'avant ont 1 mètre de diamètre et 0ᵐ,20 de largeur de bandage ; les roues arrière ont 1ᵐ,40 de diamètre et 0ᵐ,25 de largeur de bandage.

Le câble, qui s'enroule sur le treuil, dont l'axe horizontal est perpendiculaire à l'essieu, peut recevoir deux vitesses suivant la résistance opposée par la charrue : 3 700 ou 4 500 mètres à l'heure. L'effort moyen de traction serait de 3 200 kilogr.

Le câble a une longueur de 500 mètres et un diamètre de 15 millimètres ; sa charge de rupture est de 12 000 kilogr. Un guide enrouleur, disposé sur le côté du châssis, doit assurer la position régulière des spires sur le tambour du treuil.

Lors des déplacements sur la route, les vitesses de l'automobile sont de 3 000 et de 7 000 mètres par heure ; elles se réduisent à 1 400 mètres dans les champs ; le plus petit virage peut se faire avec un rayon de 7 mètres.

Dans la figure 50, on voit dans le fond, à droite, un des treuils tirant à lui la forte charrue-balance à 5 raies de la maison Bajac. La charrue est pourvue d'un relevage automatique constitué par une portion courbe, en forte tôle, tournant librement en excentrique autour d'un axe dont les paliers sont fixés sur le bâti de la charrue, parallèlement à l'essieu central. Le système, étudié dans la *Culture mécanique*, t. III, p. 27, fonctionne très bien : arrivé à l'extrémité du rayage, le laboureur agit sur une pédale qui laisse tomber la courbe sur le sol; sous l'effort de la traction du câble, la courbe roule sur le terrain en soulevant son axe de rotation et, par suite, tout le bâti de la charrue; le roulement du bandage courbe dont il est question est assuré par des cor-

Fig. 50. — Labour à la charrue-balance Bajac tirée par le treuil de Dion-Bouton.

nières rivées sur la bande de tôle. Lorsque la charrue est basculée, le laboureur remet à la main la courbe dans sa position relevée; un verrou, glissant sur un plan incliné, s'enclenche seul dans l'encoche destinée à le recevoir et maintient la pièce en place. Le dispositif Bajac était exposé au Concours général agricole de Paris de 1913, et son bon fonctionnement avait déjà été constaté à nos essais officiels de Grignon et de Trappes; nous l'avons examiné de nouveau aux Haies, entre Chantilly et Creil.

*
* *

La maison de Dion-Bouton construit aussi un ensemble de 2 treuils automobiles pourvus chacun d'un moteur de 35 chevaux (4 cylindres de 100 millimètres d'alésage et 140 millimètres de course; 1 000 à 1 200 tours par minute). Les roues avant ont $0^m,90$ de diamètre et $0^m,20$ de bandage; les roues arrière ont $1^m,20$ de diamètre et $0^m,20$ de bandage. Chaque treuil pèse 4 000 kilogr. en ordre de marche.

Le câble des treuils de 35 chevaux a une longueur de 400 mètres, 13 millimètres de diamètre et présente une résistance de 9 000 kilogr. à la rupture.

Les deux vitesses du câble sont de 3 700 et 4 500 mètres à l'heure ; l'effort moyen utilisable serait de 2 000 kilogr.

Les vitesses de l'automobile sur la route sont de 3 000 et de 5 000 mètres par heure ; dans les champs, en changeant les pignons de chaînes, on peut réduire les vitesses à 2 000 ou à 3 000 mètres par heure. Le rayon minimum de virage est de 7 mètres, malgré les dimensions de l'appareil.

Tracteur Gray.

Le tracteur Gray, de l'American-Tractor (11, avenue du Bel-Air, à Paris), est actionné par un moteur à 4 cylindres verticaux de 113 millimètres d'alésage et 171 mil-

Fig. 51. — Tracteur Gray.

limètres de course ; la vitesse de régime est de 850 tours par minute ; la puissance annoncée est de 36 à 40 chevaux. Une poulie, montée sur l'extrémité de l'arbre du moteur, permet de mettre en mouvement une machine avec une courroie.

Le moteur actionne, par engrenages droits, un arbre parallèle au rouleau-moteur arrière, ce dernier étant commandé par deux chaînes, une de chaque côté ; chaque chaîne est enfermée dans un carter contenant de l'huile. Chaque extrémité de l'essieu de rouleau moteur peut coulisser horizontalement dans la monture du châssis, en comprimant un ressort qui joue le rôle d'un amortisseur.

Le rouleau-moteur a 1^m,37 de diamètre et 1^m,31 de longueur de génératrice.

L'avant-train, à deux roues, de 0^m,97 de diamètre et 0^m,20 de largeur de bandage, est monté sur ressorts et sur un tourillon lui permettant de prendre une forte inclinaison transversale relativement à l'axe du rouleau moteur.

Le tracteur est à deux vitesses (3 600 et 4 500 mètres par heure) et une marche arrière ; l'ensemble a 4^m,50 de longueur totale et 2 mètres de largeur. Le poids total, en ordre de marche, est de 2 800 kilogr.

Le mécanisme est protégé par une toiture en tôle ondulée qu'on voit bien sur la fig. 51, dont la photographie a été prise au moment où le conducteur descend de son siège pour laisser le tracteur se conduire seul grâce au sillonneur relié à la roue droite de l'avant-train.

D'après les constatations qui ont été faites, le 1er avril 1919, à la Semaine de Motoculture de Saint-Germain-en-Laye, le tracteur a exécuté un labour à betteraves, profond de 28 à 30 centimètres, avec une charrue à 4 raies travaillant sur une largeur de 1^m,20 ; le travail s'effectuait sur une terre détrempée présentant une pente de 17 0/0.

D'après d'autres chiffres qui sont indiqués, le tracteur exécute un labour de 18 centimètres de profondeur avec une charrue à 8 raies travaillant sur une largeur de 2^m,20 à raison de 70 ares à l'heure.

Tracteur Heureux-Fermier.

Le tracteur désigné en France sous le nom de *Heureux-Fermier* (fig. 52) est une ma-

Fig. 52. — Tracteur « Heureux-Fermier ».

chine américaine (*Happy Farmer*) vendue par les Établissements Agricultural, 25, route de Flandre, à Aubervilliers (Seine).

Le moteur, de 16 chevaux, est à deux cylindres horizontaux opposés (alésage, 0^m,127 ; course, 0^m,165 ; nombre de tours par minute, 800). L'arbre du moteur est parallèle à l'essieu des roues motrices, de sorte que la transmission ne comporte que des engrenages droits.

Les roues motrices ont un diamètre de 1^m,41 et une largeur de bandage de 0^m,25;
la roue de droite roule dans la raie derrière la roue directrice dont le diamètre est de
0^m,72, et dont le bandage est large de 0^m,125.

Le tracteur ne comporte qu'une seule vitesse, de 3000 mètres environ par heure;
le poids total est de 1640 kilogr. dont 360 sont reportés sur la roue directrice, laquelle,
roulant un peu obliquement dans la raie, permet la direction automatique. (La pression
exercée par la roue avant sur le sol est trop faible pour assurer la direction quand la
roue n'est pas guidée par la muraille, lorsque tout le tracteur se déplace sur le guéret.)

Les Établissements Agricultural annoncent les chiffres suivants résultant des essais
contrôlés de La Verrière : 2 hectares labourés à une profondeur de 0^m,18 en 10 heures
de travail, soit 2000 mètres carrés par heure. A Senlis, le tracteur a labouré à 0^m,17
de profondeur 123 ares 60 en 4 h. 55 de travail, y compris les arrêts pour le ravitaillement, ce qui représente une surface labourée de 2514 mètres carrés par heure.

Tracteur Globe.

La figure 53 donne, d'après une photographie, la vue générale du tracteur Globe
(28, rue Saint-Lazare, à Paris), remorquant une charrue américaine, à relevage automatique.

Le moteur du tracteur Globe a une puissance de 18 chevaux; il comprend deux

Fig. 53. — Tracteur Globe.

cylindres horizontaux opposés, de 0^m,135 d'alésage; les pistons ont une course de 0^m,180
et la vitesse de régime est de 720 tours par minute. C'est un moteur à marche lente,
pourvu d'un régulateur à force centrifuge, ce qui permet d'actionner diverses machines

au moyen d'une courroie, par une poulie calée sur l'arbre du moteur et ayant 0^m,330 de diamètre et 0^m,160 de largeur de limbe ; on voit cette poulie dans la figure 53.

L'arbre du moteur est parallèle à l'essieu des roues arrière, de sorte que la transmission a lieu par engrenages droits, dont le rendement est toujours meilleur que celui des engrenages coniques, ou roues d'angle. Le différentiel est enfermé dans un carter à bain d'huile.

Les deux roues motrices (1^m,40 de diamètre et 0^m,30 de largeur de bandage) portent, chacune, une grande couronne à denture intérieure, composée d'un certain nombre de secteurs fixés près de la face interne du bandage.

Dans le plan longitudinal et vertical passant par la roue motrice de droite, se trouve l'unique roue directrice de 0,^{m}82 de diamètre et dont le bandage est large de 0^m,15.

Le châssis est formé d'une seule pièce en acier coulé ; la barre d'attelage est articulée au milieu de l'essieu des roues motrices et peut s'obliquer dans le plan horizontal. Comme pièces d'adhérence, les bandages des roues motrices peuvent recevoir des ogives ou des cornières ; une des roues et la roue directrice peuvent rouler dans la raie, mais la machine fonctionne aussi avec les trois roues passant sur le guéret.

La consommation d'essence minérale varierait, d'après les vendeurs, de 5 à 7 litres par heure.

La machine n'a qu'une seule vitesse avant, de 4500 mètres environ par heure, et une marche arrière.

L'encombrement général est de 3^m,55 de long et 1^m,75 de large ; le poids total est de 2 200 kilogr. environ.

Tracteur Avery.

Le petit tracteur Avery, présenté par la maison Th. Pilter, 24, rue Alibert, à Paris, est surtout proposé pour la culture des vignes ; il a déjà fonctionné pratiquement aux essais de Mettray. Dans nos essais de Grignon, ce petit tracteur déplaçait très facilement une moissonneuse-lieuse Wood.

La photographie ci-jointe (fig. 54) représente ce tracteur, dont le moteur, à 4 cylindres verticaux (0^m,076 d'alésage, course du piston 0^m,100), tourne à raison de 1 200 tours par minute. Le moteur actionne, par un plateau, une roue à friction solidaire d'un arbre carré ; ce dernier est chargé d'entraîner l'arbre intermédiaire, dont les pignons extrêmes commandent les roues motrices par des couronnes dentées intérieurement.

La vitesse d'avancement peut varier de 1 000 à 6 000 mètres à l'heure ; elle est déterminée, comme la marche arrière, par la position de la roue à friction relativement à l'axe du plateau solidaire de l'arbre intermédiaire.

Les roues motrices ont leur bandage garni de saillies (comme celles des roues de faucheuses) ; pour le travail, on leur ajoute latéralement un bandage supplémentaire, sur lequel on fixe les cornières d'adhérence.

Les roues motrices ont 0^m,95 de diamètre et une largeur de bandage de 0^m,130 (roulement sur route) ou 0^m,250 (en travail). Les deux roues avant, très rapprochées, ont un diamètre de 0^m,700 et un bandage large de 0^m,120. L'empattement est de 2 mètres.

L'ensemble a pour dimensions extrêmes : longueur, 2^m,70 ; largeur, 1^m,25 ; hauteur,
1^m,20. Le poids total est de 1 100 kilogr., dont 700 sur les roues motrices qui exercent
une très faible pression sur le sol.

D'après nos essais, le tracteur exerçant un effort moyen de 447 kilogr., à la vitesse

Fig. 54. — Tracteur Avery.

de 1^m,09 par seconde, présente une consommation horaire de 2 kil. 76 d'essence
minérale.

Dans un autre essai, à la vitesse moyenne de 1 mètre par seconde, la traction
moyenne pratiquement utilisable était de 492 kilogr.

Dans la figure 54, le tracteur Avery est attelé à une charrue, du siège de laquelle le
conducteur dirige l'appareil (à cet effet, l'arbre du volant de direction est prolongé en
arrière du tracteur) ; inutile d'ajouter que la charrue peut être remplacée par toute
autre machine de culture ou de récolte.

Tracteur Nilson.

Le tracteur de la Nilson Farm Machine Cie, de Waukesha (Wisconsin), présente
plusieurs dispositifs originaux au point de vue des roues motrices et du mode d'attelage destiné à augmenter, automatiquement, la pression exercée par les roues motrices
sur le sol suivant l'effort de traction nécessité par la machine de culture, ou par le
véhicule traîné par le tracteur.

Le tracteur Nilson est représenté en France par la Société la Traction et le Matériel
agraires, 18, rue de Mogador, à Paris. Il participa aux dernières démonstrations de

Senlis, où l'on a pris la photographie représentée par la figure 55, le tracteur tirant une charrue Oliver, à quatre raies, à relevage automatique ; malheureusement, la photographie, prise par un opérateur non spécialisé dans les appareils de Culture mécanique, ne donne que la silhouette du tracteur sans montrer les dispositifs signalés plus haut.

Pour augmenter automatiquement, suivant l'effort de traction, la pression des roues motrices sur le sol sans avoir à surcharger le bâti du tracteur avec des matériaux quelconques, on utilise une partie de cet effort pour exercer une pression sur le châssis, un peu en avant de l'essieu arrière.

Il y a une certaine analogie avec le dispositif qu'on trouvait dans l'ancienne charrue

Fig. 55. — Tracteur Nilson.

automobile Amiot, de Reims, décrite dans la *Culture mécanique*, t. II, p. 94 : l'age des charrues était articulé sur le châssis en avant des roues motrices, et appuyait sur les paliers de l'essieu en y exerçant une pression verticale, de haut en bas, d'autant plus élevée que les socs étaient réglés de façon à tendre à pénétrer en terre ; il ne faut pas exagérer cette tendance qui se traduit par un allègement des roues directrices, lesquelles, pour être efficaces, doivent toujours exercer une certaine pression sur le sol.

Dans le tracteur Nilson, la barre d'attelage se trouve à l'extrémité postérieure d'un châssis rectangulaire formé par deux bielles, obliques de haut en bas, et d'avant en arrière, articulées à des bielles analogues, mais d'inclinaison inverse, qui viennent s'attacher au châssis entre les roues avant et les roues arrière. La rencontre des deux systèmes de bielles obliques, dont nous venons de parler, se fait par une articulation à deux pièces verticales appuyant sur le châssis un peu en avant de l'essieu moteur,

de sorte qu'une partie de la traction de la charrue, réglée avec une tendance à l'entrure, se reporte de haut en bas sur le châssis un peu en avant de l'essieu des roues
motrices, et contribue à augmenter la pression qu'elles exercent sur le sol.

L'autre disposition particulière du tracteur Nilson réside dans l'emploi de trois ou
d'une seule roue motrice. Une roue, assez large de bandage, est placée entre les longerons du châssis ; l'essieu peut cependant recevoir, en dehors de celui-ci, et de chaque
côté, une autre roue, de façon qu'on peut modifier la largeur des bandages en contact
du sol. Les trois roues ont $1^m,26$ de diamètre ; la roue centrale a $0^m,45$ de largeur de
bandage, et la dimension correspondante de chaque roue latérale est de $0^m,17$; suivant
qu'on emploie une ou trois roues motrices, les largeurs de bandages en contact du sol
varient de $0^m,45$ à $0^m,79$, ce qui permet à la machine de passer sur des terres
détrempées.

Le moteur Waukesha, qui actionne le tracteur Nilson, type *Junior*, est à quatre
cylindres et peut développer une puissance variable suivant sa vitesse : 30 chevaux à
900 tours par minute, 36 chevaux à 1 200 tours par minute ; le moteur est pourvu d'un
régulateur de vitesse dont on modifie le réglage à volonté. Par une poulie, en con-
nexion avec la boîte de changement de vitesse, on peut actionner, par courroie,
diverses machines en disposant d'une puissance de 25 à 30 chevaux suivant la vitesse
de régime imposée au moteur.

Les caractéristiques du moteur sont : alésage des cylindres $0^m,108$; course des
pistons, $0^m,146$; possibilité de fonctionner au pétrole lampant ou à l'essence minérale.

Les roues directrices ont $0^m,80$ de diamètre et $0^m,15$ de largeur de bandage.

En travail dans les champs, la vitesse est comprise entre 3 000 et 4 000 mètres à
l'heure ; sur route, on peut marcher à raison de 7 000 à 8 000 mètres, le châssis étant
suspendu sur l'avant-train par des ressorts : il y a ainsi deux vitesses avant et une
marche arrière.

Le siège du conducteur est placé à droite du tracteur un peu en dehors de l'aplomb
du châssis, disposition qu'on rencontre dans un certain nombre de machines américaines.

Avec une seule roue motrice, le poids du tracteur en ordre de marche est d'environ
1 750 kilogr. ; il est de 2 000 kilogr. avec les trois roues motrices, chacune des deux
roues latérales pesant environ 125 kilogr. Le prix déclaré à Senlis était de 20 000 fr.
avec la charrue.

Tracteur Pidwell.

La figure 56 montre, d'après une photographie, un des tracteurs présentés par la
maison A. W. Pidwell (19, boulevard Malesherbes, à Paris). Les deux modèles sont
actionnés par des moteurs d'une puissance de 20 et de 30 chevaux ; ils sont désignés
sous le nom de tracteurs « Neverslip » (c'est-à-dire ne glissant jamais), système Tank.
Ce sont des tracteurs à deux chaînes de roulement, du genre caterpillar, qu'on trouve
dans un certain nombre d'appareils de Culture mécanique.

Le tracteur actionné par un moteur de 20 chevaux pèse 2 830 kilogr. en ordre de
marche ; le moteur, à 4 cylindres, a $0^m,102$ d'alésage ; les pistons ont $0^m,152$ de course,
et la vitesse de régime est de 850 tours par minute. Le moteur est pourvu d'un régulateur à boules et peut commander diverses machines par courroie passant sur une

poulie de 0^m,360 de diamètre tournant à 500 tours par minute. Le combustible employé est de l'essence minérale ou du pétrole lampant. La consommation serait d'environ 9 lit. 400 par heure. Le tracteur a deux vitesses avant (2 500 et 3 800 mètres à l'heure) et une marche arrière. La direction s'effectue en bloquant une des chaînes de roulement. Les chaînes sont constituées par 17 patins en acier coulé, larges de 0^m,305 et portant sur une longueur de 1^m,270. Les dimensions d'enccombrement sont : 2^m,90 de long, 1^m,65 de large et 1^m,82 de haut. Le prix de vente est de 22 250 fr., ou de 22 500 fr. avec un capot recouvrant tout le mécanisme.

Le modèle de 30 chevaux tourne à raison de 800 tours par minute, le moteur est à

Fig. 56. Tracteur Pidwell.

4 cylindres de 0^m,121 d'alésage ; les pistons ont 0^m,152 de course. La poulie de commande, tournant à 450 tours, a 0^m,360 de diamètre. Les deux vitesses avant sont de 3 200 et 4 800 mètres par heure. Chaque chaîne est formée de 20 patins, ou *tuiles*, en acier coulé, larges de 0^m,305, reposant sur une longueur de 1^m,676. La consommation annoncée est de 11 lit. 200 par heure. Le poids, en ordre de marche, est de 3 350 kilogr. et les dimensions d'encombrement sont : 3^m,20 de long, 1^m,68 de large et 1^m,90 de haut. Les autres indications générales du type de 20 chevaux, dont il a été parlé plus haut, s'appliquent à ce tracteur de 30 chevaux, dont le prix de vente est de 27 250 fr., ou de 27 500 fr. avec capot protégeant l'ensemble du mécanisme.

Polyculteur Dubois.

M. Dubois, 29, rue de l'Avenir, à Asnières (Seine), a présenté à Senlis le premier modèle qu'il a construit de son appareil de Culture mécanique; il a donné à cet appareil le nom de *polyculteur*, pour indiquer qu'il est conçu en vue de multiples applications.

L'appareil qu'on a pu examiner à Senlis était accouplé à trois corps de charrue montés en brabant-double afin d effectuer le labour à plat, comme on le voit sur la figure 57.

Il s'agit, en principe, d'une charrue automobile mue par un moteur de 20 chevaux.

Fig. 57. — Polyculteur du système Dubois.

Le capot qui abrite le moteur est disposé en avant des roues motrices et doit être équilibré par l'appareil fixé à l'arrière ; sous le moteur se trouve une béquille de sécurité, terminée par une roulette qui n'appuie sur le sol que lors de certaines manœuvres, ou quand l'on opère le changement des pièces arrière (cette roulette se voit difficilement dans la figure 57, où elle se présente de profil).

Les roues motrices ont leur bandage percé de lumières par lesquelles on fait passer plus ou moins les palettes d'adhérence qui sont disposées parallèlement à l'essieu ; deux palettes consécutives sont maintenues en place par un seul boulon qui les applique contre des pièces trapéziformes solidaires des rais de la roue ; pour les transports sur route, les palettes sont rentrées dans la roue et affleurent le plan de roulement du bandage. Chaque roue motrice est commandée séparément et peut être débrayée afin de permettre la direction et les virages.

A l'arrière de l'avant-train tracteur on peut fixer au bâti, à quatre hauteurs différentes, l'appareil approprié au travail à effectuer.

A Senlis, le polyculteur Dubois a fonctionné avec un brabant-double à trois raies, une des roues de l'avant-train tracteur (jouant le rôle de support au brabant-double) roulant dans le fond de la raie ; pour les tournées, le conducteur lève le cliquet de l'age du brabant-double, exécute les manœuvres nécessaires et délicates, par marche avant et marche arrière, de façon que les corps de charrue se retournent et s'enclenchent seuls à nouveau pour le rayage suivant.

A la place de l'age de la charrue, on peut fixer le bâti d'un cultivateur, la flèche d'une moissonneuse-lieuse ou d'une faucheuse, le timon d'une charrette, le châssis, porté sur deux roues, d'un treuil lorsqu'il s'agit d'effectuer le labourage avec deux treuils automobiles, etc. Enfin, une poulie permet d'utiliser le moteur pour actionner par courroie diverses machines de la ferme.

Charrue automobile Tourand-Latil.

MM. Tourand et Derguesse ont étudié pendant longtemps plusieurs types de

Fig. 58. — Charrue automobile Tourand-Latil.

charrues automobiles ; ils ont cédé leurs inventions à l'ancienne maison Latil qui s'occupait des automobiles de poids lourd dont les roues d'avant étaient motrices.

La charrue automobile, présentée sous le nom de Tourand-Latil, est construite par l'importante société Blum, 8, quai du Général-Galliéni, à Suresnes (Seine), bien connue par ses tracteurs à 4 roues motrices dont de nombreux exemplaires ont été employés par les Armées.

La figure 58 donne la vue en long de la charrue automobile Tourand-Latil.

Le moteur monobloc, de 30-35 chevaux, est à 4 cylindres de 105 millimètres d'alésage et 140 millimètres de course ; il tourne à une vitesse de 1 200 tours par minute.

Les roues avant ont 0^m,75 de diamètre et 0^m,15 de largeur de bandage ; les roues arrière ont 1^m,10 de diamètre et 0^m,28 de largeur de bandage. Les roues arrière, motrices, sont calées sur l'essieu, sans différentiel ni débrayage indépendant, ce qui augmente le rayon de virage. Le poids de l'automobile est de 3 200 kilogr., la charrue à 5 raies pèse 800 kilogr. environ.

L'ensemble a pour dimensions principales : longueur 6 mètres, largeur 1^m,35, hau_teur 1^m,60. Le prix est de 24 000 fr.

Les vitesses en travail sont de 3 500 et 5 500 mètres à l'heure, la consommation horaire est d'environ 8 litres d'essence minérale.

Le bâti de la charrue est articulé dans le plan vertical à l'arrière de l'automobile. A l'extrémité du rayage, les charrues sont relevées par un câble qui s'enroule sur un treuil et qui passe sur une poulie fixée à l'extrémité de la volée d'une grue disposée à l'arrière du châssis. Lorsque le bâti des charrues est soulevé, il s'équilibre sur les roues arrière en tendant à soulever l'essieu avant.

On peut retirer la charrue et employer la machine comme un tracteur ordinaire ; de même, on peut utiliser le moteur pour actionner diverses machines avec une courroie.

Essais de dix charrues automobiles.

Dix charrues automobiles TA-TL ont été fournies au Service de la Mise en Culture des Terres ; elles constituèrent la Batterie 67 qui fut soumise aux essais de réception ayant donné lieu au rapport suivant (mars 1918).

Les relevés devaient porter sur 1 500 heures de travail effectif de la Batterie, soit 150 heures par machine (a varié de 108 à 171 heures). En défalquant les temps employés chaque jour, matin et après-midi, pour le graissage, le plein du radiateur et du réservoir, le temps réel utilisé au labour a été de 1 130 heures, soit, en moyenne, 115 heures par machine.

Les essais eurent lieu dans la plaine de Lieusaint (Seine-et-Marne), en terres argilo-siliceuses, un peu compactes et humides ; beaucoup de champs avaient été préalablement déchaumés.

On a labouré 212 hectares à une profondeur variant de 0^m,15 à 0^m,18 au plus, en consommant 10 220 litres d'essence minérale et 1 266 kg. d'huile.

Les moyennes générales des 10 appareils sont :

1 843 mèt. carrés labourés par heure.

Par hectare. {
Temps employé, 5^h,25 minutes.
48^{lit},20 d'essence minérale.
5^k,97 d'huile.

Une grosse perte de temps est due à la difficulté du virage. Le tracteur met, en moyenne, 3 minutes pour tourner à l'extrémité de chaque raie (ce temps est augmenté dans les terrains gras). Sur un rayage de 300 mètres de longueur (cas des champs des essais de réception), le tracteur met environ 6 minutes pour faire le parcours en travaillant ; en ajoutant les 3 minutes nécessaires au virage, la perte de temps est de 33 pour 100, soit 3 heures perdues sur une journée de 9 heures de travail.

Ce grave inconvénient provient de l'absence de différentiel (ou de débrayage facultatif de chaque roue motrice), joint à la présence de forts crampons d'adhérence, et de la faible pression exercée sur le sol par les roues directrices, surtout que, pendant les virages, la charrue, soulevée en porte à faux à l'arrière, tend à faire cabrer la machine. Les joues latérales rapportées, par le constructeur, aux roues directrices se remplissent rapidement de terre, se brisent souvent et ont peu d'action sur la direction.

Le relevage de la charrue laisse à désirer, le câble s'enroulant et se déroulant mal sur le treuil ; le frein nécessite de fréquents réglages.

Le moteur est excellent ; son fonctionnement est très régulier ; l'entretien et le graissage sont faciles.

La transmission est défectueuse : le pignon et les chaînes s'usent très rapidement. Le carter de la boîte de vitesses est soumis à des efforts anormaux ; pendant les 1 150 heures, six machines ont eu leur carter fendu ou défoncé.

Les corps de charrue donnent un labour apprécié des cultivateurs, mais les coutres circulaires (non articulés à l'age dans le plan horizontal) s'usent très rapidement et les roues latérales, de trop petit diamètre, ont leurs montures trop faibles.

L'adhérence des roues motrices est très bonne ; cela tient surtout à l'absence de différentiel et à l'efficacité des crampons ; l'absence de différentiel (ou de débrayage) est d'un effet désastreux pour les virages. Les crampons paraissent être trop énergiques car ils tendent à pétrir la terre et opposent une grande résistance à l'avancement de la machine.

Le rapport donne la liste des pièces de rechange nécessitées par chaque tracteur pendant son essai de 115 heures, liste assez longue qu'il n'y a pas lieu de reproduire ici. La conclusion du rapport est que des modifications doivent être apportées aux machines avant d'en admettre d'autres au Service de la Mise en Culture des Terres.

Charrue automobile Excelsior.

La charrue automobile désignée sous le nom d'*Excelsior* (fig. 59) est construite à Mladà Boleslav, dans la nouvelle République Tchéco-slovaque. La machine est présentée par M. A. Ravaud (1, rue des Italiens, à Paris). Le châssis triangulaire est porté en avant par deux grandes roues motrices, à palettes de 1^m, 70 de diamètre, et, en arrière, par une roue directrice garnie d'une nervure circulaire dont le nettoyage est assuré par un râcloir. En avant de l'essieu des roues motrices se trouve le moteur vertical à 4 cylindres, capable de développer une puissance de 35 à 40 chevaux (alésage des cylindres, 0^m,100 ; course des pistons, 0^m,150 ; vitesse, 1 200 tours par minute). Au-dessus du moteur est disposé le réservoir à combustible constitué par un cylindre à axe horizontal. Le combustible employé est soit du benzol, soit de l'essence minérale.

Deux poulies (fixe et folle) calées sur l'arbre du moteur, en arrière de la manivelle de mise en route, permettent d'actionner diverses machines par une courroie.

Les vitesses sont au nombre de trois : 2 400, 3 400 pour le travail et 4 500 mètres à l'heure lors des déplacements sur route ; les deux vitesses en marche arrière correspondent à 2 400 et à 4 500 mètres à l'heure. Pour les transports sur route, on laisse en place les palettes d'adhérence fixées aux roues motrices, et on les entoure d'un bandage spécial qui se pose assez rapidement.

La fusée de la roue directrice, disposée en arrière du châssis, peut se déplacer verticalement dans une monture afin de régler la profondeur du labour et, en fin de raie, déterrer les corps de charrue. Les manœuvres du déplacement vertical de la roue directrice sont assurées par le moteur, et se font automatiquement lorsqu'on embraye

Fig. 59. — Charrue automobile *Excelsior*.

sur la marche arrière. Le déplacement horizontal de la roue a lieu par un volant de direction et une vis sans fin.

Le siège rembourré du conducteur constitue le coffre à l'outillage.

Les trois corps de charrue (fig. 59) travaillent sur une largeur pouvant atteindre 1 ^{m},20; la profondeur maximum du labour serait de 0 ^{m},34.

Les dimensions générales de la charrue automobile *Excelsior* sont : 6 ^{m}, 20 de long et 2^m,40 de large ; l'écartement des roues motrices est de 1^m,56. La machine pèse environ 5 000 kilogr., et son prix de vente est de 35 500 fr.

En même temps que le labour, la machine peut tirer une herse ; en enlevant les corps de charrue, on peut atteler au châssis trois cultivateurs ou d'autres machines de culture, comme on le fait avec un tracteur ordinaire.

Essais de la charrue automobile Excelsior.

Le résumé de nos essais préliminaires des 20 et 21 février 1920 sur une charrue automobile *Excelsior* à trois raies, est donné ci-après.

Essais effectués à Roissy-en-France, près Gonesse (Seine-et-Oise).

N⁰ˢ 1 et 2 — en terre marneuse un peu forte (marnes de Saint-Ouen) et en pente, sur une luzerne de quatre ans, en mauvais état et où le chiendent domine.

N° 3 — en terre légère (limon des plateaux reposant sur des sables); enfouissage de fumier sur labour récent.

	Numéros des essais.			
	1	2	3	Moyennes.
Labour { profondeur (centim.).	20	20	20	20
{ largeur du train (mèt.)	1.25	1.25	1.25	1.25
Vitesse moyenne de la charrue par heure (mèt.)	2 949	3 346	3 608	3 301
Temps moyen d'un virage (secondes)	38	48	52	46
Temps pratique pour labourer un hectare, avec 150 mèt. de rayage et 50 minutes de travail par heure (h. min.)	3.44	3.33	3.27	3.34
Surface pratiquement labourée par heure (mèt. carrés)	2 678	2 816	2 898	2 797
Consommation d'essence minérale { par heure (kg.).	9.71		9.21	9.46
(densité 725) { par hectare (kg.).	35.30		31.80	33.50
Volume de terre remué par kg. de combustible (mèt. cubes).	56.6		62.8	59.7
Poids de combustible employé par 1 000 m. cub. de terre (kg.).	17.6		15.9	16.7

La largeur du train et la profondeur du labour ont subi des variations au cours des essais.

Essais de la charrue automobile Praga.

Nous donnons ci-dessous le résumé de nos essais préliminaires effectués les 9, 10 et 17 mars à Ivry-le-Temple, près Méru (Oise) sur la charrue automobile *Praga*, à quatre raies.

Moteur vertical à 4 cylindres (alésage 105; course 160; tours par minute 950 à 1050; puissance annoncée 40 chevaux).

Deux roues avant, motrices; une roue arrière, directrice.

Vitesses, 3 500 et 4 500 mètres à l'heure.

Encombrement, longueur 7ᵐ,20; largeur 2ᵐ,25, hauteur 2ᵐ,45; poids 4000 kg. Prix de vente 36 500 fr (mars 1920).

Essais effectués en terre sablonneuse (sable quartzeux de Bracheux reposant sur de la craie).

	Numéros des essais.			
	1	2	3	Moyennes.
Labour { profondeur (centim.)	20	20	20	20
{ largeur du train (mèt.)	1.48	1.48	1.48	1.48
Vitesse moyenne de la charrue par heure (mèt.)	3 430	3 329	3 220	3 368
Temps moyen d'un virage (sec.)	58	91	51	70
Temps pratique pour labourer un hectare, avec 150 mèt. de rayage et 50 minutes de travail par heure (h. min.)	2.39	3.8	2.43	2.50
Surface pratiquement labourée par heure (mèt. carrés)	3 773	3 191	3 680	3 548
Consommation d'essence minérale { par heure (kg.).	7.87	8.45	7.59	7.97
(densité 711) { par hectare (kg.).	20.8	26.5	20.6	23.0

La charrue automobile *Praga* figurait à la Semaine de Senlis, à l'automne 1919, présentée par **M.** Bocquentin.

Motoculteur Somua.

L'appareil rotatif de Meyenburg fit son apparition en France il y a pas mal d'années ;
après plusieurs modifications, les grandes lignes de la construction étaient fixées vers
1911 et 1912 et la machine prit part à divers essais publics sous le nom de *Motoculteur*. La machine, dans laquelle les pièces travaillantes sont constituées par des
dents en acier, montées d'une façon flexible sur un axe de rotation, est aujourd'hui
présentée sous le nom de *Motoculteur* S. O. M. U. A., construit par la Société d'outillage mécanique et d'usinage d'artillerie, 19, avenue de la Gare, à Saint-Ouen (Seine).

Fig. 60. — Motoculteur SOMUA, type A.

Le grand modèle, désigné sous le nom de type A, est représenté par la photographie figure 60.

L'appareil, dont le bâti est constitué par le carter en fonte du moteur, est porté
sur trois roues, dont une, directrice, montée sur ressorts et commandée directement
par un levier-gouvernail, a 0^m,60 de diamètre. Les deux roues motrices, dites à adhérence progressive, ont 1^m,20 de diamètre ; la jante de ces roues porte des fers en V,
longs de 0^m,20, disposés parallèlement à l'essieu ; le bandage relativement étroit de la
roue porte seul lors du roulement sur route, alors que, dans le champ, ce bandage
s'enfonçant légèrement permet aux traverses en V d'agir pour assurer l'adhérence aux
roues motrices ; au-dessus de ces dernières, se trouve un coffre pouvant recevoir une
charge atteignant 1 000 kilogr. lorsqu'il est nécessaire d'assurer une certaine pression

des roues motrices sur le sol quand la machine est utilisée pour la traction-directe.

Le moteur, à 4 cylindres, peut développer une puissance de 30 à 35 chevaux à la vitesse de 1 000 à 1 200 tours par minute (90 millimètres d'alésage et 170 millimètres de course). Il peut actionner diverses machines par courroie et une poulie calée sur un arbre tournant à raison de 400 à 900 tours par minute.

Par la transmission, le moteur actionne les grandes roues arrière en pouvant leur donner 4 vitesses d'avancement et une marche arrière ; les vitesses sont, par seconde,

Fig. 61. — Motoculteur SOMUA, petit modèle.

$0^m,37$, $0^m,62$, $0^m,92$ et $1^m,50$, correspondant respectivement à 1 300, 2 200, 3 300 et 5 400 mètres par heure.

En arrière de l'essieu moteur, et parallèlement à ce dernier, est disposé un axe horizontal garni des pièces travaillantes dont nous avons parlé, constituant ce que les constructeurs désignent sous le nom de *fraise rotative* ; l'entraînement est assuré par engrenages d'angle enfermés dans un carter placé au milieu de l'arbre porte-outils ; les deux vitesses de cet arbre sont de 120 et 150 tours par minute ; suivant l'ouvrage à effectuer et la nature du sol à travailler, on combine une de ces deux vitesses de rotation des pièces travaillantes avec une des vitesses d'avancement du motoculteur, dont nous avons donné plus haut les chiffres variant de 22 mètres à 90 mètres par minute.

La largeur du train ameubli en un seul passage est de $1^m,50$; mais on peut l'augmenter jusqu'à $1^m,80$, comme on peut la réduire à $1^m,10$. Les pièces travaillantes se règlent verticalement suivant la profondeur de l'ameublissement à obtenir : lors des virages, elles sont relevées par un vérin hydraulique ; un capot recouvre les pièces travaillantes pour empêcher les projections de terre et de pierres en arrière de la machine.

On peut atteler un semoir derrière l'appareil, afin d'effectuer l'ameublissement et l'ensemencement en un seul passage.

Les virages, très courts, sont réalisés par le débrayage et le freinage de la roue motrice placée du côté du centre de virage ; l'empattement est de $2^m,20$.

Les dimensions générales d'encombrement de l'appareil sont $4^m,50$ de long, $1^m,80$ de large et $1^m,80$ de haut. Le poids total en ordre de marche est de 2 450 kilogr. environ.

On peut retirer complètement l'arbre portant les pièces travaillantes rotatives et l'appareil se transforme ainsi en tracteur direct.

$$* \quad *$$

Le même principe a été appliqué à un modèle réduit destiné à la petite culture, à la culture de la vigne et aux cultures maraîchères ; il est représenté par la figure 61 faite d'après une photographie.

La machine est à deux roues motrices en avant desquelles se trouve le moteur et ses accessoires et, en arrière, l'arbre garni des pièces flexibles chargées, comme dans le grand modèle, de gratter, diviser et ameublir la terre dont un capot limite les projections. La machine est dirigée par un manche à poignées portant les diverses manettes destinées au réglage du moteur.

Appareil Beeman.

Le petit appareil désigné sous le nom de Beeman (l'homme-abeille ou l'homme-travailleur) est construit par la Garden Tractor C°, de Minneapolis (Minnesota) ; il est représenté par la Société la Traction et le Matériel agraires, 18, rue de Mogador, à Paris.

L'appareil appartient à la catégorie des machines-brouettes automobiles : sur le châssis porté par deux roues motrices, se trouve le moteur avec ses accessoires et la boîte du changement de vitesse ; en arrière, deux mancherons permettent de diriger la machine ; on attèle à l'essieu les pièces travaillantes : une charrue, comme on le voit dans la photographie représentée par la figure 62, un pulvériseur, un semoir spécialement construit à cet effet, un bâti portant des lames de houe ou un buttoir, etc. Il s'agit donc d'un appareil pouvant, comme les avant-trains tracteurs, subir diverses transformations afin d'être utilisé à différents travaux.

Le moteur vertical, monocylindrique, a une puissance déclarée de 4 à 6 chevaux (alésage du cylindre, $0^m,089$; course du piston, $0^m,115$); il porte une poulie afin qu'on puisse l'employer pour actionner diverses petites machines à l'aide d'une courroie.

Le diamètre des roues motrices est de $0^m,64$ et la largeur de bandage de $0^m,10$.

Sur route, la vitesse peut atteindre 5 000 mètres à l'heure ; en travail, dans les champs, la vitesse est réduite aux environs de 2 000 à 3 000 mètres à l'heure, qu'on ne peut dépasser, car l'homme doit suivre à pied, en dirigeant l'appareil avec les mancherons dont les poignées portent, l'une la manette de l'avance à l'allumage, l'autre celle qui commande le débrayage.

Les dimensions principales sont : longueur, 0^m,85 sans les mancherons, 2^m,10 avec les mancherons ; largeur, 0^m,45 ; hauteur, 1 mètre. Le poids en ordre de marche est voisin de 300 kilogr.

Dans la figure 62, l'appareil Beeman déplace une charrue à une raie, avec relevage

Fig. 62. — Brouette automobile système Beeman.

automatique, charrue qui exigerait un attelage de deux à quatre chevaux suivant la ténacité du sol et les dimensions du labour.

Les virages se font presque sur place ; l'appareil pivote rapidement sur une des roues motrices, de sorte qu'il peut trouver son emploi dans la Culture des vignes et dans les Cultures maraîchères.

Les vendeurs annoncent une consommation variant de 0 lit.75 à 1 lit. 25 par heure suivant l'importance des travaux demandés à l'appareil.

Charrue Messidor.

Les établissements Pétard (60, rue de Provence, à Paris) avaient présenté à Senlis une charrue à plusieurs raies, de M. Edmond Hée, pouvant effectuer les labours à plat et capable d'être attelée à un tracteur quelconque. La photographie de la machine en travail, désignée sous le nom de *charrue Messidor*, est représentée par la figure 63.

Les trois corps de charrue versant à droite sont fixés à un bâti solidaire d'un autre, symétrique, disposé à angle droit et portant les trois corps de charrue versant à gauche. Ces deux bâtis peuvent tourner dans le plan vertical et transversal autour d'un long axe longitudinal, soutenu en avant par un châssis porté par deux roues et, en arrière, par deux autres roues, d'un plus petit diamètre et rapprochées, dont l'essieu est articulé dans le sens transversal à une longue tige verticale ; cette dernière porte une vis permettant de régler la position de l'axe longitudinal qui doit toujours être parallèle à la surface du sol. Une des roues avant roule dans la raie et bordaye la muraille comme le fait une des roues du brabant-double ordinaire ; il en est de même d'une des petites roues arrière.

Le châssis portant les roues avant est relié au tracteur par deux barres rigides.

Fig. 63. — Charrue Messidor.

Sur l'avant du châssis se trouve un support vertical à un arbre, à volant-manivelle, portant un pignon qui engrène avec un secteur denté solidaire des deux bâtis sur lesquels sont fixés les corps de charrue. En tournant ce volant-manivelle, dans un sens ou dans l'autre, on déterre et on enterre successivement les corps de charrue, ou on dispose la machine pour les transports sur route. On peut imaginer une transmission permettant de faire manœuvrer par le moteur du tracteur le volant-manivelle dont il vient d'être parlé.

Dans la figure 63, les trois corps de charrue versant à droite sont en travail, alors que les trois autres, disposés pour verser la terre à gauche, sont relevés à angle droit des premiers. La largeur du labour est de 90 centimètres. On peut enlever les derniers corps de charrue pour n'ouvrir que deux raies à grande profondeur, ou pour labourer des terres très difficiles. D'autres modèles sont étudiés pour exécuter des labours superficiels, à plat, sur une grande largeur.

Une remarque est à faire : avec les charrues à plusieurs raies on enterre toujours d'abord le 1er corps, puis le second, et ainsi de suite. Dans la charrue Messidor, on procède d'une façon inverse : c'est le dernier corps qui commence à travailler de biais, puis celui qui est avant lui, etc., de sorte que les pointes des rayages sont bien plus longues qu'avec des charrues-balances (voir *Culture mécanique*, t. III. p. 16).

Notes sur les tracteurs.

Dans les quelques notes qui vont suivre, nous ne résumerons que nos résultats d'essais effectués sur cinq tracteurs, désignés ici par des lettres, nous réservant de revenir plus tard sur certains points lorsque ces derniers auront été élucidés et vérifiés par des expériences.

Dans tous les essais effectués sur des machines très différentes, forcément à plusieurs jours d'intervalle, sur un sol présentant des variations, même sur de petites parcelles alors qu'on doit opérer sur de grandes étendues ayant au même moment des propriétés physiques différentes, il est très difficile de réaliser des conditions identiques d'expériences, même avec de bons mécaniciens consentant à ne pas toucher à chaque instant au moteur.

La multiplicité seule des observations, faites dans les conditions précédentes, permet de tirer des conclusions d'ordre cultural et d'ordre mécanique. Il faut donc que l'observation supplée aux recherches dans lesquelles l'expérimentateur est absolument maître de modifier à son gré les diverses conditions de fonctionnement.

Nous insisterons surtout sur les labours ; ces derniers, variables avec le mode d'exploitation, la nature et l'état du sol et la période de l'assolement, représentent, suivant les cas, de 70 à 85 pour 100 de l'énergie totale exigée par les divers travaux de préparation des terres pour recevoir les semis (1). On a donc tout intérêt à réserver aux moteurs animés, qu'il faudra toujours entretenir sur le domaine (2), l'exécution des travaux légers, et demander aux appareils de Culture mécanique d'effectuer les ouvrages les plus pénibles, c'est-à-dire les labours pour l'exécution desquels le temps propice est généralement limité.

***

Les dimensions principales des tracteurs examinés sont résumées dans le tableau suivant :

	A	B	C	D	E
Tracteur	A	B	C	D	E
Moteur : (v) vertical ; (h) horizontal.	h	h	v	h	v
Nombre de cylindres	1	2	4	1	4
Alésage (millim.)	203	165	102	215	98
Course (millim.)	304	203	114	304	127
Tours par minute	400	500	1 000 (3)	400	900
Puissance calculée (chevaux-vapeur)	19	18	14 à 20	21	13

(1) *Culture mécanique*, t. VI, p. 5.
(2) *Culture mécanique*, t. 1, p. 6.
(3) Le nombre de tours maximum par minute est de 1 600.

Roues avant :					
Nombre.	2	2	2	2	2
Diamètre (millim.).	915	915	750	915	760
Largeur de bandage (millim.)	150	150	135	150	155
Roues motrices :					
Nombre.	2	2	2	2	2
Diamètre (millim.).	1 370	1 370	1 104	1 370	1 220
Largeur de bandage (millim.).	250	250	305	250	250
Empattement (centim.).	230	230	163	230	182
Vitesses (kilom. à l'heure)	3	3-4	2, 5-5-14	3-4	3, 5-5, 5
Encombrement :					
Longueur (centim.).	340	373	246	350	335
Largeur (centim.)	142	152	172	143	145
Hauteur (centim.)	153	169	145	167	165
Poids (kilogr.) :					
Sur roues avant.	820	905	537	865	550
Sur roues arrière.	1 920	1 813	696	1 890	1 098
Totaux.	2 740	2 718	1 233	2 755	1 648
Poids en kilogrammes par centimètre de largeur de bandage des roues :					
Avant.	27.3	30.1	19.8	28.8	17.1
Motrices.	38.4	36.2	11.3	37.8	21.9

Dans ce tableau la puissance a été calculée d'après la formule fiscale (*Culture mécanique*, t. II, p. 61) en arrondissant les chiffres, augmentés de 10 p. 100 ; cette formule pratique, qui nous sert de comparaison, est établie en tenant compte de l'usure de la machine et d'un peu de négligence dans son réglage, comme il faut s'y attendre pour des moteurs confiés à des mécaniciens ruraux.

Les combustibles employés aux essais étaient :

<pre>
Tracteur A . . . . .)
    —   B . . . . . |
    —   C . . . . . } Pétrole lampant.
    —   D . . . . .)
    —   E . . . . .   Essence minérale.
</pre>

Le pétrole avait une densité de 797 à 15° C. ; un kilogramme de pétrole représente 1^l, 25.

L'essence minérale avait une densité de 723 à 15° C. ; un kilogramme d'essence représente 1^l, 38.|

La dépense de combustible est toujours indiquée en poids.

*
* *

Comme le tracteur peut être appelé à déplacer d'autres machines que les charrues, il convient d'avoir le moyen d'estimer ses conditions de fonctionnement dans l'exécution de divers travaux nécessitant des tractions et des vitesses différentes.

La consommation horaire C de combustible d'un tracteur effectuant un ouvrage déterminé peut se représenter par $C = r + t$, dans laquelle r est la consommation du tracteur se déplaçant à vide, à la vitesse correspondant à celle de l'exécution de l'ouvrage et sur la même voie ; t la consommation due à la puissance utilisée au crochet d'attelage, dépendant de l'effort moyen de traction et de la vitesse de déplacement par unité de temps.

Suivant les travaux, le roulement s'effectue sur le guéret (cas des labours), sur une terre labourée (scarifiages, hersages, roulages), sur une route (remorque d'une charge), etc.

La traction moyenne utilisée varie selon la nature et l'état du sol avec les machines qu'il s'agit de déplacer (charrue, cultivateur, herse, rouleau, faucheuse, moissonneuse-lieuse, véhicule, etc.) et avec les dimensions du travail exécuté.

Il est difficile de réaliser les essais donnant les valeurs de r dans toutes les mêmes conditions de vitesse et de réglage du moteur et du tracteur fonctionnant en travail pratique occasionnant la consommation C ; même avec des moteurs pourvus de bons régulateurs automatiques, le conducteur est toujours tenté de toucher incessamment au réglage du carburateur, tant pour le combustible que pour l'arrivée d'air, de sorte que des corrections sont nécessaires pour rétablir la valeur de r dans les conditions du travail correspondant à la consommation C.

Si l'on arrive à déterminer les quantités r et t pour un tracteur, on peut prévoir sa consommation probable et la surface travaillée par unité de temps lors de l'exécution d'un autre ouvrage, avec une machine de culture, de récolte ou un appareil de transport nécessitant une traction et une vitesse connues.

***

I. **Essais des moteurs tournant à vide.** — Nous avons déjà eu l'occasion de montrer (1) que la consommation horaire d'un moteur bien réglé est égale à sa dépense horaire lorsqu'il tourne à vide, plus sa puissance utilisable multipliée par un coefficient indépendant du moteur et variant avec la nature du combustible employé. D'autre part, la consommation du moteur tournant à vide, à sa vitesse de régime, est influencée par la construction, l'ajustage, le mode d'allumage et de régulation et les pertes de chaleur (2).

Les résultats constatés sont indiqués dans le tableau suivant :

Tracteurs.	A		B	C		D	E
Nombre moyen de tours du moteur par minute	400	412	532	294	930	420	960
Consommation par heure. (Essence (kg.) . . .	1,04	»	»	»	»	»	2,24
Pétrole (kg.) . . .	»	1,70	3,78	0,95	2,37	2,23	»
Consommation horaire pour une vitesse angulaire de 100 tours par minute . .	0,260	0,412	0,710	0,323	0,254	0,530	0,233
Fonctionnement et réglage du moteur (b, bon ; m, médiocre ou mauvais). .	b	m	m	m	b	m	b

La consommation horaire moyenne d'un moteur d'une puissance d'environ 20 chevaux, bien réglé, tournant à vide, ressort à $0^k,25$ pour une vitesse angulaire de 100 tours par minute.

II. **Roulement des tracteurs à vide sur guéret.** — Les résultats constatés dans les

(1) C. R. de l'Académie des Sciences, t. CXXXIV, 22, 2 juin 1902, p. 1293.
(2) Culture mécanique, t. IV, p. 125.

essais de roulement à vide des tracteurs sur le guéret sont indiqués dans le tableau ci-après :

Tracteur.	A	B		C			D	E	
Vitesse moyenne à l'heure (mèt.).	3 492	3 204	4 320	2 484	6 192	14 400	3 132	4 176	6 228
Consommation par heure. . .	3,98	4,82	6,13	3,02	4,36	5,55	2,88	3,42	3,63
de par kilomètre.	1,14	1,50	1,42	1,22	0,70	0,38	0,93	0,82	0,58
combustible par tonne-kilo- (kilogrammes). mètre . . .	0,41	0,53	0,50	0,99	0,57	0,30	0,33	0,47	0,33
Glissement des roues motrices p. 100.	4,42	3,84	1,80	1,25	1,24	»	1,26	4,08	3,95
État du sol.	sec.	sec.		légèrement humide.			très sec.	sec.	

La consommation par kilomètre du tracteur roulant à vide sur le guéret diminue lorsque la vitesse du tracteur augmente.

On peut décomposer cette consommation en deux parties : a et b :

a, serait la partie de la consommation totale nécessaire pour faire tourner le moteur à vide, à sa vitesse de régime supposée constante, quelle que soit la vitesse de déplacement du tracteur, bien qu'en pratique cette vitesse affecte toujours celle du moteur ;

b, serait la partie de la consommation nécessaire pour vaincre les résistances passives r' du mécanisme de la transmission, et la résistance r due au roulement, affectée par la déformation de la voie et par la pénétration et les mouvements (1) des pièces d'adhérence dans le sol.

Cette portion r semble passer par un minimum lorsque la vitesse de déplacement du tracteur oscille autour de $0^m,80$ par seconde (2 880 à 3 000 mètres par heure).

La portion r est plus élevée à faible vitesse ($0^m,50$ à $0^m,60$ par seconde) à laquelle on constate que les roues motrices s'enfoncent plus dans le sol qu'à la vitesse de $0^m,80$ par seconde : la déformation de la voie étant plus intense, la consommation r doit être plus élevée.

Lorsque la vitesse dépasse $0^m,80$ environ par seconde, les roues motrices s'enfoncent moins dans le sol, dans lequel la transmission des pressions ne se fait pas instantanément ; mais les secousses sont plus fortes, et d'autant plus qu'on va plus vite, et la portion r augmente.

Cela se constate aux essais dynamométriques des voitures : en tirant le véhicule avec une vitesse infiniment petite, il faut fournir un effort maximum dont la grandeur est voisine de celui du démarrage ; la traction du même véhicule de même charge sur la même voie passe par un minimum correspondant à une certaine vitesse, au delà de laquelle l'effort augmente par suite des secousses, surtout si le véhicule n'est pas suspendu sur ressorts (ce qui est le cas de beaucoup de tracteurs).

* *

La résistance au roulement sur le guéret, se traduisant par la consommation $a + b$, ou par $a + r + r'$, augmente avec la largeur et la garniture des bandages.

Dans une série d'essais avec un tracteur léger du poids total de 1 100 kilogrammes, dont 400 kilogrammes sur les roues avant et 700 kilogrammes sur les roues motrices, exerçant sur le sol les pressions suivantes, en kilogrammes, par centimètre de largeur

(1) Les trajectoires décrites dans le sol par l'extrémité des pièces sont des cycloïdes allongées.

de bandage : 16,6 pour les roues avant, 26,8 et 14 pour les roues motrices, nous avons eu les résultats suivants pour les consommations par kilomètre sur le guéret et sur la terre labourée :

| | | Consommation en kilogramme par kilomètre pour les roues motrices. | | |
| | | de $0^m,130$ de bandage sans cornières. | de $0^m,250$ de bandage avec cornières. | |
Voie.	Vitesse (mètres par heure).			Rapport.
Guéret	4 100 et 4 000	0,52	0,68	1,30
Terre labourée . .	3 600 et 3 900	0,65	0,73	1,22

III. Roulement des tracteurs à vide sur terre labourée. — Pour certains travaux de culture le tracteur est appelé à se déplacer sur le labour ; il est intéressant de connaître les différentes conditions de fonctionnement lors de l'exécution de ces travaux ; les résultats constatés dans les essais de roulement à vide sur terre labourée sont résumés dans le tableau suivant :

Tracteur.	A	B		C			D	E	
Vitesse moyenne à l'heure (mèt.).	3 528	3 060	4 068	1 980	2 448	5 796	3 096	4 068	6 192
Consommation de combustible (kilogrammes). par heure . . .	4,56	5,40	6,96	3,48	3,76	5,65	3,43	3,36	3,75
par kilomètre .	1,29	1,76	1,71	1,75	1,53	0,97	1,14	0,83	0,61
par tonne kilomètre	0,47	0,63	0,61	1,42	1,24	0,78	0,40	0,48	0,35
Glissement des roues motrices p. 100.	3,27	5,40	2,02	1,35	1,18	1,20	2,65	4,65	4,85
État du sol	sec.	sec.		sec.			très sec.	sec.	

Comme il fallait s'y attendre, la consommation due au roulement sur la terre labourée est plus élevée que sur le guéret, ainsi que cela se constate dans les essais de véhicules quelconques : les roues s'enfoncent plus, la déformation du sol est plus grande ; cependant, dans le cas des tracteurs, il faut noter que la résistance élémentaire due à la pénétration des pièces d'adhérence et à leurs mouvements dans le sol est moins élevée lorsque la machine passe sur une terre labourée que lorsqu'elle se déplace sur le guéret.

Les rapports des consommations sont indiqués ci-dessous :

Machines.	Vitesses approximatives (mèt. par heure).	Consommation par kilomètre due au roulement à vide sur terre labourée relativement au roulement à vide sur le guéret.
A.	3 500	1,12
B.	3 100	1,17
	4 200	1,20
C.	2 400	1,25
	5 900	1,38
D.	3 100	1,23
E.	4 100	1,01
	6 200	1,05

Les rapports sont influencés par les formes et les dimensions des pièces d'adhérence : la machine E a ses bandages garnis de faîtages ; les autres sont pourvus de cornières de diverses sections et de longueurs différentes. Dans le cas des cornières (machines A, B, C et D), le rapport des consommations varie de 1,12 à 1,38 soit 1,21 en moyenne (en enlevant les extrêmes).

IV. Roulement des tracteurs à vide sur route. — Le tableau ci-dessous résume les principaux résultats constatés lors des essais de roulement à vide sur une route en empierrement ordinaire, sèche, en bon état et en palier.

Tracteur.	B	D		E	
Vitesse moyenne à l'heure (mètres)	3 384	3 240	4 428	4 176	6 444
Consommation (par heure.	3,96	2,52	2,64	2,44	2,78
de combustible { par kilomètre.	1,17	0,79	0,60	0,58	0,43
(kilogr.). (par tonne kilomètre.	0,43	0,29	0,22	0,35	0,26
Glissement des roues motrices p. 100	7,40	6,84	6,63	2,32	3,34

La machine C, dont les cornières d'adhérence étaient rivées sur les bandages des roues motrices, n'a pu·être essayée au roulement sur route pour lequel elle n'est pas établie.

Dans le cas d'un transport sur route avec remorque, il faut ajouter aux chiffres ci-dessus la consommation due au déplacement de la remorque et dépendant de son coefficient de roulement.

Dans nos essais antérieurs (1), la consommation supplémentaire nécessaire par tonne kilomètre de remorque était, sur une voie horizontale en empierrement :

	Kilogrammes.
Route sèche.	0,02
Route glissante	0,036
Route mauvaise et glissante.	0,038

Le poids total de la remorque (chariot de ferme à grandes roues) variait, dans ces essais, de 7 000 à 8 000 kilogrammes.

Pour une remorque de 6 700 kilogrammes (camion à petites roues) la consommation supplémentaire a été, dans d'autres essais (2), de $0^{kg},028$ à $0^{kg},04$ par tonne-kilomètre.

V. Essais de labours. — Rappelons que le labour ne peut s'effectuer dans de bonnes conditions que lorsque le sol contient une certaine quantité d'eau. D'après nos recherches antérieures, sur diverses terres argileuses, silico-argileuses et argilo-calcaires, le labour se fait bien dès que la couche arable contient de 9 à 10 pour 100 d'eau, et il devient mauvais dès que la teneur en eau dépasse 21 à 22 pour 100 ; les meilleures conditions correspondent à une teneur en eau variant de 13 à 17 pour 100.

Ces limites étroites dans l'humidité de la terre pour la bonne exécution des labours, dont la répercussion est si grande sur les récoltes, sont bien connues des praticiens familiarisés avec les sols qu'ils exploitent, et le principal avantage de la Culture mécanique est de permettre à l'agriculteur de *travailler sa terre à temps.*

En dehors de la question culturale (qualité du labour), la teneur en eau du sol influe sur l'usure des pièces travaillantes, la stabilité de la machine et sur la traction nécessitée par la charrue.

Nous avons eu l'occasion d'essayer la même charrue, à des dates différentes, dans le même champ, au fur et à mesure de sa dessiccation ; les principaux résultats obtenus sont indiqués ci-dessous :

Teneur de la terre en eau, p. 100.	15,4	11,1	3,8
Traction par décimètre carré (kilogr.) . .	47,4	46,1	78,2

La configuration des pièces travaillantes de la charrue a une influence considérable sur la traction, et, par suite, sur la consommation du tracteur. Par exemple, dans le

(1) *Culture mécanique,* t. IV, p. 95.
(2) *Culture mécanique,* t. IV, p. 43

même rayage, à une demi-heure d'intervalle, une charrue exige, pour le même labour, de 1,40 à 1,42 fois la traction nécessitée par un autre modèle mieux établi ou plus approprié au sol qu'il s'agit de cultiver (dans certains essais, le rapport a dépassé 1,70).

*
* *

Voici les indications concernant les charrues, les champs (*ca*, chaume d'avoine ; *vl*, vieille luzerne ; *cm*, chaume de maïs ; les champs n'avaient pas été cultivés depuis 1915, alors que les essais eurent lieu au printemps et à l'été 1917), et les terres (densité (1) et état d'humidité) ; les lettres *p, o* et *r* s'appliquent à des charrues américaines (2) de marques différentes.

Tracteur.	A	B	C	D	E
Nombre de raies ouvertes par rayage; indication de la charrue	3-*p*	3-*p*	2-*o*	3-*p*	2-*r*
État du champ	*ca*	*ca*	*ca*	*vl*	*cm*
Terre. { Densité	1 980	1 980	1 980	2 200	2 030
Terre. { Teneur en eau p. 100	15,4	15,4	15,4	11,1	6

Les résultats d'essais relatifs aux travaux de labour (et dans certains cas de hersage effectué en même temps que le labour) sont résumés dans le tableau suivant :

Tracteur.	A		B				C		D			E	
Numéros d'ordre	1	2	3	4 (2)	5	6	7	8	22	23	24 (3)	37	28
Labour. { Profondeur (cent.)	12,0	16,7	13,8	13,0	17,8	12,8	16,2	13,0	14,9	16,2	19,2	17,4	21,0
Labour. { Largeur du trait (mèt.)	0,91	1,00	0,93	0,90	1,00	0,96	0,78	0,71	0,87	0,92	0,93	0,73	0,76
Vitesse moyenne de la charrue dans le rayage, par heure (mèt.)	3 060	2 880	2 988	2 916	2 844	3 672	2 042	5 472	4 248	3 060	2 952	3 816	3 744
Temps moyen d'un virage (secondes)	30	30	32	41	32	32	30	30	30	30	43	20	20
Temps pratique pour labourer un hectare (3) (heures, minutes)	5,1	4,49	5,4	5,33	4,54	4,46	8,21	4,1	3,59	4,58	5,23	5,12	4,47
Surface pratiquement labourée par heure (mèt. carrés)	1 992	2 076	1 974	1 128	2 040	2 100	1 200	2 490	2 508	2 016	1 860	1 926	2 088
Consommation de combustible (kilogr.) { par heure	4,19	5,72	5,83	10,76	7,37	7,38	5,20	7,86	6,32	5,58	7,46	4,45	4,89
Consommation de combustible (kilogr.) { par hect.	21,6	27,5	29,5	59,7	36,1	35,1	43,4	31,5	25,1	27,6	40,1	21,8	22,9

(1) Rappelons les densités suivantes :

Humus . . . . 1 110 à 1 130
Calcaire . . . . 2 400 à 2 500
Argile . . . . 2 500 à 2 600
Sable siliceux . . . . . 2 700 à 2 800

(2) Les charrues américaines employées aux essais sont établies pour des terres plus faciles que les nôtres et pour d'autres modes de cultiver le sol. Les labours américains ne sont pas si profonds que chez nous, ils varient de 0ᵐ,13 à 0ᵐ,17 au plus, et la traction nécessitée par la charrue est souvent, relativement à celle demandée pour nos terres, dans le rapport de 2 à 3, de sorte que, dans le Far West, le même tracteur peut ouvrir, en un seul passage, un plus grand nombre de raies qu'en France.

(3) Avec un rayage de 150 mètres et en comptant 50 minutes de travail par heure à cause des divers arrêts de la pratique courante.

D'après le tableau précédent nous avons constaté pour le tracteur B :

Numéro de l'essai.	Profondeur du labour (centim.).	Surface pratiquement labourée par heure. (mèt. carrés).
6	12,8	2 100
3	13,8	1 974
5	17,8	2 040

donnant une moyenne générale de 2 038 mètres carrés labourés pratiquement par heure, soit 2 000 mètres carrés en chiffres ronds ; nous pouvons comparer ces résultats avec ceux d'autre provenance.

Nous avons, en effet, des renseignements d'ordre pratique relevés sur plusieurs tracteurs B en travail courant, d'après le service de la Culture des terres du Gouvernement anglais au début de 1918.

Sept tracteurs B de la batterie de Ross (1), dans le Herefordshire, ont effectué les travaux suivants pendant la dernière semaine de janvier 1918 :

Tracteur.	Surface labourée en une semaine (hectares).	Durée du travail. (heures).	Surface moyenne labourée par heure. (mèt. carrés)
1	12,8	60	2 133
2	12,8	62	2 064
3	12,0	61,5	1 956
4	12,0	68,5	1 752
5	12,0	53	2 268
6	11,2	60	1 866
7	10,4	54	1 924
Totaux. . .	83,2	419	»
Moyennes.	11,8	59,8	1 988

Contrairement à ce qu'on veut pratiquer chez nous, il y a toujours, en Angleterre, deux hommes avec le tracteur, ainsi que nous le recommandons depuis longtemps.

Si l'on considère la surface que laboure pratiquement un tracteur par semaine (2) elle varie de $7^{ha},55$ à $11^{ha},88$ avec une moyenne générale de $8^{ha},32$ pour les 25 tracteurs du type B composant la section du Herefordshire (Ross, Leominster et Hereford) ; l'*Union des laboureurs de Ross*, opérant comme dans les concours de laboureurs de nos Comices agricoles, décerna le premier prix au personnel du tracteur n° 2 du tableau ci-dessus qui laboura $40^{ha},1$ pendant le mois de janvier 1918, et le second prix à l'équipe du tracteur n° 1 qui laboura 40 hectares.

Le record du travail effectué fut adjugé à un tracteur du type B de la batterie opérant dans le comté de Surrey, à Redhill, au sud de Londres. En une semaine, il laboura $20^{ha},4$ tandis que la moyenne de la batterie ne fut que de $4^{ha},8$ par tracteur. On a constaté qu'un grand nombre de tracteurs, bien conduits, du Gouvernement anglais pouvaient, lors d'un beau temps, labourer de 16 à 20 hectares par semaine.

*
* *

Les résultats des essais dynamométriques sont résumés dans les tableaux ci-après :

(1) *Culture mécanique*, t. VI, p. 45.
(2) Il y a des arrêts divers, des mauvais temps, et surtout des déplacements d'un champ à un autre.

Tracteur.	A	A	A	B	B	B	B	B	C	C	C	C	D	D	D	E	E
Numéros d'ordre . .	1	2	3	4 (1) Charrue.	4 (1) Herse.	4 (1) Totale.	5	6	7	8	22	23	24 (1) Charrue.	24 (1) Herse.	24 (1) Totale.	3l	38
Section transversale du labour (décim. carrés).	10,92	16,70	12,83		11,70		17,80	12,28	12,63	9,93	12,96	14,90		17,85		12,70	15,96
Traction moyenne (kilogr.). { totale. .	543,8	835,0	599,1	539,3	260,2	799,5	854,4	568,5	618,8	533,4	745,2	715,2	822,8	171,7	994,5	553,7	853,8
par déc. carré. .	49,8	50,0	46,7	46,1	»	»	48,0	46,3	49,0	57,8	57,5	48,0	46,1	»	»	43,6	53,5
Vitesse moyenne de la charrue dans le rayage (mètres par seconde). . .	0,85	0,80	0,83	»	»	0,81	0,79	1,02	0,57	1,52	1,18	0,85	»	0,82	*	1,06	1,04
Puissance moyenne utilisée au crochet d'attelage. { Kilogr.-parse-conde.	462,23	668,0	497,25	»	»	647,59	674,97	579,87	352,71	810,76	879,33	607,92	»	815,59	»	586,92	897,95
Chevaux-vapeur .	6,16	8,90	6,63	»	»	8,63	8,99	7,73	4,70	9,47	11,72	8,10	»	10,87	»	7,82	11,84

(1) En même temps que la charrue, le tracteur tirait une herse dont les indications ont été données précédemment.

(2) (3) En même temps que la charrue, les machines tiraient latéralement une herse de 30 dents, ayant 1ᵐ.55 de train, travaillant sur les bandes retournées au rayage précédent.

Rappelons que les charrues des essais n°s 1, 2, 3, 4, 5, 6, 22, 23 et 24 sont du même type, pour lesquelles la traction par décimètre carré a varié de 46^kg,1 à 57^kg,5. La charrue employée aux essais n°s 7 et 8 présentait une résistance de 49^kg,0 à 57^kg,8 et pour la charrue des n°s 37 et 38 la traction a oscillé de 43^kg,6 à 53^kg,5. Dans chaque série, les minima, influencés par l'humidité du sol, correspondent à la profondeur pour laquelle le versoir était bien établi, et qui est généralement de 15 à 16 centimètres pour les charrues américaines.

*
* *

Dans le tableau suivant nous avons calculé le coefficient m de la relation :

$$t = mp,$$

dans laquelle t est la traction moyenne observée dans les essais, et p la pression de la ou des roues motrices sur le sol.

Pour avoir une commune mesure, nous y avons ajouté le volume de terre remuée par kilogramme de combustible dépensé, ainsi que le poids de combustible employé par 1 000 mètres cubes de terre (correspondant au labour d'un hectare à $0^m,10$ de profondeur); ces quantités, ne constituant pas à elles seules un critérium, sauf dans le cas de machines comparables à d'autres points de vue, sont données à titre d'indication.

Nous avons ajouté les observations relatives au glissement des roues motrices sur le sol : les chiffres sont approchés, car ils sont basés sur le diamètre de la roue le bandage étant propre, alors que, dans le champ, ce diamètre augmente plus ou moins suivant l'état d'humidité de la couche superficielle du sol.

Tracteur.	A		B				C		D				E	
Numéros d'ordre.	1	2	3	4 (1)	5	6	7	8	21 (2)	22	23	24 (1)	37	38
Coefficient m.	0,28	0,43	0,31	0,42	0,44	0,29	0,89	0,76	0,50	0,39	0,37	0,52	0,50	0,77
Volume de terre remuée par kilogr. de combustible (mèt. cubes).	54,3	60,7	46,7	21,8	49,3	36,4	37,2	41,2	58,8	59,3	58,6	47,8	79,8	91,7
Poids de combustible employé par 1 000 mèt. cubes de terre (kilogr.).	18,4	16,5	21,4	45,9	20,3	27,5	26,9	24,3	17,0	16,9	17,1	20,9	12,5	10,9
Glissement des roues motrices p. 100.	8,9	10,4	10,0	10,9	9,8	7,4	5,5	5,6	3,8	3,9	5,3	7,6	4,5	6,7
Garniture des roues motrices.	Cornières obliques.				Cornières obliques.				Cornières obliques.				Faîtages.	
État du sol.	En très bon état en dessous de la couche superficielle humide.								Bon état.				Bon état.	

Dans un de nos essais de 1916, avec un tracteur dont le réglage du moteur fut très bon et resta heureusement invariable dans diverses conditions de fonctionnement sur le même champ (roulement à vide sur le guéret et traction en travail courant), nous avons constaté que, pour un effort moyen de 100 kilogrammes exercé sur un parcours

(1) Dans les essais n°s 4 et 24, les tracteurs tiraient une herse en même temps que la charrue.
(2) L'essai n° 21 eut lieu dans un sol très sec et très dur ne contenant que 3,8 p. 100 d'eau.

de 1 000 mètres, la consommation à ajouter à celle du roulement à vide était de $2^{kg},205$; ce chiffre n'est donné qu'à titre d'indication, car il demande à être vérifié, quand nous en aurons l'occasion, avec plusieurs autres tracteurs de divers modèles.

Avec une charrue nécessitant une traction moyenne de 694 kilogrammes, la consommation par hectare était de 30 kilogrammes, dont 12 kilogrammes pour le roulement à vide et 18 kilogrammes pour la traction (ou 17 et 25 litres) ; c'est sur les 18 kilogrammes (ou les 25 litres) employés par hectare pour la traction utile que l'emploi d'un *amortisseur* permet de réaliser une économie de consommation pouvant varier de 10 à 30 p. 100.

VI. Traction maximum et traction moyenne pratiquement utilisable. — Nos recherches de 1910 (1) ont montré qu'on peut estimer la traction moyenne t pratiquement utilisable par une machine de culture en fonction de la traction maximum T que l'appareil peut fournir au crochet d'attelage :

$$t = 0,57\,T.$$

La traction maximum T correspond soit au calage du moteur, ou, si ce dernier est assez puissant, à l'enterrage de la ou des roues motrices qui tournent alors sur place en s'enterrant, et le tracteur se taupe.

Le tableau suivant résume un certain nombre de constatations ; nous y ajoutons les coefficients M et m', des relations :

$$T = M p \qquad \text{et} \qquad t = m' p,$$

dans lesquelles p est le poids porté par les roues motrices, T la traction maximum et t la traction moyenne pratiquement utilisable sur laquelle on peut tabler afin que le tracteur puisse vaincre les résistances momentanées qui se manifestent en travail pratique.

Tracteur.	B	C	D		E
Traction maximum T (kg.).	1 350	950	1 200 (2)	1 400 (3)	1 400
Coefficient M	0,71	1,36	0,63	0,74	1,26
Traction moyenne pratiquement utilisable t (kg.).	769	541	684	798	798
Coefficient m'	0,40	0,77	0,36	0,42	0,71

Les tractions T et t sont surtout influencées par les configurations, dispositions, écartements et dimensions des pièces d'adhérence (cornières obliques, faîtages).

Pour les pièces d'adhérence des roues motrices il y a lieu de donner la préférence aux cornières obliques ne débordant pas inutilement le bandage ; viennent ensuite, par ordre décroissant, et produisant même un mauvais résultat cultural par la compression locale du sol, et souvent par le malaxage de la terre : les faîtages, les ogives surhaussées, les cornières parallèles à l'essieu et, enfin, en dernier lieu, les ogives surbaissées comme celles des tracteurs américains destinés aux travaux de voirie.

VII. Travaux de printemps. — Les résultats de nos essais de 1916 relatifs aux travaux de printemps, effectués les uns en terre légère, très sableuse, de Gournay-sur-

---

(1) *Annales de l'Institut national Agronomique*, 2ᵉ fascicule de 1912, *Culture mécanique*, t. I, p. 82.

(2) Dans cet essai, la terre était très sèche (elle ne contenait que 3,8 p. 100 d'eau) et les cornières pénétraient peu dans le guéret.

(3) Dans cet essai, la terre, contenant 11 p. 100 d'eau, était en bon état pour être labourée.

Marne (densité de la terre, 2 140 ; teneur en eau, 10,4 pour 100), les autres en terre forte de Noisy-le-Grand (densité de la terre, 2 050 ; teneur en eau, 15,1 pour 100) peuvent se condenser dans le tableau suivant.

Travaux.		Profondeur de la culture.	Terre légère.		Terre forte.	
			Surface pratiquement travaillée par heure.	Consommation d'essence minérale par hectare.	Surface pratiquement travaillée par heure.	Consommation d'essence minérale par hectare.
		centim.	mèt. carrés.	kg. (1).	mèt. carrés.	kg. (1).
Labour		15	»	»	2 420	28,5 (2)
		16	2 320	28,6	»	»
		20	»	»	2 360	30,6
		21	2 460	27,2	»	»
Cultivateur à dents flexibles sur labour.	Ancien.	6,5	4 760	9,3	»	»
		10	»	»	3 330	19,3
	Récent.	11	4 750	10,0	»	»
Cultivateur à dents flexibles suivi d'un rouleau brise-mottes, sur labour ancien.		10	»	»	3 220	23,5
Herse, après passage du cultivateur à dents flexibles suivi du rouleau brise-mottes, sur labour ancien.		4,5	»	»	6 900	11,9
Pulvériseur simple, sur labour récent		10	4 960	10,5	»	»

VIII. **Travaux sur terres incultivées.** — Comme beaucoup de terres incultes du fait de la Guerre pourraient être utilement préparées à l'aide du cultivateur et du pulvériseur, il était intéressant d'avoir une idée du travail de ces machines lors de leur premier passage sur un ancien guéret, passage qui est toujours le plus pénible ; voici les principaux résultats constatés en 1916.

Profondeur de la culture (centimètres).			4	7	10
Cultivateur à dents flexibles :					
Surface pratiquement travaillée par heure (mèt. carrés).	En terre légère. . . .	»	4 760	»	
	En terre forte	»	»	3 180	
Consommation d'essence minérale par hectare (kilog.).	En terre légère. . . .	»	8,2	»	
	En terre forte	»	»	19,8	
Pulvériseur simple (en terre légère) :					
Surface pratiquement travaillée par heure (mèt. carrés) . .		5 000	»	»	
Consommation d'essence minérale par hectare (kg.). . . .		8,1	»	»	

(1) L'essence minérale avait une densité de 725 ; 1 kilogramme représente 1^{lit},38.

(2) La vérification en travail pratiqué aux environs d'Étampes, sur une pièce de près de 9 hectares (8,90), en terre argilo-calcaire fortement tassée, ancien aérodrome laissé depuis plusieurs années en pacage à moutons, est la suivante :

Surface pratiquement labourée par heure (mètres carrés). . .		1 977
Essence minérale employée par hectare	(litres).	39,32
	(kilogrammes). .	28,50
Lubrifiants employés par hectare. . . .	Huile (litres)	2,69
	Valvoline (kilogrammes).	0,90
	Graisse consistante (kilogrammes). .	0,22

Par suite de la longue durée des hostilités, ouvrant d'énormes brèches parmi les travailleurs ruraux et dans le troupeau, la Culture mécanique s'impose d'une manière inéluctable ; on est actuellement contraint de l'appliquer à la plupart des champs disposés favorablement, comme nature de sol, étendue et pente, pour l'exécution économique des principaux travaux de culture.

La situation actuelle est autrement grave que celle qui suivit la Guerre de 1870-1871, laquelle fut courte et infiniment moins meurtrière. Des pays voisins (Italie, Belgique, Irlande) purent alors fournir à la France des bêtes à cornes ; des chevaux nous vinrent de l'Autriche-Hongrie. Après la Guerre de 1914-1918, il ne faut pas compter sur les importations de main-d'œuvre rurale et d'animaux de trait, de sorte que, si l'on n'a pas recours à la Culture mécanique, de grandes étendues risquent de rester en friche pendant plusieurs années.

Nous croyons pouvoir terminer en disant que si, avec difficultés et grands frais résultant de la Guerre, nous pouvons nous procurer des appareils de Culture mécanique et d'autres machines agricoles, nous rencontrons des difficultés encore plus grandes pour nous procurer des **mécaniciens ruraux**, pour lesquels on n'a pour ainsi dire encore rien fait, bien que nous ayons appelé l'attention, à de nombreuses reprises, sur cette question des plus importantes à l'heure actuelle.

Usure des pièces des machines agricoles (1)

Les pièces métalliques qui entrent dans la constitution des machines agricoles sont soumises à diverses résistances (extension, compression, flexion, torsion) dont la plupart sont d'un calcul assez facile. Le problème devient plus difficile quand on doit considérer l'action incessante des chocs développant des efforts momentanés élevés, que nous avons déjà cherché à évaluer (2), et qui tendent à ébrécher ou à déformer les pièces.

Sur l'initiative de M. H. Le Chatelier, nous avons été chargé, par la Société d'Encouragement à l'Industrie Nationale, de recherches sur la nature des métaux employés dans la construction des machines agricoles (dureté et fragilité), complétées par des essais métallographiques, traitements thermiques et analyses chimiques. Pour beaucoup de pièces travaillantes, il faut surtout considérer leur résistance à l'usure par frottement dans le sol suivant les diverses conditions de fonctionnement.

Un procédé simple consiste à essayer dans les champs chaque genre de pièces de différents métaux travaillant sous différentes charges ; chaque pièce est reliée à un chariot spécial tiré par un attelage et muni d'un enregistreur du chemin parcouru.

Ce procédé est très long, car certaines pièces travaillantes, comme les coutres de semoirs en lignes, sont usées après un parcours de plus de 2000 kilomètres, et il faut leur faire faire au moins de 100 à 200 kilomètres dans les champs pour tirer une conclusion de chaque essai.

Ajoutons que, pour les mêmes pièces, il faut effectuer des essais comparatifs dans les diverses terres (siliceuses, argileuses, calcaires, silico-argileuses, silico-calcaires,

(1) Communication à l'Académie des Sciences (séance du 3 novembre 1919).
(2) *Comptes rendus*, t. CXXXVII, octobre 1903, p. 644.

pierreuses, etc.), se trouvant dans différents états d'humidité et par suite de ténacité.

A propos de la grande influence de l'humidité du sol, nous pouvons donner une de nos constatations suivantes : dans une terre un peu légère, en été, par un temps très sec, un soc de charrue est usé (et doit être porté à la forge) après un parcours de 2 400 à 3 000 m., alors que, dans la même terre, en septembre, dès que le sol a été mouillé, le même soc de charrue peut ouvrir une raie longue de 30 000 à 34 000 mètres avant d'être raffilé.

En appliquant le procédé dont nous avons parlé plus haut, même limité à un petit nombre de métaux, on voit que les essais directs, dans les champs, sont très longs et très coûteux, par suite inapplicables.

Nous avons tourné la difficulté de la façon suivante. Les pièces sont déplacées dans un sol déterminé par un grand manège mû, à la vitesse voulue, par un moteur électrique; un compteur enregistre le chemin parcouru qui peut représenter autant de kilomètres qu'on veut.

Dans ces conditions, pour un genre donné de pièces travaillantes, après un certain parcours L on constate une usure a.

Un *étalon*, en métal homogène, d'une usure très rapide, ayant les mêmes dimensions que les pièces essayées, indique au manège une usure A pour un parcours bien plus réduit l.

Pour obtenir les rapports des usures des pièces dans les différents sols, on fait faire ensuite dans les champs, dont les terres sont de diverses natures, un parcours l' aux pièces étalons qui révèlent une usure A'.

Il est facile alors de comparer les usures A' et A avec a et d'en déduire les parcours L' que chaque nature de métal peut supporter dans les différentes terres avant que la pièce soit assez usée pour être remise en état à la forge ou être mise au rebut.

Avec cette méthode, les essais dans les champs avec les pièces étalons s'effectuent en une journée permettant d'obtenir une usure appréciable A'; on peut alors multiplier ces essais dans différentes terres à différents états d'humidité, c'est-à-dire à différentes époques de l'année.

Enfin, pour chaque genre de pièces travaillantes (formes, dimensions et charges), on doit opérer avec des métaux différents comme constantes physiques, composition chimique et ayant subi divers traitements thermiques, afin de pouvoir indiquer, dans chaque cas, les parcours L' sur lesquels on peut utiliser pratiquement les pièces travaillantes des machines destinées à la culture du sol.

Le même principe général d'expérimentation, avec emploi d'un étalon approprié d'usure rapide, peut s'appliquer à l'étude de la résistance à l'usure des différentes pièces employées dans la construction de toutes les machines agricoles.

*
* *

Notre programme de recherches est divisé en trois parties :

1° Étude des métaux des différentes pièces des machines agricoles réputées, construites avant la Guerre, lorsque nos constructeurs étaient à même de choisir leurs matières premières (le plus difficile est de chercher les échantillons en visitant des exploitations agricoles, surtout celles de mes anciens Élèves, seuls capables de comprendre le but scientifique de ces recherches et incapables de me tromper sur la provenance des pièces).

2° Étude des nouveaux métaux, suivant la méthode expérimentale dont le principe a été indiqué ci-dessus.

3° Vérification pratique, en travail courant, des résultats indiqués par la deuxième partie du programme.

La Culture mécanique dans les Régions libérées.

Le Service de la Culture des terres qui a été institué en 1917 au Ministère de l'Agriculture, a été dénommé ensuite Service de la Motoculture. Par un décret du 18 septembre le Service a été transféré au Ministère des Régions libérées.

Depuis l'armistice, ce Service a porté son effort presque exclusivement sur les régions libérées et a concentré sur ces régions la totalité du matériel dont il dispose. Il limitera désormais son activité à ces régions pour laisser à l'initiative individuelle et aux Associations agricoles le soin de mettre les terres en valeur dans le reste de la France.

****

La circulaire suivante a été adressée, le 7 novembre 1919, par M. Tardieu, Ministre des Régions libérées, aux Préfets des départements atteints par les événements de Guerre, afin d'instituer un régime d'avances en faveur des Agriculteurs sinistrés, pour leur faciliter l'acquisition de tracteurs agricoles mis aux enchères.

« En vue de faciliter aux Agriculteurs sinistrés l'achat de tracteurs agricoles provenant du Service de la Motoculture et mis aux enchères, j'ai décidé d'étendre à ce matériel les dispositions de ma circulaire du 17 juin 1919, instituant un régime d'avances pour les achats de véhicules automobiles et de chevaux.

« Tout sinistré désirant acheter un ou plusieurs tracteurs dans une vente aux enchères fera parvenir à l'Office de Reconstitution agricole au Ministère des Régions libérées (223, rue Saint-Honoré, à Paris) une demande accompagnée d'un extrait de son compte de dommages de Guerre, et d'un engagement pris par lui d'exploiter personnellement avec le tracteur durant le temps qui sera fixé par la décision attribuant la subvention.

« L'Office de Reconstitution agricole délivrera au demandeur une autorisation et une reconnaissance d'achat. Cette dernière pièce, remplie par l'Agriculteur, sera remise au Service des Domaines, qui la transmettra à l'Office de Reconstitution agricole en vue d'obtenir le payement du montant de l'achat qui sera effectué au moyen d'un ordre de versement établi au nom du receveur des domaines intéressé.

« L'Office de Reconstitution agricole sollicitera, s'il y a lieu, pour les appareils neufs la subvention du Ministre de l'Agriculture et fera imputer au compte de dommages de guerre de l'agriculteur intéressé les 50 pour 100 qui restent à sa charge.

« Je vous serai très obligé de prendre d'urgence toutes mesures utiles pour mettre en application, dans le moindre délai, ce nouveau régime d'avances et pour lui donner immédiatement toute la publicité nécessaire. »

Tournevis.

La lame des tournevis ordinaires est plate ; elle présente une section rectangulaire, souvent trop faible, de sorte que la pièce se déforme par la torsion sous l'action d'un grand effort ; quand on se sert du tournevis comme levier, ce qui est d'ailleurs une mauvaise opération pour laquelle l'outil n'est pas fait, on casse la lame trempée qui travaille à la flexion.

Pour remédier aux inconvénients ci-dessus, la Société des moteurs Lapertot (Le Rond-Point, à Saint-Étienne, Loire) a eu l'idée d'utiliser la baïonnette d'infanterie

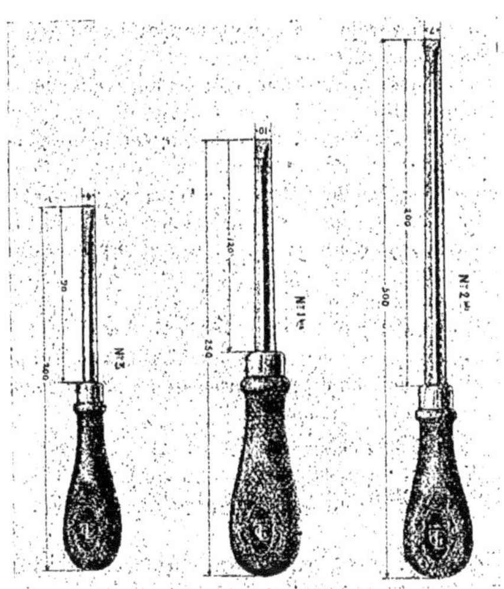

Fig. 64. — Tournevis *le Rosaly's* (1).

comme lame de tournevis. La section en croix de la baïonnette présente le maximum de résistance à la torsion et à la flexion pour un même poids de métal.

Les tournevis dont nous parlons, désignés sous le nom significatif de *Rosaly's*, se fabriquent suivant cinq modèles tirés de la base, de la partie médiane ou du sommet de la baïonnette, c'est-à-dire qu'ils sont plus ou moins forts et longs ; la lame est trempée sur toute sa longueur et le biseau est donné à la meule.

* *

La figure 64 montre trois de ces tournevis emmanchés ; les lames ont 6,10 et 7 millimètres de largeur de biseau et, respectivement, 90, 120 et 200 millimètres de longueur.

Le tournevis étant d'un usage courant dans nos exploitations agricoles, où il nous faut surtout un outillage solide et résistant, nous avons pensé qu'il était intéressant de signaler ces nouveaux modèles, qui peuvent faire partie de l'outillage des appareils de Culture mécanique et des automobiles.

(1) Figure extraite du *Journal d'Agriculture pratique*.

Subventions à la Culture mécanique en France.

Un arrêté du ministre de l'Agriculture et du Ravitaillement, en date du 16 juillet 1919, a modifié quelques-unes des dispositions relatives à l'attribution de subventions aux groupements et Syndicats agricoles, ainsi qu'aux départements et aux communes, pour l'achat d'appareils de Culture mécanique (1). Les règles nouvelles sont formulées dans les articles 3 et 4 du nouvel arrêté ; voici le texte de ces articles :

Art. 3. — Les bénéficiaires doivent s'engager, réserve faite du cas prévu à l'article 4, à exploiter personnellement les appareils pour l'acquisition desquels une subvention leur aura été accordée, pendant au moins trois ans pour les appareils ne dépassant pas 25 chevaux, cinq ans pour les tracteurs dont la puissance varie entre 25 et 50 chevaux et sept ans pour les matériels de 50 chevaux et au-dessus, ainsi que pour les appareils électriques et à vapeur.

En cas d'inobservation de cette condition, la subvention devra être reversée au Trésor.

Art. 4. — Les départements, communes, syndicats de communes ou groupements professionnels ayant souffert de l'invasion, ainsi que l'Office de Reconstitution agricole au ministère des Régions libérées, qui auront bénéficié de subventions, par application de l'article 1er ci-dessus pourront rétrocéder leurs appareils sans bénéfice à un ou plusieurs agriculteurs victimes de dommages de guerre, sous la réserve mentionnée au paragraphe suivant:

Chaque agriculteur acquéreur devra s'engager envers le cédant (départements, communes, syndicats de communes, groupement professionnel ou Office de reconstitution agricole) à réaliser la condition prévue à l'article 3 du présent arrêté. En cas d'inobservation de cette condition, le cédant sera tenu de reverser au Trésor la subvention qu'il aura reçue.

Les contrats à intervenir à l'occasion de ces rétrocessions seront soumis à l'approbation du ministre de l'Agriculture et du Ravitaillement.

Le versement de la subvention n'est effectué qu'après que le bénéficiaire aura justifié de la réception des appareils et du paiement de la partie de la dépense à sa charge.

Alors qu'il y avait le projet de supprimer toutes les subventions aux Agriculteurs faisant l'acquisition d'appareils de Culture mécanique d'origine étrangère (avant l'arrêté du 26 décembre 1919), l'Union agricole et viticole de Chalon-sur-Saône (Saône-et-Loire) a émis, sur ce sujet, dans sa séance du 14 novembre 1919, le vœu suivant :

L'*Union Agricole et Viticole*, après avoir examiné les conséquences qui pourraient résulter de l'application du projet de M. le Ministre tendant à n'accorder de subvention qu'aux seuls instruments de motoculture de fabrication française, à l'exclusion de toute autre marque, émet le vœu que ce projet soit rapporté jusqu'à ce que l'industrie française, à laquelle nous accordons toute notre confiance, soit à même de satisfaire aux demandes et aux besoins de l'agriculture et de la viticulture.

Dans la discussion qui a précédé l'adoption de ce vœu, il a été affirmé que, d'après l'enquête à laquelle s'est livré M. Bidault, vice-président, les constructeurs français sont, actuellement, dans l'impossibilité de satisfaire le quart des demandes et qu'ils réclament des délais incompatibles avec les besoins des Agriculteurs.

____

(1) Voir les arrêtés antérieurs : du 7 septembre 1915 (*Culture mécanique*, t. IV, p. 42) ; — 8 octobre 1917 (*Culture mécanique*, t. V, p. 154) ; — 23 octobre 1918, relatif aux Régions victimes de l'invasion (*Culture mécanique*, t. VI, p. 130) ; — 17 février 1919, relatif aux appareils destinés aux vignes, p. 56.

**

***

De son côté, la Chambre syndicale des importateurs français et alliés de tracteurs agricoles et 'de matériel de Culture mécanique a adressé, à la date du 20 novembre 1919 au Ministre de l'Agriculture, la lettre ci-dessous :

Monsieur le Ministre,

Le Groupement des importateurs de tracteurs agricoles vient d'être informé que vous seriez disposé à révoquer le décret de M. le ministre de l'Agriculture du 16 juillet.1919, en ce qui concerne les subventions accordées aux acheteurs de tracteurs agricoles d'importation étrangère.

Le Groupement des importateurs, lésé dans ses intérêts, attire votre haute attention sur la répercussion qu'une telle mesure d'exception aurait non seulement sur les rapports économiques entre la France et la grande démocratie alliée, mais surtout sur les besoins de l'Agriculture.

En effet, l'industrie des fabricants français de tracteurs est insuffisante pour subvenir aux besoins du pays, et tout spécialement des Régions libérées, en tracteurs légers pour la moyenne et la petite culture.

Les régions libérées ont déjà reçu plusieurs milliers de tracteurs étrangers et elles en réclament encore environ 5 000 en dehors de ceux qu'elles comptent recevoir de l'industrie française.

Voilà pourquoi le Groupe des importateurs réclame de votre haute sagesse le maintien de l'égalité de traitement pour tous les acquéreurs de tracteurs agricoles, sans distinction d'origines, seule mesure équitable et pouvant permettre de donner satisfaction à tous les besoins.

Les importateurs vous demandent respectueusement de les fixer en tous cas au plus vite, en raison de la nécessité où ils sont de modifier ou non leurs ordres d'importation et la constitution de leurs stocks.

Ils vous prient, Monsieur le ministre, de considérer l'impossibilité où ils se trouveraient ultérieurement de faire venir en temps utile des tracteurs en cas de rétablissement des subventions au printemps prochain, car leur importation exige au moins un délai de quatre mois.

« Cette lettre, dit M. Henry Sagnier, dans sa *Chronique du Journal d'Agriculture pratique*, mérite d'être prise en sérieuse considération. Quelque intérêt qu'on doive porter au développement de la construction française, il est notoire que cette industrie n'est pas en mesure de répondre actuellement aux besoins des Agriculteurs ; c'est donc à l'encontre des intérêts de ceux-ci qu'aboutirait immédiatement la mesure contre laquelle il est protesté dans la lettre qu'on vient de lire.

Ce n'est pas en vue de protéger l'industrie nationale que des encouragements ont été alloués aux acheteurs d'appareils de culture mécanique, mais bien pour permettre à ceux-ci de lutter contre la pénurie de la main-d'œuvre pour les travaux aratoires. Les difficultés sont toujours aussi grandes qu'au moment où le Gouvernement a pris l'initiative de ces allocations ; il n'y a donc pas de motifs pour supprimer celles-ci à l'encontre de la partie la plus importante du matériel que les Agriculteurs peuvent se procurer aujourd'hui. »

Arrêté du Ministre de l'Agriculture et du Ravitaillement (M. Noulens), en date du 26 décembre 1919, relatif à la concession des subventions pour l'achat en commun des appareils destinés à la Culture mécanique.

Art. 1er. — Les groupements professionnels agricoles, viticoles, horticoles, maraîchers, etc., comptant au moins sept participants, peuvent recevoir des subventions pour l'achat en commun des appareils destinés à la Culture mécanique et devant être utilisés conformément aux règles ci-après.

Ces subventions peuvent être également accordées, dans les mêmes conditions, aux départements, aux communes ou syndicats de communes, ainsi qu'aux écoles d'agriculture.

Art. 2. — Les demandes de subventions sont adressées au Ministre de l'Agriculture, par l'intermédiaire du Préfet et avec son avis. Elles sont accompagnées des pièces suivantes, vérifiées par le Directeur des Services agricoles :

1° Description du matériel, avec indication de son prix et du mode de libération consenti par le fournisseur ;

2° S'il s'agit d'un groupement professionnel :

Deux exemplaires des statuts de l'association et note indiquant le nombre des adhérents, la surface exploitée par chacun d'eux, les ressources dont ils disposent et les bases de répartition des dépenses et charges communes;

S'il s'agit d'un département, d'une commune ou d'un syndicat de communes :

Délibération du Conseil général, du Conseil municipal ou du Comité du Syndicat intercommunal, autorisant l'opération et déterminant les ressources destinées à y faire face ;

3° Règlement intérieur relatif aux conditions d'emploi de l'appareil par les adhérents ;

4° Bilan prévisionnel de l'entreprise;

5° Rapport sommaire faisant connaître les caractères géologiques, topographiques et agrologiques de la région, la superficie à cultiver, son état de morcellement ;

6° Engagement prévu aux articles 3 ou 4 ci-après ;

7° Bons de commande ou leur duplicata certifiés ;

8° Délibération de l'assemblée générale ou conseil (suivant les statuts), votant l'achat du matériel et indiquant l'origine des ressources ;

9° Pièces justificatives des mouvements de fonds effectués ou prévus ; modes et délais de remboursement.

En outre, pourront être exigées toutes pièces justificatives complémentaires.

Art. 3. — Les subventions pour l'achat en commun des appareils de Culture mécanique seront calculées comme suit :

Pour les tracteurs directs, tracteurs toueurs, tracteurs à treuil double, matériels de labourage à vapeur ou électrique :

a) 25 pour 100 pour les appareils fabriqués en France ;

b) 10 pour 100 pour les appareils d'importation étrangère.

Les groupements d'achat en commun qui obtiennent des subventions, doivent s'engager, au nom de leurs adhérents bénéficiaires individuels ou collectifs, à employer, pendant au moins trois ans, les tracteurs ne dépassant pas 25 chevaux, pendant cinq ans les tracteurs dont la puissance est supérieure à 25 chevaux, ainsi que les matériels de labourage à vapeur ou électrique.

Les groupements bénéficiaires devront justifier, en outre, que les tracteurs d'une puissance supérieure à 25 chevaux, sont utilisés, chaque année, sur les terres de trois exploitants au moins. Les appareils dépassant 50 chevaux, ainsi que les matériels à vapeur ou électrique, devront être utilisés sur les terres de cinq exploitants au moins.

Art. 4. — Lorsque les groupements acquéreurs de matériels de Culture mécanique seront des coopératives organisées en vue de l'utilisation en commun de leurs appareils, les subventions pourront être majorées de 10 pour 100 pour les appareils fabriqués en France et de 5 pour cent pour ceux d'importation étrangère.

Tous ces appareils devront être utilisés en commun, conformément aux dispositions du règlement intérieur, et à l'aide d'un personnel spécialisé, salarié par la coopérative.

Les coopératives bénéficiaires de ces subventions devront grouper au moins vingt membres actifs et contracter un engagement analogue à celui prévu à l'article 3, en ce qui concerne la durée d'exploitation du matériel.

Art. 5. — En même temps que les matériels ci-dessus énumérés, pourront bénéficier d'une subvention calculée sur les mêmes bases, suivant qu'ils seront fabriqués en France ou d'importation étrangère, ou qu'ils seront utilisés dans les conditions prévues aux articles 3 ou 4, les instruments de culture ou accessoires suivants :

1° Avec les tracteurs : une charrue par appareil ;

2° Avec les groupes de 10 tracteurs au moins : 1 charrue par tracteur, 1 atelier volant de réparation ;

3° Avec les tracteurs de plus de 50 chevaux et à treuil double : 2 charrues dont l'une devant servir exclusivement aux travaux de défoncement, 2 câbles de traction, 1 atelier volant de réparation ;

4° Avec les matériels de labourage à vapeur : 2 charrues dont l'une devant servir exclusivement aux travaux de défoncement, 2 câbles de traction, 1 atelier volant de réparation ;

5° Avec les matériels de labourage électrique, 1 transformateur ; 3 kilomètres au maximum de lignes volantes ou câbles électriques d'alimentation ; 2 charrues dont l'une devant servir exclusivement aux labours de défoncement ; 2 câbles de traction ; 1 atelier volant de réparation.

Art. 6. — Les subventions seront imputées sur le chapitre des Encouragements à l'Agriculture.

Art. 7. — Les versements des subventions ne seront effectués qu'après que les bénéficiaires auront justifié de l'acquisition et de la livraison des appareils et du payement de la partie de la dépense à leur charge.

Art. 8. — Les bénéficiaires des subventions seront inspectés par des délégués du Ministre de l'Agriculture qui vérifieront la comptabilité, le fonctionnement des ateliers de réparation, l'ordre de tournées des matériels et leur utilisation suivant les dispositions des articles 3 et 4. En cas d'inexécution des conditions prescrites par le présent arrêté, les subventions seront reversées au Trésor.

Art. 9. — Le Directeur des Services agricoles présentera chaque année au Ministre de l'Agriculture et du Ravitaillement un rapport sur les résultats fournis par les matériels qui auront fait l'objet de subventions dans son département.

Art. 10. — Les arrêtés des 7 septembre 1915, 8 octobre 1917, 23 octobre 1918, 17 février 1919 et 16 juillet 1919 sont rapportés.

Art. 11. — Toutefois, à titre transitoire, le régime des subventions, tel qu'il est défini par l'arrêté du 16 juillet 1919, subsistera jusqu'à ce jour, pour les dossiers parvenus et enregistrés au ministère de l'Agriculture avant la date du présent arrêté (26 décembre 1919) et transmis avec l'avis du Préfet et du Directeur des Services agricoles.

Art. 12. — Le Directeur de l'Agriculture est chargé de l'exécution du présent arrêté.

On craignait la suppression complète des subventions aux Agriculteurs. En résumé, le montant de la subvention pour l'ensemble du matériel (appareils de Culture mécanique et charrues) ne dépassera pas 25 pour 100 et pourra atteindre 30 pour 100 pour les appareils de construction française. La subvention pour le matériel de fabrication étrangère est réduite à 10 et à 15 pour 100.

De toutes parts, les protestations se sont élevées contre l'arrêté du 26 décembre, tant pour le montant des subventions que pour la date d'application du dit arrêté ; nous en citerons ci-dessous un certain nombre.

L'émotion soulevée par l'arrêté du 26 décembre 1919 sur la réduction des subventions pour l'achat en commun des appareils de Culture mécanique fut intense ; elle prit des proportions spéciales dans les Régions libérées où le travail agricole rencontre tant de difficultés ; on y trouve étrange que, dans les Régions non atteintes par la guerre, les subventions aient eu leur effet depuis quatre ans, tandis que, dans les Régions sinistrées, elles n'auraient été appliquées que pendant une année à peine.

Dans sa réunion du 24 janvier 1920, la **Société centrale d'Agriculture de Meurthe-et-Moselle** s'est faite l'interprète de ces sentiments ; elle a émis un vœu fortement motivé, dont voici un extrait :

Considérant que dans beaucoup de Régions des pays libérés, la possibilité de mettre en culture date seulement de quelques mois, que dans d'autres cas elle va seulement commencer et que les intéressés n'ont pas eu le temps matériel de prendre une décision dans une affaire de cette importance ;

Considérant d'autre part que la capacité de production de nos industriels français est à l'heure actuelle insuffisante pour donner à nos Agriculteurs des Régions libérées les moyens matériels de se mettre à la culture du blé, culture dont le développement est absolument indispensable dans l'intérêt de notre change ;

Considérant enfin que les coopératives d'au moins vingt membres actifs seront d'une réalisation rare et, de plus, d'une administration très compliquée ;

Proteste énergiquement contre cette mesure et demande à la Confédération générale des Associations agricoles des Régions dévastées de bien vouloir intervenir auprès de M. le Ministre des Régions libérées pour que le régime du 16 juillet 1919 soit maintenu en faveur des Régions libérées pendant une durée au moins égale à celle pendant laquelle le reste du pays a pu bénéficier de la dite subvention spécialement en ce qui concerne :

1° La subvention de 50 pour 100 pour les appareils achetés par l'Office de Reconstitution.

2° Le droit pour cet Office de rétrocéder des appareils aux petits groupements et aux cultivateurs isolés victimes de l'invasion.

Et que, de plus, le Service de la Motoculture, dont le rendement est insuffisant eu égard aux sommes énormes dépensées, cède petit à petit la place à une organisation qui mettrait les crédits à la disposition des Syndicats et des Coopératives agricoles et les aiderait à acheter des tracteurs et à installer des ateliers de réparation et magasins de pièces de rechange.

Ce vœu a été émis sur la proposition de M. Louis Michel, président de la Société, élu récemment sénateur.

*
* *

Le vœu suivant a été émis au Congrès de Châteauroux (25 janvier 1919) de la Fédération des Associations agricoles du Centre :

1° Que les demandes de subvention produites par les Syndicats et les Coopératives de motoculture, antérieurement à l'arrêté du 26 décembre 1919, soient solutionnées sur les bases de l'arrêté de 1919 ;

2° Que le taux ancien des subventions (50 pour 100 du prix d'achat) soit maintenu pour l'année 1920 ;

3° Que ces subventions soient accordées pour tous les appareils achetés par les syndicats et les coopératives de motoculture — que ces appareils soient destinés à être exploités en commun ou à être rétrocédés à leurs membres ;

4° Que soient simplifiées les formalités imposées aux Syndicats et aux Coopératives de motoculture qui désirent bénéficier des subventions de l'État ;

5° Que tous les règlements actuels, mal adaptés à l'organisation sommaire de nos petits groupements agricoles, soient modifiés dans le plus bref délai possible.

* *
*

M. Tonny Ballu, Ingénieur agronome, fit la communication suivante à l'Académie d'Agriculture, dans la séance du 11 février 1920 :

Jusqu'au 26 décembre 1919, le régime des subventions destinées aux Syndicats ayant fait l'acquisition de machines de Culture mécanique était fixé par les lois du 2 janvier 1917 et du 7 avril 1917, par le décret du 6 mai 1917 et par l'arrêté du 16 juillet 1919.

Au point de vue budgétaire, ces subventions étaient puisées à deux sources différentes :

1° Les subventions de 33 p. 100 accordées à tous les Syndicats achetant moins de cinq appareils étaient prélevés sur le chapitre *Encouragements à l'Agriculture* du budget *régulier* du Ministère de l'Agriculture ;

2° Les subventions de 50 p. 100 dont bénéficiaient les Syndicats de Culture mécanique ayant acheté plus de cinq appareils, étaient prélevées sur un budget de *Dépenses exceptionnelles de Guerre*, affecté au Service de la Motoculture.

Ce Service de la Motoculture dépendait du Ministère de l'Agriculture jusqu'au 8 novembre 1919. Un décret de cette date l'a rattaché au Ministère des Régions libérées.

Un autre décret du 12 novembre 1919 stipule toutefois que, jusqu'au 31 décembre 1919, la liquidation et l'ordonnancement des subventions faites sur ce chapitre resteront sous le contrôle du Ministère de l'Agriculture.

Dans les anomalies qui résultent de cet enchevêtrement de lois, décrets et arrêtés, il est assez curieux de constater que depuis le 8 novembre, le Ministère des Régions libérées a hérité des crédits spéciaux et des droits d'allouer des subventions de 50 p. 100. Il en résulte que rien n'empêche le Ministère des Régions libérées de continuer à allouer les subventions de 50 pour 100, *même* pour l'intérieur de la France.

Les grandes lignes de l'arrêté du 26 décembre 1919 qui détruit les prescriptions prévues par l'arrêté de juillet 1919, sont les suivantes :

a) Réduction du taux des subventions.

b) Le taux est différent suivant qu'il s'agit d'appareils français ou d'appareils étrangers.

L'arrêté réduit à 10 pour 100 le taux des subventions à accorder aux appareils étrangers, et à 25 pour 100 celui destiné aux appareils français.

Dans certains cas (cas de Coopératives de motoculture comprenant au moins vingt membres), les subventions peuvent aller jusqu'à 15 pour 100 pour les appareils étrangers, et jusqu'à 35 pour 100 pour les appareils français.

c) L'arrêté est exécutoire à la date même du 26 décembre, sauf pour les Syndicats qui auraient envoyé au Ministère de l'Agriculture, avant le 26 décembre, leurs dossiers complets, *y compris l'avis favorable du Préfet et le visa du Directeur des Services agricoles du département.*

La réduction des subventions de 33 et de 50 pour 100, suivant les cas, à 10, 15, 25 ou 35 pour 100, suivant les autres cas prévus au nouvel arrêté, est de nature à porter un préjudice très grave au développement de la Culture mécanique et par suite à l'intensification de la production agricole.

On a estimé, sans doute, que la Culture mécanique était suffisamment vulgarisée, que l'État avait fait ce qu'il devait ; et que d'ailleurs le cultivateur avait, dans beaucoup de cas, gagné suffisamment pendant la Guerre pour n'y point regarder à payer un peu plus cher un tracteur.

Si l'on remarque qu'un tracteur de type moyen, du prix de 20000 francs, peut labourer et préparer chaque année environ 100 hectares de terres à blé, on en déduit que — *pour toutes les terres dont la mise en culture ne se ferait pas actuellement sans le secours de la moto-*

culture, — la récolte de blé due à l'emploi de ces procédés mécaniques est d'au moins 1 500 quintaux par tracteur employé. La subvention de 50 pour 100 coûtait donc à l'État 10 000 francs par tracteur, mais lui économisait la différence entre le prix du blé exotique et le prix du blé français (environ 25 francs), soit pour 1500 quintaux, la somme de 37 500 francs.

En amortissant le tracteur en trois ans seulement, et en admettant, ce qui n'est pas improbable, que pendant deux ans encore (en plus de cette année) nous ayons besoin de recourir à l'importation étrangère du blé, il en résulte qu'en donnant une subvention de 10 000 francs (en billets de banque au profit de l'Agriculture française), l'État aurait la certitude — jusqu'à concurrence des besoins d'importation en blé — de réaliser par tracteur une économie approximative de 100 000 francs (à exporter, en or, au profit de l'étranger).

Un autre motif qui a, paraît-il, contribué à l'abaissement du taux des subventions aurait été que quelques constructeurs profitaient des subventions accordées par l'État français pour hausser d'autant leurs prix en France. La preuve en aurait été faite en comparant les prix en vigueur en France avec ceux pratiqués à l'étranger. A cela il y a un remède : c'est de n'accorder la subvention que sur les prix commerciaux du pays d'origine, augmentés des frais de fret, transit et des droits de douane.

La différence assez grosse entre les taux des subventions accordées aux appareils français et celles accordées aux appareils étrangers est légitime à première vue, car elle tend à encourager l'industrie française, et personne en France ne saurait protester contre le principe même de la chose.

Mais pourquoi cet encouragement à l'industrie française doit-il être fait par les Agriculteurs eux-mêmes ?

Pourquoi l'État semble-t-il forcer la main aux cultivateurs pour l'achat de telle catégorie de machines plutôt que de telle autre ?

Pourquoi, en un mot, l'encouragement à l'industrie est-il confondu en l'occurrence dans le même chapitre du budget que l'encouragement à l'Agriculture ?

Il serait beaucoup plus logique à notre avis d'unifier le taux des subventions allouées aux Syndicats de Culture mécanique faisant l'acquisition de machines, indépendamment de leur provenance, et d'accorder par ailleurs de larges subventions ou primes pour toute machine construite et livrée par les constructeurs français. Ces subventions seraient imputées, soit sur un autre chapitre du budget de l'Agriculture, soit sur un chapitre du budget du Ministère du Commerce et de l'Industrie.

Ce qu'il y a de beaucoup plus grave dans l'arrêté du 26 décembre, c'est la rapidité de sa mise en vigueur (Art. 11).

Il est arrivé que de nombreux Syndicats, régulièrement constitués, ayant fait l'acquisition d'appareils de Culture mécanique, depuis des semaines et quelquefois des mois, ayant constitué entièrement leurs dossiers à la préfecture de leurs départements, se voient aujourd'hui refuser la subvention à l'ancien taux, parce que, pour une cause ou une autre, la préfecture n'a pas fait parvenir, avant le 26 décembre, les dossiers au ministère.

Cette interprétation de l'article 11 est excessivement grave, car elle met, à l'heure actuelle, un très grand nombre de Syndicats dans une posture des plus difficiles.

Beaucoup de Syndicats se considérant couverts par un engagement de l'État et escomptant en conséquence la subvention de 33 ou de 50 pour 100, avaient souvent accepté de payer intégralement à leur fournisseur le montant de la machine achetée et se trouvent aujourd'hui dans l'impossibilité de tenir leurs engagements.

Enfin, il est très pénible de penser que sont également privés du bénéfice de l'ancienne subvention la plupart des cultivateurs de ce que l'on a appelé la *zone rouge* dans les Régions libérées, c'est-à-dire de ceux qui ont eu à faire boucher des tranchées et à remettre leurs terres en état, avant que de songer à les labourer.

Si cet arrêté n'est pas modifié non seulement dans son principe, mais surtout dans son application, c'est le discrédit complet jeté d'abord sur l'idée syndicale en matière de Culture mécanique. C'est, d'autre part, comme je l'ai dit au début, le ralentissement certain du développement de la motoculture, avec toutes les conséquences qui s'ensuivront au point de vue du ravitaillement national.

Le résultat tangible, qui apparaît aujourd'hui, est la diminution considérable du nombre de machines achetées depuis le 26 décembre 1919; en janvier 1920, le nombre des tracteurs achetés en France est de 95 pour 100 inférieur à celui des mois précédents.

Il serait donc très désirable, en attendant que les Chambres fussent saisies de demande spéciale de crédit pour intensifier plus que jamais la Culture mécanique en France, que satisfaction fût donnée immédiatement à toutes les demandes légitimes de subventions dont aurait été saisi officiellement avant le 26 décembre 1919, en attendant la constitution définitive du long dossier demandé, soit directement le Ministère de l'Agriculture, soit l'Office de Reconstitution agricole (Ministère des Régions libérées), qui agissait à l'égard du Ministère de l'Agriculture comme un Syndicat ordinaire ayant acheté plus de cinq tracteurs, soit enfin les préfectures.

Il serait désirable également que ces demandes fussent examinées avec la même largesse de vue que celle qui avait présidé jusqu'ici au lancement de l'idée de Culture mécanique, c'est-à-dire que soient écartées ces restrictions par trop sévères, que mettait ces derniers temps l'Administration de l'Agriculture pour économiser le budget alimentant ces subventions.

*
* *

L'Académie d'Agriculture renvoya la Communication de M. Ballu à l'examen des Sections de Génie Rural et de Grande Culture.

*
* *

Voici l'extrait du compte rendu de la séance du 18 février 1920 de l'Académie d'Agriculture.

M. Tisserand. — Les sections de Grande Culture et de Génie rural ont été réunies en Commission pour étudier la question des subventions aux Syndicats de Culture mécanique (1) dont l'Académie a été saisie dans sa dernière séance. Notre confrère M. Ringelmann a été chargé de présenter leurs conclusions.

M. Ringelmann. — Deux questions étaient soumises à la Commission.

La première était celle de l'interprétation administrative donnée à l'arrêté du 26 décembre 1919.

D'après cette interprétation, les seuls dossiers parvenus au ministère le 27 décembre, ne tombaient pas sous le coup du nouvel arrêté.

La Commission a estimé que, lorsque le président d'un Syndicat avait déposé sa demande de subvention à la préfecture, sa tâche était terminée, alors que celle de l'administration commençait. Par conséquent, quel que soit le temps que mettra la préfecture à étudier le dossier et à le transmettre au ministère avec son avis, du moment que son dépôt a été effectué avant le 26 décembre, le Syndicat doit se voir appliquer l'ancien règlement.

D'autre part, la Commission ayant pris connaissance de l'étude de M. Sagnier parue dans le *Journal d'Agriculture pratique* sur le développement, à l'automne 1919, de l'ensemencement du blé dans les régions du Nord et de l'Est, victimes de l'invasion

---

(1) Le montant des subventions accordées, pour achats de tracteurs, aux groupements agricoles s'est élevé à 15 millions de francs environ en 1919.

allemande, et considérant la difficulté qu'éprouvent les cultivateurs de ces régions à se procurer de la main-d'œuvre, a émis un second vœu tendant à subventionner les Syndicats de motoculture dans le but d'intensifier notre production.

En résumé, les Sections réunies présentent les conclusions suivantes, dont elles proposent l'adoption par l'Académie :

« Considérant qu'il faut un certain délai pour constituer le dossier exigé, que le jour où le dossier a été déposé à la préfecture du département les intéressés ayant rempli leurs obligations ont droit à la subvention fixée par les règlements antérieurs, quels que soient les délais employés par l'Administration préfectorale pour l'instruction de la demande et sa transmission au Ministre compétent.

« Considérant que l'augmentation importante (172 000 hectares de plus en 1919 qu'en 1918) des ensemencements de blé d'automne dans les Régions libérées est due en très grande partie à l'emploi des appareils de Culture mécanique.

« Attendu d'autre part que les constructeurs français ne sont pas encore en état de répondre aux besoins immédiats.

« L'Académie d'Agriculture émet l'avis que l'arrêté du 26 décembre 1919 soit rapporté, et qu'on encourage plus que jamais, en vue de l'intensification de la production, les achats d'appareils de Culture mécanique quelle qu'en soit la provenance, par des subventions accordées par l'État de la façon la plus large.

« L'Académie d'Agriculture émet, en outre, le vœu que les crédits nécessaires soient présentés par le Gouvernement et votés par le Parlement. »

M. le Président met aux voix le texte de ces conclusions qui est adopté à l'unanimité.

« En mars 1920, MM. Ambroise Rendu, Boret et Jean Durand, députés, ont déposé un amendement à la loi de finances ainsi conçu :

« Chapitre 26. — *Encouragements à l'Agriculture.*

« *Élever le crédit de ce chapitre de 2 100 000 francs à 27 100 000 francs.* » Ce texte est accompagné d'un exposé des motifs dont voici les passages principaux :

« La Guerre et ses conséquences ont enlevé à la terre de France deux millions d'hommes : 1 400 000 morts, 300 000 mutilés ; 500 000 hommes passés dans le Commerce, l'Industrie et les Fonctions publiques. La population active masculine est tombée de 5 500 000 à 3 500 000.

« Résultats concernant la seule culture du blé : 6 500 000 hectares cultivés en 1913 et 4 500 000 seulement en 1919.

« Rendements obtenus : 90 millions de quintaux en 1913, 45 millions en 1919.

« Pour remédier à cette crise redoutable, il faut 25 000 tracteurs. Grâce aux efforts intelligents de deux Ministres de l'Agriculture, nous avons en marche 2 500 tracteurs ; pour arriver à l'effectif nécessaire, une politique suivie, un programme méthodique et persévérant s'imposent.

« 25 millions sont nécessaires annuellement pour subventionner l'achat de 2 500 tracteurs.

« Si le parlement réalise ce programme, en dix ans la France aura comblé les vides de la Guerre, restauré le moral de nos paysans en leur donnant confiance dans l'avenir.

« Cette somme de 250 millions économise à la France plus de 15 milliards, peut-être 20, qui seraient indispensables pour acheter à l'étranger le blé nécessaire à la vie du Pays.

« Le sacrifice budgétaire demandé n'est donc en réalité qu'un placement très rémunérateur. »

———

En mars 1920, le Groupe agricole du Sénat, réuni sous la présidence de M. Gomot, après avoir entendu un exposé détaillé de son secrétaire, M. Marcel Donon, sur la situation de notre production et de notre ravitaillement en blé, a décidé de proposer au Gouvernement :

1° Le rétablissement de la carte de pain ;

2° Le maintien du monopole de l'importation des blés pour la campagne 1920-1921 ;

3° Le maintien des subventions aux syndicats de Culture mécanique.

Si l'on veut que des terres ne restent pas en friche, il importe de voter au plus tôt les crédits qui permettront aux Groupements agricoles d'acheter, dans de bonnes conditions, tracteurs et autres appareils pour la Culture mécanique.

———

La Fédération nationale des Syndicats et Coopératives de Culture mécanique, présidée par M. Monmirel, a tenu son Assemblée générale à Paris, le 22 mars 1920 ; sur le rapport de M. Ambroise Rendu, député, un vœu a été émis relativement à l'abrogation de l'arrêté du 26 décembre 1919.

* *
*

La *Gazette du village* insérait dans son n° du 14 mars 1920, les deux notes suivantes :

Revendications des cultivateurs des régions libérées. — Une délégation de la *Confédération générale agricole des Régions dévastées* a fait une démarche auprès de M. Ogier, ministre des Régions libérées, et de M. Ricard, ministre de l'Agriculture.

La Confédération a demandé que le régime institué par l'arrêté du 16 juillet 1919, et qui accorde une subvention de 50 p. 100 pour l'achat des appareils destinés à la Culture mécanique, soit maintenu en faveur des Régions libérées pendant une durée au moins égale à celle pendant laquelle le reste du pays a pu bénéficier de cette subvention.

M. Ogier a promis d'appuyer cette demande de régime spécial que M. Ricard s'est engagé seulement à prendre en considération.

A quand les encouragements à la Culture mécanique? — On demande à la Culture de produire ; encore faut-il l'encourager, lui en donner les moyens. Le décret du 26 décembre 1919, qui a réduit les subventions aux Groupements agricoles pour achats d'appareils de Culture mécanique, est fort mal accueilli dans nos campagnes. Bien plus, ce décret est actuellement inapplicable, les crédits faisant défaut.

Voici d'ailleurs la réponse adressée par le Ministre de l'Agriculture à un député qui lui avait posé une question à ce sujet :

Cette administration (Ministère de l'Agriculture) ne dispose plus, au chapitre 26 du budget ordinaire des services civils, que d'un crédit de 350 000 fr. dont plus de la moitié doit être réservée pour payement des dépenses des essais et démonstrations d'appareils de motoculture organisés par les Associations agricoles et par la Chambre syndicale de la motoculture, de sorte qu'il ne sera possible d'allouer de subventions aux Syndicats de Culture mécanique, par application de l'arrêté récent du 26 décembre 1919, aux taux plus réduits prévus par ce règlement, que si le Parlement met à la disposition du Ministre de l'Agriculture un crédit de 10 millions, somme qui constitue le minimum indispensable pour continuer, en 1920, dans des condilions acceptables, les encouragements aux Syndicats de Culture mécanique. »

Et il y a des terres en friche à mettre en valeur; le blé et les autres céréales manqueront. Il faudra en acheter à l'étranger, à des conditions désavantageuses, alors qu'avec quelques dizaines de millions, la Culture française pourrait faire surgir du sol des centaines de milliers de quintaux que nous n'aurons pas, faute d'avoir su donner à la Culture l'outillage qui lui est nécessaire pour pallier à l'insuffisance de la main-d'œuvre.

Commission pour la répartition des subventions destinées à encourager la Culture mécanique. — Par décret en date du 26 mars 1920, rendu sur la proposition du Ministre de l'Agriculture, la répartition des subventions pour encouragements à la Culture mécanique sera faite sur l'avis d'une Commission spéciale présidée par le ministre et comprenant : 3 sénateurs, 3 députés, les rapporteurs du budget des deux Chambres, deux membres désignés par le ministre des Régions libérées ; un représentant de chacune des associations suivantes : Confédération nationale des Associations agricoles, Société nationale d'Encouragement à l'agriculture, Société des agriculteurs de France, Fédération nationale de la coopération et de la mutualité agricoles. Union centrale des Syndicats agricoles, Fédération nationale des syndicats et coopératives de Culture mécanique, un représentant du Conseil d'État, le directeur de l'Agriture, quelques fonctionnaires et quatre membres désignés par le ministre de l'Agriculture.

Un décret en date du 24 décembre 1920 ajoute les membres ci-après à la Commission du 26 mars : l'Inspecteur général de l'agriculture, le Directeur du Budget ou son représentant, un inspecteur général ou un inspecteur des finances, et M. Ringelmann, Directeur de la Station d'essais de machines. 2 auditeurs au Conseil d'État et 2 auditeurs à la Cour des comptes sont adjoints à la Commission à titre de rapporteurs.

*
* *

Le rapport du Ministre contient des indications intéressantes sur le développement de la Culture mécanique en France.

Du 1er janvier 1916 au 31 décembre 1919, le nombre des tracteurs achetés et pour lesquels une subvention a été demandée s'élève à 3143, se répartissant ainsi : 46 en 1916, 161 en 1917, 365 en 1918, 2571 en 1919.

Sur les 2571 tracteurs acquis en 1919 par les Syndicats, 53 ont reçu une subvention de 33 pour 100 (région de l'intérieur), et 2518 doivent avoir une subvention de 50 pour 100 (régions victimes de l'invasion). Sur ces 2518, le règlement a été fait pour 1228 appareils et les dossiers de 1290 achats sont restés en instance par l'arrêté du 26 décembre 1919, pour la répartition des subventions qui pourront être allouées ultérieurement dans la limite des crédits votés par le Parlement, mais aucun crédit ne figure à ce sujet dans les douzièmes provisoires qui ont été votés pour le 2e trimestre de 1920.

Traction animale et traction mécanique (1)

par M. Alfred Grau, Ingénieur agronome.

Vu la crise de la main-d'œuvre rurale, les animaux (qui nécessitent beaucoup de personnel) ne suffisent plus, dans bien des cas, pour la traction des machines agricoles. Non seulement, on n'a pas assez de conducteurs, mais les animaux aussi ont diminué de nombre, et leur puissance étant faible, ils n'arrivent pas à faire *à la fois les labours et toutes les façons nécessaires* dans une exploitation de quelque importance.

Dès lors que la superficie à labourer dépasse une cinquantaine d'hectares, avec des champs où l'on dispose d'un enrayage d'au moins 150 mètres, les tracteurs mécaniques deviennent intéressants, car si les attelages vivants et le peu de personnel ne permettent pas une bonne préparation des terres, celles-ci ne sont pas travaillées assez profondément, ne sont pas non plus suffisamment nettoyées et les récoltes craignent la sécheresse et n'atteignent pas les rendements voulus, faute de labours bien faits et pratiqués à temps.

Traction animale et traction mécanique ne nous paraissent donc pas des sœurs ennemies! Ce sont, au contraire, deux auxiliaires de l'agriculture destinées à se compléter. Le tracteur mécanique soulagera les attelages d'animaux en se chargeant des travaux les plus lourds et les plus durs. En assurant une plus grande force, une besogne rapide, il permettra d'opérer à temps partout et de faire de plus gros labours qui augmenteront le volume utile de la couche arable. Les racines pourront se développer plus profondément et, par suite, assurer une végétation plus forte, ne craignant pas la sécheresse et donnant de plus hauts rendements.

Est-ce à dire que les animaux doivent disparaître? Nullement, mais le nombre pourra en être réduit et ils feront ces multiples façons qu'on est souvent obligé de négliger aujourd'hui et qui sont le « coup de pouce » du haut rendement. Le tracteur opérera les forts labours, les déchaumages et les moissons, tous gros travaux à faire vivement au moment opportun sur terre dure, et les animaux exécuteront roulages, hersages, semailles, scarifiages, charrois de fumier, lesquels précisément sont en terre molle ou plutôt amollie par la préparation du sol qui a précédé.

Si donc on doit trouver, en bonne logique, traction animale et traction mécanique fonctionnant parallèlement à la ferme, il vient à l'esprit de se demander dans quelles proportions elles seront réparties?

Les praticiens qui ont expérimenté la question sont d'accord pour admettre que le tracteur devra remplacer au moins un tiers des attelages dans les fermes moyennes et au moins moitié dans les grandes fermes et grands champs.

C'est donc dans les fermes qui ont trois attelées ou davantage c'est-à-dire dont la superficie atteint depuis 50 à 60 hectares de terres labourées, que l'on pourra utilement envisager l'achat d'un tracteur, ou bien dans un groupe de fermes atteignant ensemble ce total, si les exploitants s'accordent pour fonder un syndicat d'achat collectif qui jouira au surplus de la subvention de l'État (un tiers ou moitié du prix d'achat).

Ce qui poussera à cet achat, c'est qu'on aura la faculté d'agir vite et puissamment pour réaliser, avec un personnel réduit, un travail double ou même triple de celui qui serait obtenu avec les animaux, laissant ceux que l'on a gardés aux travaux sur petits terrains et aux façons dont nous parlons plus haut, besognes pour lesquelles on peut davantage choisir son temps et qui demandent moins de force.

Quelle est la force que l'on peut demander au contraire à un tracteur mécanique? Les premiers tracteurs en donnaient une quantité extraordinaire, voulant remplacer tous les attelages, et étaient lourds, encombrants, peu maniables.

Le second pas fut dans l'exagération opposée; on a construit des tracteurs de 10 chevaux, 12 chevaux, c'est-à-dire 5 chevaux de force à la barre de traction, et le double « à la poulie »

____

(1) *Journal d'Agriculture pratique*, n° 27, 1919.

en stabilisant le tracteur pour l'employer comme moteur fixe de batteuse, etc. Du coup, les tracteurs étaient devenus légers, maniables, mais... ils n'étaient pas assez forts, ne pouvaient faire qu'un travail superficiel ou ne faisaient pas assez de travail par jour.

Il semble bien que la vérité est entre ces deux extrêmes, car un tracteur faisant 30 chevaux, si on en a éliminé toute la fonte pesante, et s'il est construit avec le plus possible d'acier, sera aussi léger et plus économique qu'un tracteur de 12 ou 16, tout en étant aussi facile à conduire et à manier. En effet, son prix d'achat ne sera que 15 à 20 pour 100 plus élevé alors qu'il donne 100 pour 100 de plus de force ; le coût d'entretien en pièces de rechange sera sensiblement le même, ainsi que la consommation d'huile, la consommation en combustible sera au contraire notablement moindre par cheval-heure et enfin le prix de la main-d'œuvre sera également bien moindre puisqu'un seul homme conduira aussi bien le tracteur 30 que le tracteur 16, et il fera cependant 100 pour 100 plus de travail (1) parce qu'on pourra y mettre trois ou quatre socs au lieu de deux et qu'il tirera plus vite.

Si l'on veut comparer la traction mécanique à la traction animale, disons qu'il est toujours urgent, pour remplacer les attelages et leurs conducteurs, d'adopter les tracteurs qui demandent le minimum de travail humain pour une superficie déterminée et permettent avec un seul homme de faire 3 à 4 hectares par jour de bons labours.

Il y a lieu enfin de tenir compte de ce fait que la traction animale a dans un labour une vitesse moins grande (2 kilom. 5 environ à l'heure) que celle qui peut être atteinte par la traction mécanique (4 kilomètres environ) et que les versoirs des charrues doivent être étudiés en conséquence, car ils ont tendance à sortir de la raie lorsqu'on accélère l'attelage.

La Culture mécanique en Tunisie.

Les agriculteurs de la Tunisie emploient, depuis plusieurs années, un certain nombre d'appareils de Culture mécanique ; les premiers modèles, puissants et lourds, ont surtout fait place aux types de 20 à 30 chevaux.

M. Minangouin, Inspecteur-général honoraire de l'Agriculture de la Régence, a dressé le tableau suivant donnant la répartition des 334 tracteurs en usage au 1er janvier 1920 chez les colons tunisiens.

Appareil.	Nombre.	Puissance du moteur. (chevaux).	Poids. (kg.).	Prix de vente. (fr.).	Nombre de raies à la charrue.
Fordson.	75	22	1 125	14 500	2
Allis-Chalmers	55	18	2 200	18 000	2 et 3
Titan	50	20	2 500	20 000	3
Renault.	42	30	2 800	20 000	4 et 5
Cleveland	40	20	1 950	18 000	2
Holt Caterpillar	30	45	5 000	45 000	5 et 6
Holt Caterpillar	17	75	8 000	75 000	6 et 8
Tourand-Latil	10	35	3 200	32 000	5
Mac-Cormick	3	30	4 000	35 500	4 et 5
Holt Caterpillar	2	40	4 000	40 000	5
Holt Caterpillar	2	60	6 000	60 000	6 et 7
Gray	2	40	2 700	35 000	2 et 5
Scemia	2	25	2 650	18 000	2 et 3
Moline	2	18	1 800	16 000	2
Chapron.	2	13	1 250	18 000	2 et 3
Total.	334				

(1) Ce rapport n'est pas exact ; c'est le type de 20 à 25 chevaux qui a été reconnu préférable en pratique en grande culture.

Les répartitions absolue et relative de ces appareils suivant la puissance des moteurs sont les suivantes :

Puissance du moteur (chevaux).	Nombre d'appareils.	
	absolu.	relatif.
13	2	0,6
18	57	17,0
20	90 ⎫	27,0 ⎫
22	75 ⎪	22,5 ⎪
25	2 ⎬ 212	0,6 ⎬ 63,6
30	45 ⎭	13,5 ⎭
35	10	3,0
40	4	1,2
45	30	9,0
60	2	0,6
75	17	5,0
Totaux	334	100,0

Ainsi que nous l'avons déjà constaté pour d'autres statistiques analogues de différentes régions, les types de 20 à 22 chevaux et ceux de 30 chevaux sont les plus nombreux, ils répondent donc le mieux aux conditions d'emploi de la plupart des exploitations tunisiennes. C'est une indication de nature à intéresser nos constructeurs.

Pour ce qui concerne les charrues, ce sont les machines à 2 et à 3 raies qui sont employées avec les tracteurs de 20 à 25 chevaux.

La Culture mécanique doit prendre une grande extension dans la Régence, d'autant plus facilement que les colons sont très disposés à l'emploi de toutes les machines agricoles destinées à l'exécution rapide des travaux. C'est le prix élevé de l'essence minérale et du pétrole qui fait ajourner les achats de beaucoup d'agriculteurs. Il est à désirer qu'on réalise le plus rapidement possible des appareils utilisant le gaz pauvre sur lesquels nous ne cessons d'appeler l'attention des constructeurs.

Subventions à la Culture mécanique en Algérie.

Un arrêté du Gouverneur général de l'Algérie, en date du 20 janvier 1920, décide que les groupements agricoles comptant au moins sept membres peuvent recevoir, pour l'achat d'appareils de Culture mécanique, des subventions sur le budget de l'Algérie, dans les proportions suivantes :

Le montant de la subvention pourra s'élever au tiers ou à la moitié du prix d'un appareil, selon que le groupement aura, ou non, recours au crédit agricole. Ces maxima pourront être portés respectivement à la moitié ou aux trois quarts du prix de l'appareil acquis par les agriculteurs d'un *Centre de Colonisation nouvellement créé*, c'est-à-dire ayant moins de dix années d'existence.

Dans la limite de ces maxima, l'allocation sera calculée d'après un barème basé sur le prix de revient de l'unité de puissance. Les appareils de construction française bénéficieront toujours d'un taux plus avantageux que ceux d'importation étrangère.

De même les associations formées dans ces centres de colonisation, et réalisant un groupement de propriétés suffisant pour constituer une batterie de cinq tracteurs au moins, ou un matériel de labourage à vapeur ou à explosion supérieur à 50 chevaux pourront bénéficier d'encouragements spéciaux sous forme de subventions supplémentaires, ou de primes annuelles, sur la proposition du Préfet et après avis du chef du service agricole général.

Ces dispositions libérales, inspirées par l'assemblée des Délégations financières, ont été très bien accueillies en Algérie, alors qu'en France de vives réclamations ont été soulevées par l'arrêté du 26 décembre 1919, réduisant les encouragements aux Syndicats de Culture mécanique (voir page 148).

Hausse des prix du matériel agricole et des constructions.

La *Chronique agricole* du *Journal d'Agriculture pratique* du 13 novembre 1919 (page 822) renferme la phrase suivante à propos des *attaques contre les Agriculteurs*, auxquelles se livrent bon nombre de journaux cherchant à rendre les cultivateurs seuls responsables de toutes les difficultés de la vie : « Les produits que les Agriculteurs portent aux marchés ont un prix de revient exagéré parce que tout ce qu'ils achètent : instruments et machines, engrais, vêtements pour leur famille, etc., leur sont vendus quatre ou cinq fois plus cher qu'avant la guerre. »

Au début de 1920, les machines, qui valaient autrefois, au prix fort, 1 fr. et 1 fr. 20 le kilogr. sont proposées jusqu'à 4 fr. le kilogr. ; des charrues lorraines, qui étaient vendues 120 fr. avant la Guerre, ont été achetées au prix de 475 fr. ; les déchaumeuses de 200 à près de 500 fr. ; les distributeurs d'engrais, de 500 à 1 200 fr. ; les semoirs en lignes à 15 rangs de 2 mètres à 2^m,20 de largeur, valant, en 1914, 45 fr. le rang, soit 675 à 680 fr., sont aujourd'hui à 120 fr. le rang, c'est-à-dire qu'on se les procure moyennant 1 800 fr. Les faucheuses à deux chevaux passent de 350 à 825 fr., et encore on a très difficilement des pièces de rechange pour les anciens modèles capables de faire un peu de service. Les moteurs de 900 fr. montent à 2 000 fr. ; les locomobiles à vapeur, de 8 chevaux, passent de 6 500 à 14 000 fr., représentant un prix d'environ 4 fr. 40 le kilogr. ; les batteuses subissent les hausses suivantes : de 2 700 à 7 100 fr., de 3 400 à 8 100 fr., de 4 700 à près de 12 000 fr. ; les aplatisseurs, de 350 à 575 fr. ; les cuiseurs pour aliments du bétail, de 290 à 530 fr., etc.

De nombreux motifs sont invoqués pour justifier ou expliquer ces hausses, en particulier la loi du 23 avril 1919, malheureusement votée bien avant son heure sous l'inspiration du président Wilson. L'augmentation de prix qui résulte de l'application de la loi de 8 heures varie de 15 à 25 p. 0/0. Ajoutons qu'en se basant sur un arrêt du Conseil d'État du 10 janvier 1908 (M. Tardieu, commissaire du Gouvernement), les entrepreneurs et fournisseurs ayant avec l'État un marché en cours lors de la promulgation d'une loi se traduisant par une augmentation des frais de main-d'œuvre, ne sont pas fondés, en droit, à réclamer un supplément de prix. Pour les marchés passés avec l'État après le 23 avril 1919, on a admis une hausse variant de 10 à 15 p. 0/0.

Selon une étude de M. Glay, secrétaire de la Fédération des syndicats d'instituteurs (*Petit Parisien* du 7 avril 1920), le maintien des hauts cours dans la production industrielle est assuré par les producteurs, à leur profit personnel, par le stockage destiné à provoquer les hausses profitables ; il cite des exemples au sujet des minerais, des matériaux de construction. des peaux de lapins, des négociants en fromage de gruyère du Jura. Les dividendes et les valeurs montent malgré la vie chère, en déterminant, chez les ouvriers, le dégoût du travail, car ils se rendent bien compte que leur effort ne profite qu'à une catégorie de privilégiés, qui veulent gagner le plus possible en prévision des pertes certaines qui résulteront de la baisse obligatoire dans un temps plus ou moins éloigné.

Il ne faut cependant pas négliger la détente après l'armistice, qu'on a désigné sous le nom de « vague de paresse, » l'influence des hauts salaires des usines de guerre, et, surtout celle des perturbateurs prêchant les révoltes à leur avantage et au détriment de la Nation.

Non seulement l'Agriculteur paye ses machines bien plus cher qu'avant la guerre, mais il doit en régler le montant à plus court terme.

La baisse des prix des machines agricoles ne pourra commencer qu'après la constitution des stocks de matières premières, houille, acier, fonte et bronze. L'importance des stocks visibles, existant sur le marché, et surtout lorsqu'ils s'approchent du pouvoir d'achat de la consommation, limite la hausse des matières premières nécessaires aux industriels, et permet à ces derniers de travailler avec sécurité. Comme, actuellement, on a beaucoup de difficultés à vivre pour ainsi dire au jour le jour, on ne peut songer à constituer des approvisionnements; il nous faudra attendre peut-être plus de quatre ou cinq ans, et il est impossible d'établir une prévision à ce sujet, que nous avions fait entrevoir dans notre communication du 2 décembre 1914 à l'Académie d'Agriculture, alors qu'on ne prévoyait pas une si longue durée à la guerre.

La machine agricole achetée à un haut prix exerce une autre influence que celle d'une marchandise très coûteuse consommée à court délai ; la machine doit durer de sept à dix ans, pendant lesquels son service sera fortement grevé par le capital engagé; il en résultera une augmentation des frais de production pendant plusieurs années.

Comme conséquence, on achète le moins possible de machines et l'on cherche à réparer tant bien que mal le vieux matériel qui, n'ayant pu être entretenu pendant la guerre, se trouve en bien mauvais état. Dans ces conditions, l'agriculteur se trouve en présence d'une autre difficulté due au prix exagéré demandé pour les réparations.

Un de nos amis nous a raconté que, en 1919, en Touraine, un charron-forgeron de village, syndiqué, lui a déclaré gagner 100 fr. par jour en n'ayant déboursé qu'une vingtaine de francs de marchandises ; en suivant les prix de son Syndicat, sa journée de travail lui rapportait 80 fr. ; on juge à quel taux il devait faire payer les réparations. Il arrivera fatalement que l'Agriculteur diminuera le nombre de réparations à faire faire au charron; il se limitera à ce qui est rigoureusement indispensable, quitte à abréger la période d'utilisation de son matériel. En augmentant outre mesure ses prix, le charron-forgeron aura des journées de chômage et, plus tard, son travail diminuera car il y a lieu d'espérer que l'Agriculteur aura appris à procéder lui-même aux réparations de son matériel et se perfectionnera dans ce travail ; une fois qu'il sera suffisamment habile, qu'il aura complété ses approvisionnements (ferraille, boulons, tirefonds, vis, etc.), et le petit outillage qui est nécessaire, il ne retournera plus que très rarement chez le charron-forgeron, à moins que ce dernier baisse très notablement ses prix, et nous doutons que cela soit de sitôt.

Ce que nous disons à propos du matériel se constate pour les travaux de bâtiment. En 1914, à Paris, une maison ordinaire de cinq étages revenait environ à 1 400 fr. le mètre carré de base, soit en moyenne, 280 fr. par mètre carré et par étage ; aujourd'hui, il faudrait dépenser au moins 6 500 fr. pour les mêmes travaux ; comme conséquence, on ne construit pas (1), on n'achève même pas les constructions commencées un peu avant la guerre, car il ne serait pas possible de retirer l'intérêt du capital consacré aux travaux ; de même, on n'entretient plus les bâtiments, surtout les toitures et les souches de cheminées dont beaucoup constituent actuellement un danger.

Le même fait se passe à la campagne ; notre ami avait fait procéder cet été à quelques réparations urgentes à une maison en Touraine ; le maçon, syndiqué, avec lequel il est en excellents termes, lui a déclaré se faire des journées de 30 fr. ; les fournitures ont suivi également la hausse. Il en est résulté qu'on n'a fait faire que ce qui était strictement indispensable, en laissant de côté les entretiens et les améliorations qu'on avait en vue. A la campagne, quand on faisait venir le maçon pour un ouvrage, on le gardait plusieurs jours de suite pour des travaux d'améliorations : actuellement, on l'emploie le moins possible.

Comme le charron-forgeron, et pour le même motif, le maçon constatera une forte augmentation de ses journées de chômage (2). Il est à prévoir que l'Agriculteur s'ingénie et apprenne à faire lui-même, avec son personnel, de nombreuses petites réparations à ses Constructions rurales.

En un mot, l'Agriculteur deviendra de plus en plus le **Réparateur** de son matériel et de ses bâtiments ; les ouvriers de métier, ayant moins d'ouvrage à la campagne, iront chercher leur vie ailleurs.

*
* *

On a donné diverses explications à ces hausses de tous les prix : les hauts salaires alloués aux ouvriers mis en sursis dans les usines de guerre ; la loi des huit heures ; le développement, heureusement fort limité, du bolchevisme chez nous. La vraie raison est tout autre : elle est d'ordre gouvernemental, et a été mise en relief d'une façon saisissante par notre collègue, M. Pierre Arbel, Maître de Forges, dans une Conférence faite le 26 mars 1920 à la Société d'Encouragement pour l'Industrie nationale, au sujet des *Relations commerciales privées des Français avec les Allemands et les dangers qu'elles font courir à la France dans l'état actuel du mode d'opérer*. Nous ne pouvons mieux faire que de citer le passage suivant de la Conférence de M. Pierre Arbel.

Toutefois, si nous savons bien ce que nous voulons, nous les habitants des pays sinistrés, nous devons reconnaître, hélas, que notre énergie, seule, ne peut nous mener à rien si la France ne tient pas jusqu'au bout la parole donnée que tous les Français sont solidaires du malheur d'un seul Français, quand ce malheur a été causé par l'ennemi, en vue de porter atteinte à la Nation tout entière.

Je ne veux pas insister sur l'incertitude qui, pendant tant d'années et tant de mois, a

---

(1) Avant la Guerre, on construisait chaque année, à Paris, des logements pour 20 000 à 22 000 personnes, représentant l'accroissement moyen annuel de la population de la Capitale.

(2) En mars-avril 1920, sur notre demande, notre ami s'est renseigné de nouveau, dans la même localité, sur certains prix et voici les renseignements fournis : un journalier touche 10 francs par jour et nourri, avec 1,5 à 2 litres de vin, ce qui représente 15 francs. — Un maçon a 2 fr. 25 à 2 fr. 50 de l'heure. — Le terrassement est payé de 3 fr. 25 à 3 fr. 50 le mètre cube. — La ferrure d'un cheval vaut 20 francs alors qu'il y a trente ans on payait 3 francs, soit 0 fr. 75 par fer, le maréchal fournissant fer et clous et reprenant le vieux fer.

paralysé toutes les initiatives et les efforts de ceux qui ne voulaient pas attendre la fin de la Guerre pour préparer la reconstruction de leurs foyers, dans l'attente indéfinie de la loi des Réparations.

Je ne veux faire ici aucune critique politique, mais il faut pourtant bien faire la critique de la *politique économique* suivie, si nous voulons signaler les dangers urgents, faire cesser les pratiques mauvaises, en un mot, faire nos efforts pour rendre plus d'élasticité et plus de vigueur, en même temps que plus de confiance, aux efforts de ceux qui luttent pour la résurrection du pays.

Immédiatement après l'armistice : défense absolue à tous les Français de commercer avec l'Allemagne. Pendant ce temps, les Américains et les Anglais, non seulement dans les pays occupés, mais dans l'Allemagne tout entière, pénétraient dans toutes les branches de l'activité économique allemande, achetaient, à l'abri de leurs changes et presque pour rien, tous les stocks de marchandises et un nombre considérable d'éléments de production, pendant que nous assistions, découragés, à cette réalisation de la Victoire économique par nos Alliés.

Oui, certes, la France, plus que tout autre pays, s'est assuré par tous ses sacrifices, son courage et son énergie indomptable, la plus belle auréole de gloire qui ait été vécue dans les siècles passés, mais elle a aussi supporté plus que toutes les autres nations, l'effondrement de sa puissance économique, par la destruction systématique de tous ses moyens de production, alors que nos Alliés se sont enrichis de toutes nos misères et de toutes nos destructions.

N'était-ce pas le moment de favoriser la reconstitution de nos campagnes et de nos industries en récupérant à meilleur marché et avec certitude de livraison immédiate, les matières premières ou manufacturées, aussi bien que tous moyens d'action que notre *imprévoyance diplomatique* n'avait pas su imposer au vaincu alors qu'il en était temps?

Ce ne fut que beaucoup plus tard, hélas, trop tard, que le Gouvernement eut conscience de l'erreur commise et qu'il recommanda aux sinistrés de s'adresser à l'Allemagne, avec laquelle il nous avait interdit toute tractation.

De même pour le charbon : on n'a pas su et on ne sait pas obtenir des Allemands le tonnage qu'ils nous doivent et on interdit aux initiatives privées toutes tractations en dehors des organismes gouvernementaux.

Après l'armistice, sous prétexte que le fret de l'Angleterre à 22 shillings 9 était trop élevé, interdiction formelle était faite, en février 1919, de passer aucun contrat avec les Anglais, pour leur forcer la main et les obliger à réduire et leur fret et leurs prix des charbons. Pendant ce temps, les neutres, les Italiens et les Belges, sans parler des Colonies, se jetaient sur le marché des charbons anglais et acceptaient n'importe quel prix et n'importe quel fret.

Ce ne fut qu'en juin ou en juillet 1919, quand le fret fut monté à 70 shillings, qu'on comprit l'erreur commise et qu'on voulut reprendre le marché anglais.

Là encore, nous arrivâmes après la bataille : les engagements étaient pris, et nous ne trouvâmes que ce dont les autres n'avaient pas voulu. Depuis, la livre montait à 54 francs et le fret à 90 shellings ; nous avions dévoré le peu de stocks que nous avions et la crise charbonnière entrait dans sa phase aiguë.

Là encore, l'omnipotence de l'État a mis le Pays dans une situation des plus graves, et pourtant les avis les plus autorisés ne lui avaient pas manqué.

Aujourd'hui, nouveau changement causé par la hausse indéfinie des changes, dont les Alliés et les Neutres se servent contre nous comme d'une arme de combat.

Des démarches pressantes sont faites pour ne pas commander aux États-Unis et en Angleterre les choses qui nous sont indispensables pour nos industries. Là encore, je crois que le Gouvernement fait fausse route parce qu'il n'envisage pas le problème dans son ampleur. D'autre part, il a la nécessité impérieuse de faciliter l'introduction de toutes les matières premières qui nous sont indispensables, soit pour la vie matérielle, soit pour la vie économique, mais il doit aussi envisager la fermeture absolue de toutes nos frontières pour tout ce qui n'est que du luxe ou des commodités. La période des dures restrictions ne fait que commencer, mais il faut avoir le courage de le dire au Pays et agir en conséquence.

De ce fait que les échanges avec l'Angleterre et les États-Unis étaient contre-indiqués au point de vue des changes, il ne restait aux malheureux sinistrés aucune possibitité de reconstituer leurs moyens d'action et de travail.

C'est alors que se sont répandues les histoires, vraies ou fausses, des affaires exceptionnelles que nos Alliés et les Neutres avaient faites en Allemagne, pendant les six premiers mois d'occupation et que, de tous les côtés, dans les pays sinistrés, de la France entière, une poussée considérable se fit vers l'Allemagne, changeant brusquement les conditions économiques du Pays.

Mais alors, les Allemands, à peine revenus de leur étonnement de n'avoir pas sombré définitivement dans leur défaite, sentant qu'en raison de la suppression totale des stocks mondiaux et de l'insuffisance universelle de production, sans parler des difficultés des changes, ils étaient les maîtres de l'heure, se sont rapidement ressaisis; c'est pourquoi ils imposent aujourd'hui des conditions draconiennes aux acheteurs français, non seulement de par leur volonté, mais encore d'ordre de leur Gouvernement.

C'est ainsi qu'en ce qui concerne les prix, ils n'acceptent aucun prix fixe et ferme. Ce sont eux qui ont inventé les *prix glissants* qui, malheureusement, ont été suivis dans le monde entier.

En outre, ils imposent un paiement comptant de 50 à 60 pour 100 payables à la commande en *francs français*, quelquefois même en francs suisses, en livres ou en dollars, de façon à annuler les effets du change. Ils arrivent ainsi, sans bourse délier, à se procurer des devises étrangères pour leurs achats au dehors, aux frais des Alliés.

On voit immédiatemeut le danger formidable que ce système fait courir à notre Pays puisque, sous prétexte d'avances sur le prix des commandes, il va mettre entre les mains des Allemands des centaines de millions, peut-être davantage, que nous leur aurons versés gratuitement et dont ils pourront se servir en dehors de nous ou contre nous, avant de commencer aucun travail. C'est là un véritable danger national, qui doit retenir toute l'attention du Gouvernement.

*
* *

A la suite de cette Conférence, le Conseil d'Administration de la Société d'Encouragement pour l'Industrie nationale, dans sa réunion du 31 mars 1920, a émis un vœu fortement motivé, transmis au Gouvernement.

A la demande de plusieurs abonnés du *Journal d'Agriculture pratique*, désirant être renseignés d'une façon désintéressée sur les prix de quelques machines agricoles, nous avons répondu ce qui suit dans le n° 115, du 8 avril 1920, p. 266.

Il est malheureusement exact que la hausse s'accentue sur les prix des machines agricoles; il est impossible, actuellement, de prévoir la limite de cette hausse. Évitez d'acheter et réparez vous-même, par des moyens de fortune, le vieux matériel que vous avez.

Voici un aperçu des prix à fin mars 1920, pouvant varier de 10 à 15 pour 100 au plus : Charrues, 5 à 6 fr. le kilogr. Faucheuses, scie de $1^m,05$, 1 420 fr.; scie de $1^m,35$, 1 600 fr. Râteaux à cheval, 24 dents, 760 fr. ; 28 dents, 810 fr.; 30 dents, 835 fr. Râteau-faneur de $2^m,40$ de train, 2 060 fr. Moissonneuses-javeleuses, scie de $1^m,20$, 2 065 fr. ; scie de $1^m,35$, 2 110 fr. Moissonneuses-lieuses, scie de $1^m,50$, 4 140 fr. ; scie de $1^m,80$, 4 240 fr. La ficelle pour lieuse, en sisal, est vendue à raison de 5 fr. le kilogr. A ces prix, il faut ajouter les frais de camionnage et de transport.

D'autres chiffres ont été donnés, parmi lesquels nous extrayons les suivants :

| | Prix moyens en | | Augmentation |
	1913	1920	p. 100.
	fr. c.	fr.	fr.
Moissonneuse-lieuse	800 »	5 000	625
Ficelle pour lieuses (100 kg.).	85 »	465	548
Batteuse à double nettoyage	2 500 »	10 000	400
Charbon.	25 »	300	1 200
Huile à graisser	52 »	250	480
Graisse consistante	70 »	180	257
Harnais. Collier	40 »	120	300
Sellette.	35 »	150	429
Avaloire	35 »	240	686
Essieu.	150 »	400	267
Une paire de roues.	280 »	1 500	535
Guimbarde	1 200 »	4 000	333
Ferrure (les 4 fers).	6 »	16	266
Journalier (la journée).	3 50	12	343

La moyenne générale de la hausse des marchandises achetées par l'agriculteur, y compris les engrais, ressort à 470 pour 100, alors que le quintal de blé qu'il vend a passé de 27 fr,43 (en 1913) à 73 fr. (en 1920), ne représentant une hausse que de 266 pour 100.

Semaine de motoculture de printemps 1920.

Exposition internationale à Paris.

(Règlement).

La Chambre syndicale de motoculture de France organise pour le printemps 1920, une exposition fixe d'appareils de motoculture à laquelle seront adjointes une section d'outillage complémentaire et une section d'engrais, d'amendements, de semences et de plantes sélectionnées; voici le Règlement de cette exposition.

CHAPITRE I

Dispositions communes [aux trois sections de l'exposition.

Art. 1er. — Ouverture. — L'exposition s'ouvrira au public le samedi 6 mars, à 14 heures, et fermera ses portes le 14 mars, à 17 heures et demie. — Elle restera ouverte tous les jours, de 9 heures à 17 heures et demie.

L'exposition se tiendra à Paris sur la terrasse des Tuileries, dite *terrasse du bord de l'eau.*

Art. 2. — Inscriptions. — Les demandes d'inscription devront parvenir par lettre recommandée au commissariat de l'exposition de motoculture, 30, avenue de Messine, Paris, le 14 février, dernier délai. Chaque demande présentée pour les sections de motoculture et d'outillage complémentaire devra être accompagnée d'une photographie ou dessin des appareils et d'une feuille signalétique comportant les renseignements techniques relatifs à chaque type d'appareil exposé : les exposants de la section III auront à donner la liste des produits qu'ils se proposent d'exposer.

Art. 3. — Admission. — Il ne pourra être tenu compte des demandes d'admission que si elles sont accompagnées du montant intégral du droit d'inscription, tel qu'il est défini aux articles 19, 20 et 21 du présent règlement.

A toute demande d'admission doit en outre être joint un exemplaire du présent règlement contresigné par le demandeur.

Art. 4. — Dans le cas où la surface retenue dépasserait la surface disponible, il y aura lieu à répartition proportionnelle et à remboursement du trop perçu en commençant par réduire les stands d'une superficie supérieure au minimum imposé, sans que cette réduction puisse compromettre la présentation des appareils.

Les réductions seront opérées par le commissaire général dont les décisions seront sans appel.

Art. 5. — Emplacements. — L'ordre des emplacements sera tiré au sort le 18 février, à dix heures, à la chambre syndicale, 30, avenue de Messine, Paris. Ce tirage au sort sera public et déterminera l'ordre de succession des exposants dans chaque section de l'exposition.

Art. 6. — Il est interdit de céder ou sous-louer tout ou partie des emplacements concédés.

Art. 7. — Stands. — Chaque maison exposante devra assurer entièrement l'édification et l'agencement de son stand. Les terrains occupés devront être, après son départ, remis en état par ses soins et à ses frais. Le gardiennage est à la charge des exposants.

Art. 8. — Décoration des stands. — Le commissaire général aura tout pouvoir pour interdire toute décoration des stands qui serait de nature à gêner les stands voisins, à compromettre l'aspect de l'exposition ou à nuire à la sécurité générale.

Il pourra faire enlever aux frais de l'exposant qui s'y refuserait les installations s'écartant de ces règles.

Art. 9. — Tous les matériels et marchandises engagés à l'exposition dans les trois sections devront être entrés dans l'enceinte de l'exposition avant le 5 mars à 17 heures. Tous les matériels et marchandises exposés devront rester dans leurs stands jusqu'à la clôture de l'exposition. Ils devront en être évacués avant le 20, les stands devant être dégagés et le terrain remis en l'état primitif (art. 7).

Art. 10. — Champs d'expériences. — Les exposants des trois sections auront la faculté d'annoncer, par tous moyens optiques, qu'ils possèdent un champ d'expériences, en dehors de l'exposition, où les visiteurs seront invités à assister à des essais, travaux et exhibitions.

Art. 11. — Publicité. — Toute publicité ou réclame par le son est rigoureusement interdite dans l'enceinte de l'exposition.

Art. 12. — Il est interdit de faire du feu dans les stands de l'exposition.

Art. 13. — Vols et accidents. — L'organisation de l'exposition est absolument exclue de toute responsabilité pour vol, ainsi que pour tous accidents corporels ou matériels qui pourraient survenir à des tiers pendant le cours de sa préparation, son montage, sa durée publique et son démontage.

Art. 14. — Assurances. — L'organisation de l'exposition tentera de réaliser un contrat d'assurance collective contre tous risques ; les exposants auront à déclarer, en envoyant leur inscription à la chambre syndicale, la valeur des matériels engagés. Ils seront débités de la prime proportionnelle en découlant au point de vue incendie, ainsi que de la prime leur incombant au point de vue accidents corporels ou matériels et de responsabilité civile. Au cas où cette assurance collective ne pourrait pas être réalisée, chaque maison exposante aura à se couvrir de tous ces risques d'incendie, d'accidents corporels, matériels, et de responsabilité civile et à en justifier avant le tirage au sort des emplacements.

Art. 15. — Entrée. — Le droit d'entrée des visiteurs à l'exposition est fixé à 1 franc.

Art. 16. — Cartes de service. — A chaque maison exposante il sera réservé une carte de service, plus une par dix mètres carrés ou fraction de dix mètres carrés attribués.

Art. 17. — Contestations. — Toutes contestations pouvant donner lieu à une action en justice relatives à l'application ou à l'exécution du présent règlement ne peuvent être portées que devant la juridiction de la Seine.

Art. 18. — Pour toute question relative à l'exposition et non prévue par le présent règlement, le comité directeur de la Chambre syndicale de motoculture se réserve de prendre toute décision sur avis préalable de la commission des concours et expositions.

CHAPITRE II

Section I. — Appareils de motoculture.

Art. 19. — *a*) L'exposition sera ouverte à tous les appareils de Culture mécanique construits en France ou importés des pays alliés ou neutres.

NOTA. — L'appareil de Culture mécanique est ainsi défini : toute machine ou instrument destinés à la préparation ou à l'entretien des terres de culture actionné ou commandé même partiellement par une énergie autre que l'énergie animale.

b) La disposition générale de l'exposition se présente sous la forme de deux longs rectangles parallèles ayant chacun une profondeur de 9 mètres et séparés par une allée centrale de 5 mètres qui formera l'unique allée permettant l'accès et la circulation des visiteurs.

c) Chaque maison exposante devra prendre pour son stand un lot de 45 mètres carrés. Les maisons qui désireraient étendre davantage leur exposition pourront le faire en souscrivant au tarif de 150 p. 100 du tarif général de base, un seul lot supplémentaire de terrain de 45 mètres carrés.

d) Par dérogation à l'article 6, tout participant pourra rétrocéder, sans cesser d'en être responsable, une partie de son lot n'excédant pas un demi-stand, à condition que sa demande d'admission (art. 3) comporte la désignation expresse de l'unique bénéficiaire de cette rétrocession et qu'elle ne puisse servir qu'à l'exposition d'un appareil complet de motoculture.

e) Le tarif général de base pour le terrain destiné aux appareils de motoculture est de 40 fr. le mètre carré.

f) Après épuration des comptes et par décision ultérieure du comité de direction, il pourra être fait aux membres exposants faisant partie de la chambre syndicale au 1er mars 1919, une ristourne sur le montant de leurs droits d'inscription versés, jusqu'à concurrence de 50 p. 100.

g) Tous les appareils, après installation dans leur stand, devront avoir leurs réservoirs vides de carburants. Ces réservoirs ne pourront être remplis de nouveau qu'après la fermeture de l'exposition, au moment du départ des appareils.

CHAPITRE III.

Section II. — Outillage complémentaire de culture.

Art. 20. — *a*) L'exposition comportera une section d'outillage complémentaire répartie en deux classes :

1° Instruments complémentaires de culture adaptables aux appareils de Culture mécanique : charrues diverses, herses, fraises, cultivateurs, rouleaux et semoirs;

2° Instruments d'entretien ou de récolte adaptables aux appareils mécaniques de culture : bineuses, arracheuses, faucheuses, moissonneuses, sulfateuses, arroseuses, pulvériseurs.

NOTA. — Exclusion expresse de toute autre catégorie d'instruments agricoles, machines-appareils ou outils non expressément indiqués ci-dessus.

b) Les stands de cette section de l'exposition comporteront des emplacements de profondeurs différentes : 3 m 50 et 7 mètres.

Les **exposants** de cette catégorie devront donc, dans leur demande d'inscription, spécifier la profondeur du stand qu'ils désirent se voir attribuer (3 m.50 ou 7 mètres).

Le tarif des emplacements est fixé à 50 fr. le mètre carré avec un minimum de 10 mètres carrés. Toute surface supplémentaire sera taxée à 150 p. 100 avec un maximum d'emplacement total de 50 mètres carrés par maison qui pourra toutefois être réduit par le commissaire général.

CHAPITRE IV

Section III. — Produits spéciaux.

Art. 21. — Cette section dans l'exposition est réservée aux produits spéciaux, tels que : engrais, amendements, semences, plantes sélectionnées.

Le tarif des emplacements est fixé à 100 fr. le mètre carré ; minimum d'emplacement par maison : 5 mètres carrés.

Tout emplacement supplémentaire sera taxé à 150 p. 100 avec un maximum d'emplacement total, par maison, de 20 mètres carrés.

Exposition internationale des Tuileries.

par M. G. Passelègue, Ingénieur agronome.

Nous donnons ici le compte rendu de M. Passelègue sur l'exposition internationale d'appareils de Culture mécanique aux Tuileries, désignée sous le nom de Semaine de printemps, paru dans le *Journal d'Agriculture pratique* du 18 mars 1920.

La Chambre Syndicale de Motoculture de France a organisé, du 6 au 14 mars 1920, sur la Terrasse des Tuileries à Paris, une exposition internationale d'appareils de Culture mécanique.

Si la manifestation faite par la Chambre syndicale à l'automne dernier, qui eut lieu à Senlis, rendait difficile l'examen des appareils à cause de la trop grande étendue de terrain consacrée à chaque exposant, par contre, il est à craindre que, dans cette exposition, les Agriculteurs ne puissent facilement faire leur choix devant les machines en repos, le moteur même ne pouvant pas tourner à vide (art. 19-*g* du règlement).

Les organisateurs semblent avoir abandonné l'idée de faire faire des constatations et des mesures par des mesureurs occasionnels, laissant ce soin à ceux qui ont la pratique de ce genre de travail et qui disposent des instruments de précision nécessaires. D'ailleurs, il faut bien avouer que les timides essais de contrôle faits aux Semaines de Motoculture antérieures n'ont donné aucun résultat au point de vue scientifique, bien que les organisateurs aient eu l'avantage, qui est très rare, d'avoir sous la main un aussi grand nombre d'appareils très différents les uns des autres.

Trente-neuf appareils seulement étaient exposés, dont 19 français, 15 américains, 1 anglais, 2 italiens, 1 suisse et 1 tchécoslovaque. En voici une rapide revue (1).

Appareils funiculaires. — *Établissements de Dion-Bouton* (36, quai National, à Puteaux, Seine), 2 treuils automobiles de 50 chevaux.

Les *Établissements Albert Douilhet* (9, rue Marcelin-Jourdan, Bordeaux-Caudéran,

---

(1) Presque toutes les machines signalées dans ce compte rendu ont été étudiées en détail dans les différents tomes de cette *Culture mécanique*.

Gironde), exposent le matériel de labourage à 2 treuils locomobiles, présenté autrefois par MM. Fillet et Cie. Chaque treuil, pesant 750 kilogr., est actionné par un moteur à explosions de 12 chevaux fonctionnant à l'essence. Le tambour présente trois parties de diamètres différents permettant de donner au câble les vitesses de 1 mètre, 1^m,50, 1^m, 80 par seconde suivant le tambour sur lequel se fait l'enroulement. L'appareil peut être utilisé pour le travail des vignes, en fixant sur la machine de culture une potence pour laisser le câble se dérouler dans l'interligne qui sera travaillé au rayage suivant.

Société française des tracteurs-treuils Doizy (1, rue de Stockholm, Paris), un tracteur-treuil de 25 chevaux.

Matériel de culture moderne (3, rue Taitbout, Paris), un tracteur-toueur Filtz-Grivolas de 40 chevaux, qui présente quelques modifications de détails afin de diminuer la valeur du couple résultant du mode d'attelage latéral de la machine de culture. La même Société expose aussi un brabant-double à deux raies, appelé *charrue à terrage différentiel et déterrage automatique*; les montants de l'essieu sont articulés avec l'age : la traction se fait par l'essieu ; à l'extrémité de la raie, lorsque l'effort de traction s'annule par suite de l'arrêt du tracteur-toueur, l'essieu, rappelé par deux forts ressorts, se rapproche des versoirs en provoquant le déterrage automatique du brabant-double, ce qui diminue la fatigue du laboureur pour le retournement de la charrue. Cette Société expose également une nouvelle charrue-balance à trois raies, à conduite automatique.

Tracteurs à une roue motrice. — *Etablissement Agricultural* (25, route de Flandre, à Aubervilliers, Seine), tracteur Taureau de 24 chevaux.

American Tractor (11, avenue du Bel-Air, Paris), tracteur Gray de 40 chevaux. Cet appareil a été utilisé récemment avec succès pour la culture des rizières. Pour cet emploi, les roues directrices ordinaires à rayons sont garnies de tôle emboutie.

Tracteurs à deux roues motrices. — *Agrestic Machinery C^o* (6, rue des Nanettes, Paris), tracteur Whitney avec moteur horizontal de 18 chevaux, à 2 cylindres, tournant à 750 tours par minute. Le tracteur a 3 vitesses : 2 kilom. 800, 4 kilomètres et 6 kilom. 400, plus une marche arrière. Son poids est de 1 300 kilogr. ; les roues motrices ont des bandages larges de 0^m,25. Les pièces d'adhérence sont constituées par des cornières.

Etablissement Agricultural, précité, tracteur Heureux-Fermier de 16 chevaux.

Etablissement Beauvais et Robin (31, rue du Maine, à Angers, (Maine-et-Loire), tracteur Amanco de 30 chevaux, désigné sous le nom de tracteur John Deere.

Etablissement Berna (282, route de la Révolte, à Levallois-Perret, Seine), tracteur (Suisse) Berna de 40 chevaux.

MM. Ch. Blum et Cie (8, quai Galliéni, à Suresnes, Seine), tracteur Tourand-Latil de 35 chevaux. Dans les modèles précédents, la charrue était reliée d'une façon rigide avec le tracteur et constituait avec lui une charrue automobile. A la suite des inconvénients de ce montage, les constructeurs ont été conduits à adopter un mode d'attelage plus souple, constitué par une simple chaîne. Il est curieux de constater qu'ils ont mis un certain temps pour s'apercevoir de l'amélioration à apporter à leurs premiers modèles, alors que la question avait été tranchée depuis longtemps par M. Ringelmann dans ses études sur la Culture mécanique.

Compagnie Case de France (251, rue du faubourg Saint-Martin, Paris), tracteur Case 18 chevaux.

M. Chapron (45, rue de la République, à Puteaux, Seine) a apporté quelques modifications à son tracteur viticole (moteur plus fort, roues plus hautes, les pièces d'adhérence sont fixées sur un bandage rapporté, en deux parties, qui est maintenu sur la roue par des clavettes). L'adhérence de la roue directrice a été obtenue en boulonnant à l'extrémité du châssis une forte surcharge en fonte.

Compagnie internationale des machines agricoles (C. I. M. A.), (155, avenue du Général Michel-Bizot, Paris), tracteur International de 16 chevaux ; tracteur Titan 20 chevaux, et tracteur Mogul 20 chevaux.

MM. Dens et Cie (5, cité Trévise, Paris), tracteur Sandusky de 25 chevaux.

M. R. Dubois (130, avenue de Neuilly, Neuilly-sur-Seine, Seine), tracteur de 10 chevaux destiné spécialement à la Viticulture. Sa largeur est de $0^m,95$ et il peut virer sur $1^m,50$ de rayon. L'appareil ne comporte pas de différentiel ; un mécanisme spécial permet le débrayage automatique d'une des roues pour faciliter les virages. Le moteur, qui peut fonctionner à l'essence ou au pétrole, comporte 2 régimes de marche : l'un à 500 tours par minute, donnant une puissance de 6 chevaux, est employé pour la commande par courroie des machines de la ferme ; l'autre, à 800 tours, est utilisé pour la traction sur route ou dans les champs. L'appareil peut être monté en locomotive sur rails pour voie de $0^m,60$, en rapportant un boudin sur les bandages des roues arrière et en remplaçant l'avant-train par un boggie.

Société Fiat (115, avenue des Champs-Élysées, Paris), tracteur Fiat de 25 chevaux.

MM. Maleville et Pigeon (36, rue de l'Épargne, à Chartres, Eure-et-Loir), tracteur Fordson de 22 chevaux.

Maison Th. Pilter (24, rue Alibert, Paris), tracteur Avery de 10 chevaux et tracteur Austin de 25 chevaux.

Société Rip (60, avenue de la République, Paris), tracteur de 18 chevaux.

Société de construction et d'entretien de matériel industriel et agricole (S. C. E. M. I. A.), (9, rue Tronchet, Paris), tracteur E-10 de 14 chevaux, et tracteur U-20 de 25 chevaux.

MM. Wallut et Cie (168, boulevard de la Villette, Paris), tracteur Mac Cormick de 16 et 20 chevaux, qui est le même que le Titan 20 chevaux de la Compagnie internationale des machines agricoles.

Tracteurs à 4 roues motrices. — *Ateliers Atlas* (21, rue Desrenaudes, Paris), tracteur type *Picardie* de 18 chevaux (connu autrefois sous le nom de Mesmay).

Société auxiliaire agricole (47, rue Cambon, Paris), tracteur Agrophile-Pavesi de 25 chevaux.

Tracteurs à chenilles. — *Etablissements Peugeot* (80, rue Danton, à Levallois-Perret, Seine), tracteur type 3 ; les patins, ou *tuiles*, de la chaîne sans fin sont écartés les uns des autres en laissant entre eux un vide d'environ $0^m.06$ à $0^m.07$ de largeur.

Les *Etablissements Renault* (15, rue Gustave Sandoz, à Billancourt, Seine) présentent un tracteur de 18 chevaux plus lourd que les modèles précédents et se déplaçant sur une voie de roulement plus large. La suspension du châssis a été également légèrement modifiée, ainsi que la transmission.

Charrues automobiles. — *Etablissements Amiot* (10, rue Mignot, Paris), charrue automobile, appelée *La Gerbe d'Or*, de 30 chevaux.

Société des automobiles Delahaye (10, rue du Banquier, Paris), charrue automobile, dite *Tournesol*, de 30 chevaux. Une modification a été apportée dans le mode de relevage des corps de charrue au moyen de 2 treuils obliques par rapport à l'axe de l'appareil, ainsi que dans le mode de fixation de ces corps de charrues sur le bâti.

M. A. Ravaud (1, rue des Italiens, Paris), charrue automobile *Excelsior*, de 40 chevaux.

Avant-trains tracteurs. — *M. L. Dubois* (29, rue de l'Avenir, à Asnières, Seine), avant-train tracteur de 20 chevaux.

Moline Plow et Cie (159 *bis*, quai Valmy, Paris), avant-train tracteur de 18 chevaux.

Bineuses automobiles. — *MM. Eugène Bauche et Cie* (au Chesnay, près Versailles, Seine-et-Oise), bineuse automobile de 7 chevaux.

Appareils à pièces travaillantes rotatives. — *MM. Pétard et Préjean* (60, rue de Provence, Paris), cultivateur rotatif de 8 chevaux, tiré par un cheval en limonières.

S. O. M. U. A. (19, avenue de la Gare, à Saint-Ouen, Seine), motoculteur type A, de 5 chevaux, et motoculteur type C de 35 chevaux.

*
* *

D'une façon générale, les constructeurs ont une tendance à simplifier les charrues à relevage automatique en plaçant le plateau porte-came sur le moyeu même de la roue de relevage.

MM. Maleville et Pigeon exposent une charrue Oliver dont le mécanisme de relevage est constitué par un secteur denté, excentré, qui vient engrener avec un pignon à lanterne calé sur le moyeu de la roue avant de gauche (roulant sur le guéret), en provoquant ainsi le soulèvement du châssis.

Les *Etablissements Peugeot* exposent une charrue à relevage automatique de construction française.

Il est regrettable que d'autres constructeurs français, qui se sont spécialisés depuis longtemps dans la construction des bonnes charrues, n'entreprennent pas la fabrication des charrues à relevage automatique pour tracteurs, ce qui éviterait de faire appel à l'importation.

La plupart des tracteurs exposés fonctionnent au pétrole dont l'emploi est plus économique que celui de l'essence. Il serait à désirer que, en face de l'élévation des prix de l'essence et du pétrole, des constructeurs étudient la question de l'emploi du gaz pauvre dont l'application aux camions est un problème déjà résolu.

*
* *

Comme l'exposition des Tuileries ne comportait aucun essai public, la *Chambre Syndicale des Importateurs français et alliés de tracteurs agricoles et de matériel de motoculture*, mieux inspirée, a organisé des démonstrations publiques d'appareils de Culture mécanique. Ces démonstrations, auxquelles ont pris part un grand nombre d'exposants mentionnés ci-dessus, ainsi que d'autres constructeurs ne figurant pas à l'exposition des Tuileries, ont eu lieu du 10 au 14 mars au Parc de Versailles, sur les terres de la ferme de Gally.

L'électricité et les travaux de culture.

Les Coopératives agricoles d'électricité se multiplient dans les campagnes ; elles fournissent la lumière aux agglomérations et la force motrice à diverses fermes de leur voisinage. Nous ne connaissons pas les résultats financiers de ces intéressantes entreprises, mais nous savons qu'il y a certaines de ces Coopératives qui fonctionnent bien depuis plusieurs années, d'où nous concluons que le nombre des adhérents ne diminue pas et que les recettes couvrent au moins les dépenses. Les adhérents doivent trouver, dans l'emploi de l'électricité, plus de confort et plus de facilités pour l'exécution de leurs travaux, surtout le battage des céréales.

L'usine génératrice, prévue pour le maximum de consommation (qu'on appelle *la pointe*), correspondant à l'allumage presque simultané de la plus grande partie des lampes branchées sur le réseau, est certainement trop puissante pour le débit diurne destiné aux moteurs ruraux, ces derniers, dans la ferme, ne fonctionnant qu'un petit nombre de jours par an et, souvent, qu'un petit nombre d'heures par jour.

Il est venu à l'idée des Coopératives agricoles d'électricité de chercher d'autres débouchés, et l'on a envisagé l'utilisation diurne du courant pour les travaux de culture et même de récolte. Plusieurs personnes nous ont demandé notre avis à ce sujet.

Voici ce que nous disions dans le tome III, de la *Culture mécanique* (épuisé depuis quelques années), au sujet des applications agricoles de l'Électricité.

En étudiant l'Exposition internationale d'Électricité de Paris, en 1881 (alors que les unités de mesure étaient dans l'enfance), nous entrevîmes la possibilité des applications agricoles de l'énergie électrique. Il n'était d'ailleurs pas difficile d'admettre qu'une grande ferme pourrait, dans un avenir prochain, avoir le même intérêt économique qu'une grande usine à installer, pour ses propres besoins, un groupe électrogène plus ou moins puissant. Il n'était pas non plus difficile de supposer que le jour où de grandes fabriques d'électricité qu'on appelle aujourd'hui des *Centrales*, établiraient de longues lignes de distribution pour débiter leur énergie sur une grande étendue, que ces lignes devraient forcément longer des routes, traverser des champs, et passer ainsi à proximité de nombreuses exploitations rurales qui se présenteraient alors comme des consommateurs bien placés.

C'est après avoir étudié toutes ces questions que nous avons publié, dans le *Journal d'Agriculture pratique*, une série d'articles que la *Librairie agricole de la Maison rustique* fit réunir en un petit volume intitulé l'*Électricité dans la Ferme*, dont l'édition était épuisée en 1899.

Nous nous souvenons de l'accueil qui fut fait à ce livre : ce n'était pas de l'hostilité, mais on souriait avec une pointe d'ironie devant notre idée d'appliquer, plus ou moins prochainement, l'électricité aux différents besoins des exploitations rurales. Les ingénieurs-constructeurs, comme les électriciens, n'envisageaient alors que les grandes applications industrielles, ce qu'ils appellent la belle mécanique, et se seraient crus amoindris, pour ne pas dire plus, s'ils s'étaient occupés d'applications agricoles. Il semble qu'il n'en est plus de même aujourd'hui.

On trouvera dans la collection du *Journal d'Agriculture pratique* de nombreux articles (depuis 1879, t. I, p. 784) consacrés aux essais de labourage électrique, à l'éclairage, aux usines et applications rurales de l'électricité.

* *

Pour la question posée : emploi de l'électricité aux travaux de culture, la solution mécanique existe depuis les essais de MM. Chrétien et Félix, en 1878, dans les terres attenantes à leur sucrerie de Sermaize (Marne); la solution économique est encore à trouver.

Le dispositif le plus simple consiste dans l'emploi de deux locomotives-treuils, analogues à celles du labourage à vapeur, dans lesquelles la chaudière et le moteur à vapeur sont remplacés par une réceptrice d'une manœuvre très facile. Mais il faut deux machines, deux mécaniciens, et accepter les ennuis du déroulage dans le champ, et de l'enroulage, des câbles amenant le courant de sa prise directe sur la ligne, ou d'un transformateur placé sur la fourrière. Pour le déplacement du matériel sur route, on utilise un moteur à essence actionnant les roues motrices de la locomotive, ou des attelages, ce qui augmente le personnel et les dépenses du chantier de labourage. En résumé, on éprouve tous les inconvénients des appareils funiculaires ; cependant, c'est actuellement le système le plus pratique, convenable aux grandes pièces de terre, à la condition qu'on ne cherche pas à exagérer la puissance des réceptrices.

Le système *roundabout*, avec une réceptrice rendue fixe pendant le labour d'un champ, ne convient, comme le même système à vapeur, que pour les travaux d'améliorations foncières ; de nombreux essais ont été effectués avec ces appareils en Italie, en particulier par le comte de Asarta.

Plus récemment, chez nous, près d'Arcachon, on utilisa une locomotive à double treuil avec une poulie de renvoi portée par un chariot-ancre se déplaçant sur la fourrière opposée.

L'emploi d'une charrue-balance-toueuse fut montré en novembre 1896 par M. A. Maguin, constructeur à Charmes (Aisne), sur les terres de M. Landrin, à Berteaucourt-Epourdon. Le défaut de l'appareil résidait dans la lourde chaîne calibrée qui servait au touage de la charrue, mais il avait un dispositif très ingénieux de prise de courant, par un trolley, sur deux conducteurs qui se déportaient automatiquement sur le guéret ; nous en avons donné la description dans le *Journal d'Agriculture pratique* (1896, t. II, p. 822).

Le tracteur électrique, que beaucoup entrevoient, n'aura jamais la liberté d'action, dans le champ ou sur route, que présente le tracteur à pétrole ; il lui faudra prendre l'énergie par un trolley qui sera dépendant des conducteurs dont l'installation demandera de la main-d'œuvre. Inutile de dire qu'il ne faut pas songer à l'emploi économique d'accumulateurs, bien qu'un peu avant la Guerre on parla beaucoup d'un magnifique accumulateur, très léger et à bas prix, inventé par Edison ; il n'est plus question de cette merveille qui devait trouver de belles applications dans les automobiles, d'où l'on aurait pu les étendre aux tracteurs.

Un système a été proposé récemment en Italie : le tracteur travaille en tournant autour d'un mât avec lequel il est relié par les câbles conducteurs tendus automatiquement sur un tambour.

On pense encore utiliser la transmission sans fil, analogue à la télégraphie sans fil (*Télémécanique* ; travaux de M. Abraham). Il est vraisemblable que cela soit la solution de l'avenir, mais nous craignons que cet avenir ne soit encore éloigné pour nos applications agricoles.

Protection des tracteurs contre la gelée (1)

par M. G. PASSELÈGUE, Ingénieur-agronome.

La congélation de l'eau de refroidissement des moteurs de tracteurs ou d'automobiles, par suite de l'abaissement de la température extérieure, provoque des accidents graves, tels que des fissures dans le radiateur ou la rupture de la chemise d'eau des cylindres, nécessitant des réparations coûteuses et occasionnant une indisponibilité plus ou moins longue.

Le procédé le plus simple consiste à vider le radiateur chaque fois qu'il gèle, ou que l'on suppose qu'il va geler, à la condition toutefois que la personne qui est chargée de ce travail ne l'oublie pas ou ne fasse pas une prévision erronée.

On a conseillé, pour abaisser le point de congélation, de mélanger à l'eau du radiateur certains produits, tels que de la glycérine, de l'alcool méthylique ou du chlorure de calcium (2). La glycérine a l'inconvénient d'encrasser les tuyauteries et la pompe en diminuant le pouvoir refroidissant du radiateur. L'alcool méthylique, ou esprit de bois, disparaît peu à peu par évaporation (le point d'ébullition est de 80° centigrades). Le chlorure de calcium, qui donnerait les meilleurs résultats, employé à la dose de 220 gr. par litre d'eau, abaisse le point de congélation à — 10° centigrades.

M. Fabien Cesbron, ingénieur-constructeur, 37, rue de Brissac, à Angers (Maine-et-Loire), a imaginé un appareil appelé le *Frigon* (fig. 65) assurant la vidange automatique du radiateur avant que l'eau qu'il contient ne soit congelée.

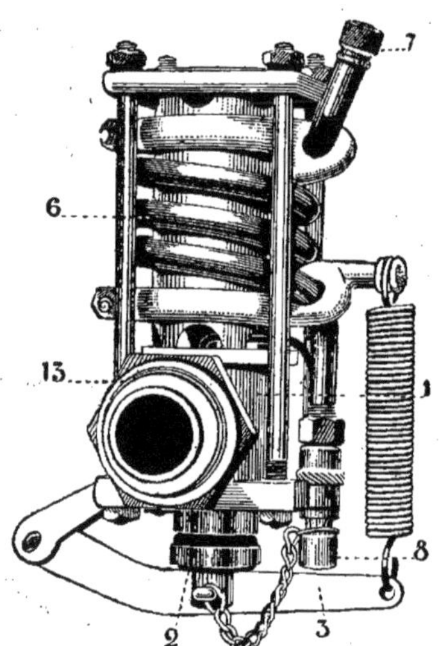

Fig. 65. — Appareil de protection du radiateur des tracteurs contre la gelée.

L'appareil, de petites dimensions, communique avec le radiateur, au point le plus bas de celui-ci, par le raccord *13*, débouchant dans une chambre *1*, fermée à sa partie inférieure par une soupape *2*, maintenue appliquée sur son siège par un ressort de rappel agissant sur le levier *3*.

L'appareil comporte un serpentin en cuivre rouge, *6* ; l'extrémité inférieure de celui-ci est fermée par un piston dont l'embase *8* s'appuie sur le levier *3*.

Pour mettre l'appareil en service, on enlève le bouchon fileté 7, jusqu'à ce que l'eau vienne s'écouler goutte à goutte à l'extrémité du serpentin. Cela indique que celui-ci, qui est alimenté par une nourrice le mettant en communication avec la chambre *1*, est rempli d'eau et que l'appareil est prêt à fonctionner.

(1) *Journal d'Agriculture pratique*, 1920, n 4.
(2) *Journal d'Agriculture pratique*, 1911, tome II, page 818.

Lorsque la température extérieure s'abaisse, l'eau du serpentin, en raison de son petit volume (5 cent. cubes) et de la grande conductibilité de la paroi, se refroidit plus rapidement que celle du radiateur. De sorte que l'eau se congèle dans le serpentin, alors que l'eau du radiateur se trouve encore à l'état liquide. L'augmentation de volume produite par la congélation de l'eau du serpentin repousse le piston qui, en agissant sur le levier *3*, provoque l'ouverture de la soupape *2*, et par suite la vidange de l'eau du radiateur.

Les expériences, qui ont été faites par M. Ringelmann à la Station d'Essais de Machines, ont montré que l'appareil fonctionne alors que l'eau du radiateur se trouve encore à + 3° centigrades. La congélation de l'eau dans le serpentin produit un déplacement du piston variant de 2 à 4 millimètres. L'appareil, placé sur le radiateur d'une automobile Mors de 17 chevaux, l'a vidé de toute l'eau qu'il est possible d'évacuer par le bouchon de vidange, et avant que celle-ci ne fût congelée.

L'appareil soumis aux essais avait les dimensions suivantes :

Poids (kilogs).	0,597
Hauteur totale (millimètres).	145
Largeur totale (millimètres) (dans le plan du levier).	104
— — (dans le plan perpendiculaire).	81
Serpentin (Diamètre extérieur (millimètres).	7
en { Diamètre intérieur (millimètres).	4
cuivre rouge. (Longueur (millimètres) (prise à l'intérieur)	480
Diamètre du piston (millimètres).	4
Diamètre intérieur de la tubulure d'entrée (millimètres).	20
Diamètre intérieur de l'orifice de vidange (millimètres).	16
Diamètre extérieur de la nourrice (millimètres).	2,5

Les essais, qui ont eu lieu dans un frigorifique, ont donné les résultats suivants :

	Au début de l'essai.	Après la 1re vidange partielle.		2e vidange partielle.	3e vidange partielle.	4e vidange partielle.
Temps (heures, minutes, secondes) .	»	35′	40′	49′	59′	1 h., 15′ 30″
De l'air	— 6	— 6	— 6	— 6	— 6	— 6
De l'eau à la partie supérieure du radiateur.	»	+ 6	+ 5,5	»	»	»
De l'eau s'écoulant du radiateur lors du fonctionnement du Frigon.	»	»	+ 3	+ 3	+ 3	+ 2
Course du piston (millimètres) .	»	»	»	2	2	3
Quantités d'eau écoulée (kilogs).	»	»	9,90	2,00	2,00	2,00

Les colonnes « Températures (degrés centigrades) » regroupent les lignes « De l'air », « De l'eau à la partie supérieure du radiateur » et « De l'eau s'écoulant du radiateur lors du fonctionnement du Frigon ».

Pour préserver les récipients qui risquent d'être détériorés par la gelée, tels que les pompes, les réservoirs et les canalisations d'eau, on pourrait employer cet appareil qui ne nécessite, une fois posé, aucun entretien.

Ravitaillement en combustibles liquides.

Chaque nouveau tracteur mis en exploitation représente une consommation annuelle d'environ 35 à 40 hectolitres de pétrole ou d'essence minérale, et plus si le moteur est employé à actionner, par courroie, diverses machines, en particulier des batteuses ; il y a actuellement quelques milliers de tracteurs en service chez nous.

Jusqu'en 1920, grâce à la Conférence interalliée pour le Contrôle du prix des pétroles, le cours n'a pas été abusivement élevé. Malheureusement, sous l'inspiration de la *Standard Oil* et de la *Royal Dutch*, l'Amérique a exigé le retour à la liberté, d'où augmentation des frets.

D'après l'ancien haut commissaire aux pétroles pour la France, la production mondiale s'élèverait à *80 millions de tonnes* et la capacité de consommation à *120 millions de tonnes*. Le déficit du charbon étant déjà de 250 millions de tonnes et ayant tendance à s'accroître, il faut trouver de nouveaux gisements pétrolifères et augmenter le nombre des bateaux-citernes.

Voici quelles ont été nos importations en 1919 (1) :

	Importations	
	totales.	d'Amérique.
	hectolitres.	hectolitres.
Pétrole.	3 270 000	3 058 000
Essence	4 231 000	3 037 000
Huiles lourdes.	1 472 000	1 399 000

Ces importations sont ruineuses au cours du change de 1919 et de 1920.

Nous pourrions avoir recours aux gisements de la Galicie, de la Roumanie et du Caucase. Malheureusement, dans ce dernier pays, l'Angleterre a pris la part du lion et là encore se pose le problème du change, à moins d'arriver à un arrangement.

Il faut de 35 à 40 litres d'essence ou de pétrole pour labourer un hectare où l'on sèmera du blé. Si l'on augmente de 1 franc le litre de combustible, il en résulte une augmentation d'environ 1 fr. 75 à 2 francs sur le prix de revient d'un quintal de blé (pour une récolte supposée de 20 quintaux à l'hectare).

A partir du 1er avril 1920, le Comité Général du Pétrole a décidé une augmentation, par hectolitre, de 10 fr. pour le pétrole ; 20 fr. pour l'essence de poids lourd et 30 fr. pour l'essence légère dite de tourisme.

Fournitures de Combustibles pour les Appareils de Culture mécanique.

Les Syndicats de Culture mécanique éprouvant des difficultés pour recevoir l'essence et le pétrole qui leur sont nécessaires, M. Antoine Borrel, sous-secrétaire d'État des mines, a adressé aux préfets la circulaire suivante, à la date du 12 mars 1920.

A la demande de M. le Ministre de l'Agriculture, le Comité général du Pétrole a décidé que seraient satisfaites par priorité les demandes de carburants destinés à l'Agriculture et à la Motoculture.

(1) Chiffres donnés par la *Gazette du Village*, 4 avril 1920.

En vue d'assurer l'exécution de cette décision, j'ai l'honneur de vous prier d'adresser à la *Direction des Essences et Pétroles, 88, rue de Grenelle, Paris*, des états faisant ressortir les besoins mensuels pour votre département. Ces états seront fournis sous la forme d'une liste nominative des bénéficiaires avec indication de leur domicile et des quantités demandées pour chacun d'eux. Une liste distincte sera établie pour chaque nature de carburants.

Ces états seront dressés par les Directeurs des services agricoles qui devront contrôler la réalité des besoins.

Les demandes seront ensuite transmises par le *Service des Essences* aux commerçants du pétrole, qui se sont engagés à les satisfaire par priorité sur toutes autres livraisons.

Ces états de prévisions devront être envoyés, avant le 15 de chaque mois, pour les besoins du mois suivant.

Étant donné l'urgence de procéder actuellement aux ensemencements de printemps, le premier de ces états devra parvenir, pour le mois d'avril, avant le 20 mars, terme de rigueur.

Les quantités demandées seront réparties par la *Chambre syndicale de l'Industrie du Pétrole*.

Les intéressés seront prévenus, par vos soins, de l'arrivée du carburant qui leur sera délivré, sur la demande visée par le Directeur des services agricoles.

Vous voudrez bien prendre des mesures *rigoureuses* de contrôle pour que ces carburants soient réservés aux seuls besoins de l'Agriculture.

Le Ministre de l'Agriculture a obtenu du Comité d'exploitation provisoire des grands réseaux qu'un contingent hebdomadaire de 50 vagons soit régulièrement attribué au Ministère de l'Agriculture, à titre de secours, pour permettre de donner satisfaction aux demandes de transport de carburants destinés à la Culture mécanique.

Le développement du matériel agricole (1)

Par M. GUY DE MONTARD, Ingénieur E. C. P.

Avant la guerre, le principal obstacle qui s'opposait au développement de l'outillage agricole était, disait-on, le haut prix des machines. Aujourd'hui, cet obstacle semble avoir diminué d'importance (2), et il est à souhaiter que la construction française sache profiter de la mentalité nouvelle des agriculteurs. Pour cela, il peut être utile d'examiner les conditions dans lesquelles le cultivateur achète une machine.

M. Jaguenaud a dit fort justement (3) qu'il ne suffisait pas d'apporter aux cultivateurs des explications, mais qu'il fallait mettre à leur portée les expériences et les démonstrations. Il faudrait ajouter que l'expérience doit être bien faite et la démonstration bien conduite. Une des meilleures preuves de ces assertions est dans ce fait : les machines achetées actuellement dans une région sont toujours des machines connues pour le travail qu'elles font depuis longtemps chez tel ou tel propriétaire. Dans ma région, on a acheté lieuses, pulvériseurs, brabants, faucheuses, faneuses, râteaux. On ne trouvera ni houes, ni semoirs, ni râteaux-faneurs, ni instruments d'intérieur de ferme, toutes ces machines n'ayant pas encore, pour une raison ou une autre, été vulgarisées dans le pays.

(1) *Journal d'Agriculture pratique*, n° 44, 1919.

(2) Le paysan qui a gagné beaucoup d'argent est resté un peu méfiant à l'égard du papier ; il n'est pas fâché de réaliser une partie de ses bénéfices en machines. Quant aux grands ou moyens propriétaires, ils sont forcés de parer à la pénurie de main-d'œuvre toujours plus grande.

(3) *Journal d'Agriculture pratique*, 26 juin 1919.

Les pulvériseurs ont été répandus dans un coin du Lot-et-Garonne à la suite de l'initiative heureuse d'une maison de construction qui envoya un appareil à un mécanicien de village en le priant de le faire essayer. Dans l'espace de trois semaines, six ou sept appareils furent vendus; aujourd'hui le nombre des pulvériseurs en service est considérable (1).

Le plus alléchant·prospectus, la réclame la plus bruyante ne valent pas aux yeux des agriculteurs, gens pratiques et réalistes, un travail bien fait. Un exemple de l'importance des démonstrations bien conduites est donné par les expériences de motoculture dans les départements. En 1917, à Périgueux, l'appareil Case imparfaitement conduit et présenté au travail a laissé à de nombreux spectateurs une impression bien inférieure à celle qu'il devait donner, et s'il ne s'est pas répandu dans certaines parties du département, c'est à cela qu'il faut l'attribuer.

« Un négociant voit habituellement ses entreprises bornées par l'étendue de son capital et l'insuffisance des notions qu'il possède sur les hommes et les choses des contrées avec lesquelles il pourrait lier des relations d'affaires (2) ». Cette ignorance, dont un auteur moderne a su montrer les conséquences fâcheuses pour notre commerce à l'étranger (3), existe souvent dans notre propre pays. Nul n'ignore, parmi les lecteurs de ce journal, les nombreuses maladies qui sévissent depuis quelques années sur les arbres fruitiers, les maladies cryptogamiques en particulier, rot brun, tavelure, cloque, etc. (4). On sait aussi combien les récoltes de ces arbres sont importantes pour certaines régions et qu'un seul traitement a une efficacité reconnue : le sulfatage. Or, ce sulfatage ne se pratique qu'exceptionnellement. Pourquoi? Parce que la main-d'œuvre est réfractaire à ce travail. « Le récipient plein de liquide par une température un peu froide n'est pas agréable à porter sur le dos. La position de l'homme qui doit lever la tête pour surveiller le jet qu'il dirige et qui se trouve ainsi sollicité en arrière par le poids du pulvérisateur est rapidement fatigante »(5). D'ailleurs, la main-d'œuvre est rare et les travaux nombreux en région de polyculture. Les pulvérisateurs à traction ne sont généralement pas utilisables, car pour bien sulfater un arbre, il faut s'arrêter près de lui et dans la plupart des appareils employés pour la vigne, la pression nécessaire au fonctionnement de la machine est assurée par son déplacement.

Il existe pourtant des appareils susceptibles d'application. J'en signalai deux dans une revue régionale (6) après le concours agricole de 1914. Ni constructeurs, ni commerçants ne semblent avoir compris quel débouché facile eût pu s'ouvrir devant des machines permettant le traitement des arbres.

Trop souvent, l'agent ou le représentant d'une maison de construction n'ont aucune

(1) Canton de Castillonnès (Lot-et-Garonne). Le pulvériseur avait été envoyé par la Compagnie internationale à M. Rany, mécanicien. Les premiers essais eurent lieu à Bonnaval chez MM. Douzains et Louis de Montard à Castillonnès. Ces appareils sont actuellement répandus non seulement dans tout le canton, mais dans les deux cantons voisins, Eymet et Issigeac (Dordogne). Un seul propriétaire n'en possède pas moins de cinq.

(2) Le Play. *La Réforme sociale en France.*

(3) Marius André. *Guide psychologique du Français à l'Étranger* (1917, Nouvelle Librairie nationale).

(4) Nous pensons surtout à la région où se cultive le prunier d'Agen. Toutes ses maladies cryptogamiques et bien d'autres ont été étudiées avec un soin et un zèle tout particuliers par M. Rabaté pendant son passage à la Direction des Services agricoles du Lot-et-Garonne.

(5) Guy de Montard. *Le sulfatage des arbres fruitiers* (Culture Moderne du Sud-Ouest, 5 avril 1914).

(6) Voyez note 4. Ces deux appareils étaient le pulvérisateur Perras (Belleville-sur-Saône), dans lequel on peut interrompre la commande de la pompe par manivelle calée sur l'essieu et la remplacer par une commande à la main, et un appareil Vermorel très simple, pouvant se placer sur n'importe quel véhicule et comprenant simplement une barrique en bois avec une pompe placée intérieurement ou latéralement au récipient. Il est évident que beaucoup d'autres appareils pourraient être utilisés (badigeonneurs de Vermorel, par exemple), mais encore faut-il les faire connaître au cultivateur.

connaissance agricole et leur zèle de vendeur leur fait faire des hérésies en agriculture. Les premières charrues Brabant vendues en Dordogne étaient toutes dépourvues de rasettes et les labours dans certaines terres remplies d'herbes où toutes les façons devaient se faire dans le même sens avaient pour résultat de créer de longues lignes où l'herbe semblait avoir été amassée (1). C'est que les charrues Brabant se vendaient au poids et, pour diminuer quelque peu la note, les marchands proposaient la suppression des rasettes.

Puisqu'on affectionne beaucoup les comparaisons militaires, ne pourrait-on dire que dans la lutte économique entre les deux grosses armes que sont l'agriculture et l'industrie, il manque souvent un organe de liaison? Nos Syndicats agricoles, si riches en compétences agricoles et autres, ne pourraient-ils remplir ce rôle? Les constructeurs devraient solliciter leurs conseils et leur faciliter les expériences. Les Syndicats devraient demander aux constructeurs ou à leurs représentants les perfectionnements qu'ils souhaitent. Là où les Syndicats ont une vie ralentie, les constructeurs peuvent toujours trouver dans le monde agricole des correspondants qui les renseigneront utilement (2). Il serait désolant de voir notre outillage rester stationnaire à l'heure où le monde agricole est disposé favorablement.

Dépenses comparées des chevaux, des bœufs et des tracteurs

par M. Henry Girard.

Nous donnons ci-dessous une étude publiée par M. Henry Girard, Agriculteur à Bertrandfosse (Oise) et membre du Conseil supérieur de l'Agriculture, dans la *Gazette du Village* du 14 mars 1920.

Dans les conditions économiques que nous subissons, au moment de la reprise des grands travaux aux champs, il nous a semblé intéressant de puiser dans les documents que nous amassons à Bertrandfosse pour présenter à nos lecteurs quelques renseignements susceptibles de les intéresser puisqu'ils nous sont souvent demandés.

Dès qu'il s'agit de chiffrer exactement, il y a toujours matière à contestation. On en déduit trop facilement qu'il est impossible de comptabiliser en culture. Dans le commerce ou dans l'industrie, *on est en présence de difficultés semblables.* Si les intéressés arrivent à avoir des vues générales, c'est qu'ils font la part plus grande aux frais généraux, aux amortissements, à tout ce qui contribue en un mot à assurer une trésorerie plus facile et un minimum de bénéfices auxquels le profit avoué vient s'ajouter. Nous n'avons qu'à faire admettre, *grâce à une organisation professionnelle toujours plus forte et plus active,* un point de vue semblable quand il s'agit d'agriculture.

Prix de revient de la journée de travail d'un cheval.

francs.

1° Nourriture :

	francs
8 kilogr. d'avoine à 90 francs les 100 kilogr.	7 20
1 botte 1/2 de fourrage à 2 francs.	3 »
2 bottes de paille à 1 fr. 25.	2 50
	365 × 12 70 4 635

(Le fumier n'est pas pris en compte étant donnée la basse estimation des denrées,.

---

(1) *Journal d'Agriculture pratique : Les plantations de vignes en Joualles* (25 sept. 1919). — *Culture moderne du Sud-Ouest : A propos de l'emploi des charrues Brabant* (16 nov. 1913).

(2) Une grosse maison de construction automobile se documente ainsi actuellement pour la création d'un type de tracteur pour moyenne culture.

2° Amortissement :
Par an, au prix d'achat actuel et avec l'aléa.   500
3° Ferrure :
Une ferrure complète par mois, clous à glace, etc. . . . . 16 × 12   192
4° Harnachement :
Entretien (mémoires de l'exercice 1919-20 pour 20 chevaux) pour 1 cheval.   183
5° Intérêt du capital engagé, imprévu   190

Total. 5 700

Comme un cheval à la ferme, s'il mange tous les jours, ne travaille guère que 275 jours par an, le prix du collier sans conducteur est de 5 700 : 275 = 20 fr. 75 ou, avec charretier, en comptant un homme pour trois chevaux : 24 fr. 75, mettons 25 fr.

Prix de revient de la journée de travail d'un bœuf (1).
1° Nourriture :

francs.
Betteraves, fourrages, tourteau, herbe, suivant les saisons 2 488
(Nous ne reproduisons pas un détail fastidieux, mais la valeur de 6 fr. 80 attribuée à la ration journalière d'un bon bœuf de travail est conforme à la réalité).

2° Amortissement :
Difficile à fixer; quel sera le prix de la viande dans 3 ou 4 ans? On peut apprécier les choses ainsi : 1 bœuf de 800 kil. est acheté 3 fr. 75 le kil. vif, soit au minimum 3 000 fr. Il sera revendu 2 fr. le kil. pesant 900 kil., soit 1 800 fr; 3 000 — 1 800 = 1 200 : 3 ans = 400 fr.   400
3° Ferrure :
6 ferrures à 15 fr   90
4° Harnachement   60
5° Intérêt du capital engagé, imprévu   162

Total. 3 200

Soit pour 250 jours de travail 12 fr. 80 sans conducteur ou avec le bouvier travaillant souvent avec 4 bœufs : 15 fr. 80, mettons 16 francs.

Prix de revient du tracteur.

francs.
1° Carburant : consommation pour 1 hect. 50 à raison de 50 litres par hectare à 1 fr. 20 avec transport et déchet.   90
2° Huile, graisse, pétrole, chiffons.   23
3° Amortissement et entretien :
Prix d'achat du groupe : 21 000 fr; amortissement en 3 ans, soit 7 000 fr. à répartir sur 150 jours de travail; la valeur au bout de 3 ans égalant l'entretien.   46
4° Conducteur :
Fixe et prime, par jour.   16
5° Intérêt du capital engagé :
A 5 p. 100, 1 050 fr.; 150 jours, soit   7
6° Assurance, imprévu :
Prix excessif des pièces de rechange par suite de variations de change, etc.   18

Pour 1 labour moyen sur 1 hect. 1/2. 200

Prix comparatif du labour d'un hectare à 0ᵐ,20 de profondeur pour avoine au printemps de 1920.
1° Avec 3 chevaux :
25 × 3 = 75 fr. En supposant un travail effectué de 40 ares par jour, on arrive à un total de.   187 50
2° Avec 4 bœufs :
16 × 4 = 64 fr. En supposant qu'un hectare est labouré en 3 jours, 64 × 3, soit   192   »
3° Avec le tracteur.   134   »

(1) Nous faisons toute réserve au sujet du prix de la journée du bœuf; il y a lieu de se reporter à l'article de M. H. de Lapparent intitulé : *Tracteurs et moteurs animés*, p. 71, et à notre communication à l'Académie d'Agriculture (1ᵉʳ octobre 1919) sur le *Travail des attelages.*

Observations. — Nous nous garderions bien de déduire d'une note aussi superficielle la supériorité de tel ou tel moteur. Chacun a ses avantages et ses inconvénients. Le cheval et le bœuf ont l'avantage d'être nourris avec les produits de l'exploitation. Le premier est peu sujet aux maladies épizootiques, il rend de grands services sur la route : le second s'amortit plus aisément, produit une quantité considérable de fumier, mais la fièvre aphteuse, de plus en plus fréquente, rend son utilisation assez aléatoire, surtout sur la route.

Que dire du tracteur ? Comme tout nouveau venu, il séduit. Il a cependant des inconvénients dus à lui-même, mais dus surtout aux conditions économiques exceptionnelles dans lesquelles nous nous trouvons. Les pièces de rechange coûtent fort cher, *l'essence fait défaut au moment où le travail presse le plus...*

Quoi qu'il en soit, en cette période de crise, l'économie du kilogrammètre mécanique par rapport au travail du moteur animé apparaît clairement.

C'est si vrai, qu'aux États-Unis les tracteurs s'emploient toujours davantage et que les éleveurs de chevaux ont recours aux journaux agricoles les plus répandus pour défendre la cause des produits de leur haras. En France, nos belles races ont encore de beaux jours à entrevoir, mais le brillant avenir du moteur mécanique est indiscutable.

Transports agricoles par tracteurs.

Le transport de certaines récoltes, en particulier celui des betteraves, présente des difficultés. Pour beaucoup d'exploitations, les transports de betteraves nécessitent de nombreux attelages, lesquels pourraient être plus utilement employés pour exécuter les façons culturales d'automne.

Faute de disposer de bouviers ou de charretiers en nombre suffisant, on recule les labours et le semis des blés d'hiver ; on recule encore plus les transports de fumier et les labours profonds à effectuer sur les soles à mettre en betteraves au printemps suivant, des séries de retards s'ajoutent ainsi les unes aux autres en se répercutant sur tous les travaux agricoles et surtout sur les récoltes futures.

Pour une étude, d'avant-projet tout au plus, de transports agricoles à l'aide de tracteurs tirant des remorques, nous devons nous baser sur les résultats d'une organisation de transports agricoles utilisant d'autres moyens ; nous prendrons comme type la coopérative de Lizy-sur-Ourcq, pour laquelle nous avons des documents précis.

*
* *

A l'automne 1908, les Agriculteurs de la région nord-ouest de Lizy-sur-Ourcq (Échampeu, May-en-Multien, Le Plessis-Placy, Beauval) cultivant près de 2 000 hectares, dont 450 en betteraves (1), ne trouvaient déjà plus le personnel et les attelages indispensables pour leurs transports de racines à la raperie de Lizy-sur-Ourcq.

Vingt cultivateurs de ces communes fondèrent, en avril 1909, une *Société coopérative de Transports.* On établit un chemin de fer fixe à voie étroite de $0^m.60$, sur une longueur de 7 700 mètres ; le service fut assuré avec 2 locomotives et 60 vagons, pouvant recevoir chacun un chargement de 5 tonnes.

____

(1) Cela correspond à 10 hectares de betteraves à sucre par 14 hectares de terres.

Sans étudier en détail le petit chemin de fer coopératif de Lizy-sur-Ourcq (1) disons que, pendant les 80 journées de travail en 1913, le chemin de fer a transporté 20 500 tonnes de betteraves à une distance moyenne de 6 kilomètres. Ce poids indiquerait que la surface cultivée en betteraves a été augmentée après l'établissement du chemin de fer en raison des facilités qu'il apportait aux agriculteurs pour le transport de leur récolte (2); l'étendue cultivée en betteraves devait être alors voisine de 680 à 690 hectares (3).

L'exemple de la coopérative de Lizy-sur-Ourcq est à retenir pour d'autres applications analogues. Cependant l'on peut chercher à voir si des tracteurs automobiles ne pourraient pas, dans certains cas, être utilisés pour ces gros transports agricoles.

****

Les Services de l'Artillerie avaient heureusement entrevu le rôle que pourraient jouer, en cas de Guerre, de forts tracteurs à quatre roues motrices, destinés à remorquer des canons, des affûts, etc. Ils avaient ouvert dans ce but, en mars 1913, un premier concours au sujet duquel nous avons des chiffres relatifs au tracteur Châtillon Panhard, dont plusieurs exemplaires ont été en service sur le front.

Voici les indications relatives à ce tracteur capable de porter une charge de 2 tonnes tout en tirant des véhicules représentant un poids total de 15 tonnes.

		Poids	
		à vide.	en charge.
		kilogr.	kilogr.
Tracteur . .	Charge sur l'essieu avant.	2 750	2 800
	— arrière	2 250	4 200
Poids total		5 000	7 000
Remorques .	Remorque n° 1.	2 500	7 500
	— n° 2.	2 500	7 500
Poids total de l'ensemble		10 000	22 000
Poids utile de l'ensemble			12 000

Dans les essais, le train de 22 tonnes a gravi, à la vitesse uniforme et régulière de 2 500 mètres à l'heure ($0^m,70$ par seconde), la rampe pavée de Neauphle-le-Château, dont la pente est de 14 pour 100 en bas pendant quelques mètres, puis de 13 pour 100 sur 50 mètres; le pavage, en très mauvais état, était heureusement très sec.

Au polygone de Vincennes, sur un sol sableux, meuble, le tracteur tirant 4 voitures d'artillerie pesant 3 500 kilogr. chacune, avec leur charge, soit un poids total de 14 tonnes, a évolué sans difficulté en franchissant des dénivellations de $1^m,50$ de pro-

____

(1) L'installation du chemin de fer est revenue avant la Guerre à 316 700 fr., sur lesquels on compte 192 400 fr. pour la voie et 113 600 fr. pour le matériel roulant.

La coopérative fonctionne très bien, mais il faut dire que 180 000 fr. ont été avancés gratuitement par l'État; qu'il y a des subventions diverses : de l'État (service des améliorations agricoles), de la sucrerie de Lizy-sur-Ourcq et du Conseil général de Seine-et-Marne; cette dernière subvention, qui était en 1913, de 0 fr. 075 par tonne transportée, est donnée en raison de ce que l'établissement du chemin de fer a diminué les frais d'entretien des routes sur lesquelles s'effectuaient les charrois de betteraves.

(2) 20 500 tonnes pour 450 hectares représentent 45,5 tonnes par hectare, alors qu'il faut probablement tabler sur une récolte moyenne voisine de 30 tonnes.

(3) En supposant que la région desservie représente 2 000 hectares, cela correspondait à 10 hectares de betteraves à sucre par 29 hectares de cultures.

fondeur, en sol humide et peu consistant, présentant des pentes de raccordement de 15 à 20 pour 100.

Nous passons sous silence les autres épreuves d'obstacles, n'intéressant pas immédiatement ce que nous voulons examiner : fondrières, fossés et talus, tronc d'arbre de $0^m,40$ de diamètre jeté en travers de la route, etc., épreuves dans lesquelles la machine s'est montrée remarquable.

Pour les diverses étapes sur route, la vitesse moyenne a varié de 8 kilomètres à $9^{kil},6$ à l'heure, le tracteur remorquant 15 tonnes, et $17^{kil},6$ pour le tracteur isolé.

On peut faire la comparaison de ce tracteur avec les camions automobiles reconnus les meilleurs aux épreuves d'endurance de 1912 ; on a les chiffres relatifs suivants :

	Camion automobile.	Tracteur à 4 roues motrices.
Poids total	100	100
Charge utile.	45	54,54
Consommation (en litres) à la tonne-kilomètre totale. .	0,05	0,048

Il y a une légère économie de combustible avec le tracteur tirant des remorques, sur le camion-automobile.

*
* *

Examinons les conditions d'emploi d'un tracteur à 4 roues motrices au transport des betteraves à une distance moyenne de 5 kilomètres.

La vitesse supposée est de 5 kilomètres à l'heure en charge, et de 10 kilomètres à vide (chiffres bien plus faibles que ceux constatés aux épreuves de 1913, mais il nous faut tenir compte de l'habileté professionnelle des conducteurs du concours).

La durée totale d'un voyage aller et retour serait de deux heures (aller, une heure ; retour, une demi-heure ; pertes de temps pour manœuvres, une demi-heure).

Avec les journées de dix heures (en septembre) et de neuf heures (en octobre), le tracteur peut faire de 5 à 4,5 voyages par jour, en transportant à chaque voyage 12 tonnes de betteraves, soit un poids total journalier de 60 à 54 tonnes, en moyenne 57 tonnes à 5 kilomètres, ou 285 tonnes-kilomètres utiles par jour.

Voyons la dépense de combustible pour un voyage, en fixant la consommation à 0 lit,05 (au lieu de 0 lit,048) à la tonne-kilomètre totale :

	Tonnes totales.	Tonnes kilomètres totales.	Combustible en litres.
Aller.	22	110	5,5
Retour.	10	50	2,5
			8,0

A cause du poids mort, et surtout à cause du retour à vide, l'on dépense en totalité 8 litres de combustible, pour le transport de 12 tonnes à 5 kilomètres, soit 60 tonnes-kilomètres utiles ; la consommation par tonne-kilomètre utile serait ainsi de 0 lit,133.

On peut avoir intérêt à ne pas mettre de betteraves sur le tracteur proprement dit, afin de ne pas perdre de temps pour son chargement car le déchargement pourrait être rapidement effectué en employant un coffre basculant. Mais, pour obtenir l'adhérence voulue, le tracteur aurait un chargement constant de 2 tonnes qu'il déplacerait à l'aller comme au retour. Dans ces conditions, le tableau précédent se modifie ainsi :

	Tonnes totales.	Tonnes kilomètres totales.	Combustible en litres.
Aller.	22	110	5,5
Retour.	12	60	3,0
			8,5

pour 50 tonnes-kilomètres utiles, avec une dépense unitaire de $0^{lit},170$. Ce chiffre est, croyons-nous, plus à retenir que le précédent (1), car il permet de réduire les temps perdus aux extrémités du parcours, en augmentant le nombre des voyages journaliers.

A la dépense de combustible, il y a lieu d'ajouter les autres frais : 2 hommes pour le train (mécanicien et aide), huile, graisse, chiffons, réparations, intérêt et amortissement du capital.

En fixant à 10 tonnes le poids des betteraves transportées à chaque voyage, soit 45 à 50 tonnes par journée, et en admettant (comme à Lizy-sur-Ourcq) 80 journées de travail à l'automne, le tracteur considéré, avec ses deux remorques, pourrait transporter chaque année de 3 600 à 4 000 tonnes de betteraves à une distance moyenne de 5 kilomètres, c'est-à-dire la récolte de 120 à 133 hectares de betteraves, correspondant à une étendue cultivée de 360 à 400 hectares.

Cinq à six tracteurs avec leurs remorques en nombre suffisant auraient ainsi remplacé très facilement le petit chemin de fer, les 2 locomotives et les 60 vagons de la Coopérative de Lizy-sur-Ourcq.

Ajoutons qu'avant ou après la récolte des betteraves, le tracteur peut être employé aux autres transports agricoles : foin, gerbes, fumier, tubercules, engrais, amendements, grains, charbon, etc.

Le prix du transport par camion automobile est très élevé ; nous ne connaissons pas les prix demandés pour transports sur route en province, variables évidemment suivant le trafic et la régularité des expéditions. Nous pouvons dire qu'à Paris (avril 1920), avec un service constant, très régulier, sans aucun chômage, on fait payer 4 fr. des 100 kilogr. pour la farine à livrer aux boulangers de la capitale.

Fourragère automobile Scemia.

L'utilisation des camions automobiles au transport des fourrages présentait des difficultés par suite du grand volume de marchandise à loger sur le camion afin de réaliser un chargement assez important pour justifier l'acquisition du véhicule, qui ne manque pas d'être assez onéreux.

La Société Scemia (9, rue Tronchet, à Paris) utilise à cet effet le châssis C. G. O. Schneider et Cie, du Creusot.

Le châssis, du type de 5 tonnes, représenté par la figure 66, est actionné par un moteur de 34 chevaux à 4 cylindres (alésage, $0^m,105$; course, $0^m,150$; nombre de tours par minute, 1 000). Les roues, en acier coulé, comme celles des nouveaux autobus de

---

(1) C'est un calcul à faire pour chaque application et au moment voulu, car une heure d'ouvrier représente le prix d'un certain volume de combustible.

Paris, peuvent recevoir des bandages pleins simples de 900 × 140 sur l'avant, et des bandages doubles de 950×160 sur les roues arrière.

Les vitesses sont d'environ 6 800 mètres, 12 800 mètres et 22 600 mètres à l'heure; la marche arrière se fait à l'allure de 5 000 mètres à l'heure.

Le châssis proprement dit est long de 7 mètres et large de 2ᵐ,25 ; son poids est de 3 000 kilogr.

Sur le châssis de l'automobile se monte la carrosserie spéciale qu'on voit sur la

Fig. 66. — Fourragère automobile de la Société *Scemia*.

figure 66; la plate-forme, à ridelles basses, est longue de 6 mètres et large de 2ᵐ,25 ; en avant, un berceau quart-cylindrique à claire-voie retient la charge au-dessus du toit qui abrite le conducteur ; à l'arrière, une corne limite le chargement d'environ 4 tonnes de foin ou de paille.

Tracteurs viticoles.

M. Paul Videau, Président du Syndicat des Agriculteurs et des Viticulteurs de Boufarick, et vice-président de la Confédération des Agriculteurs du département d'Alger, a exposé, dans le *Progrès agricole et viticole* du 1ᵉʳ février 1920, son projet de tracteurs passant à cheval au-dessus de la rangée de vignes.

Il ne prévoit pas l'emploi du tracteur pour déchausser la vigne, en rasant convenablement une rangée sans casser des bras, comme on le fait avec une charrue déchausseuse à attelage. Il estime qu'il vaut mieux faire avec le tracteur 4 raies de charrue au lieu des 6 qui sont nécessaires au déchaussage complet dans des rangées écartées de 2 mètres : on rendrait ainsi les plus grands services à la viticulture en effectuant mécaniquement les 2/3 du travail, le 1/3 étant fait par une culture attelée.

Pour chausser, on ouvrirait la première raie, aller et retour, avec la charrue tirée par un attelage et le tracteur ferait les 4 dernières raies pour cultiver tout l'interligne.

Le tracteur serait actionné par un moteur de 30 chevaux.

Une autre machine, avec un moteur d'environ 10 chevaux, peut sulfater simultanément 3 rangées de vignes en travaillant une douzaine d'hectares par jour.

Les appareils sont combinés pour fonctionner dans les vignes plantées à 2 mètres ; cependant on pourrait probablement apporter les modifications nécessaires pour travailler les vignes écartées de 1^m,50.

Une fois les travaux du vignoble terminés, une légère modification doit permettre de transformer en tracteurs agricoles, pour transports sur route, les deux appareils dont nous venons de parler.

Essais du tracteur Landrin.

Essais du tracteur routier agricole et colonial du système Landrin (fig. 8, p. 16), de Soissons (Aisne), constitué par une camionnette se transformant en tracteur direct. Le prix de vente est de 32 000 fr. (mars 1920).

Moteur à 4 cylindres, de 18 chevaux (alésage 90 ; course 140) ; le poids total est de 2 300 kg.

Les essais ont été effectués à Ivry-le-Temple, près Méru (Oise), en terre sablonneuse déchaumée (essai n° 1) et en terre silico-argileuse non déchaumée et malpropre (chiendent) (essai n° 2) ; les champs n'avaient jamais été labourés à plus de 0^m,16 à 0^m,17 de profondeur.

Les résultats constatés aux essais sont résumés ci-dessous :

	N^{os} des essais.		
	1	2	Moyennes.
Nombre de raies par rayage	2	3	»
Labour. { Profondeur (centim.)	20	20	20
{ Largeur (mèt.)	0,62	0,90	»
Vitesse moyenne de la charrue par heure (mèt.)	2 655	2 443	2 499
Temps moyen d'un virage (secondes)	50	54	52
Temps pratique pour labourer un hectare, avec 150 mèt. de rayage et 50 minutes de travail par heure (h. min.)	9	6 37	7 17
Surface pratiquement labourée par heure (mèt. carrés)	1 091	1 483	1 355
Consommation d'essence minérale (densité 715). { Par heure (kg.)	»	»	4,34
{ Par hectare (kg.)	»	»	26,1
Volume de terre remuée par kg. de combustible (mèt. cubes)	»	»	76,9
Poids de combustible employé pour 1 000 mèt. cubes de terre (kg.)	»	»	13,0

Les surfaces des essais n°s 1 et 2 étant notablement différentes, on en a tenu compte dans les calculs des moyennes (moyennes géométriques, sauf pour les virages).

La transformation de la camionnette en tracteur demande environ 40 minutes ; l'appareil est très intéressant comme tracteur et comme camionnette pour les transports.

Emploi du gaz pauvre pour les appareils de Culture mécanique.

Tout le monde se plaint de ce que les prix des combustibles subissent des hausses pour ainsi dire constantes depuis la cessation des hostilités, alors que la Victoire aurait dû produire le phénomène inverse.

Le Bureau national des Charbons (dit le B. N. C.) annonçait pour les prix de la houille tout venant, en gros et par tonne, 160 fr. jusqu'au 15 janvier 1920; 200 fr. du 16 janvier au 1er mars et 300 fr. à partir du 1er mars 1920 ; à fin mars, au détail et sans octroi, le prix a été porté à 330 fr. la tonne.

Le Comité général du Pétrole fixait en gros, à quai Rouen, en juin 1919, l'essence minérale à 89 fr. 50, et le pétrole lampant à 50 fr. l'hectolitre, en faisant annoncer une baisse importante après le 30 juin 1919. Cependant, au début d'avril 1920, au détail et sans octroi, l'essence minérale valait 190 fr. et le pétrole 120 fr. l'hectolitre et fin avril l'essence était vendue de 220 à 260 fr. l'hectolitre, alors qu'avant la Guerre on la payait 40 fr. l'hectolitre (1).

La hausse du charbon tient à la destruction de plusieurs de nos charbonnages, au cours élevé du change avec l'Angleterre, au déficit dans les livraisons compensatrices dues par l'Allemagne, à la réduction stupide des heures de travail amenant une diminution de la quantité journalière extraite, et, surtout, aux agitations politiques des ouvriers mineurs se traduisant par de nombreuses grèves, agitations subventionnées par les ennemis du pays, et préparatoires au coup d'État militariste de l'Allemagne (mars 1920). Il ne manque pas de charbon dans le sol, mais on en extrait peu, en même temps que les transports ont été rendus difficiles et onéreux, toujours par suite des mêmes agitations ouvrières.

Par contre, la production du pétrole est limitée, au moins pour l'instant, car elle ne peut s'accroître dans l'avenir qu'avec de nouveaux sondages sur de nouveaux gisements. Ici, la loi de l'offre et de la demande intervient surtout. La quantité d'essence disponible dépend avant tout de la qualité et de la quantité du pétrole extrait, dont on la tire par distillation. L'augmentation des frais de transport et le cours fort élevé du change avec l'Amérique expliqueraient déjà la hausse sans qu'on ait besoin d'y ajouter la très grande demande d'essence relativement aux quantités disponibles, demandes qui résultent de l'augmentation formidable du nombre de camions-automobiles chargés d'assurer les transports que les chemins de fer, quelquefois en grève et ordinairement sans débit, ne peuvent assurer, surtout dans les Régions libérées.

Ces hausses de l'essence et du pétrole grèvent lourdement les journées de travail des appareils de Culture mécanique et des nombreux moteurs employés dans les exploitations agricoles.

Pour les chaudières, on tente à généraliser l'emploi des pétroles lourds (mazout, surtout intéressant pour les pétroles de Roumanie) et des huiles lourdes de houille dont la production est limitée ; les appareils d'utilisation, appelés *brûleurs*, sont connus depuis très longtemps et ont fait l'objet de nombreuses expériences et constatations; leur application est très facile, mais leur usage est limité aux chaudières à vapeur (2).

Pour les moteurs à explosions destinés à nos colonies (3) nous avions préconisé l'emploi du pétrole lampant, de la naphtaline et du gaz pauvre. Il semble qu'on ait abandonné les moteurs à naphtaline, et il est d'ailleurs possible que ce combustible solide soit actuellement introuvable, et, par suite, à un prix inabordable.

(1) Le 28 avril, la Chambre décide que les achats et les importations de pétroles seront effectués exclusivement par l'État jusqu'au 31 décembre 1920, dans les conditions en vigueur depuis le 8 août 1918.

(2) *Moteurs thermiques et gaz d'éclairage applicables à l'agriculture*. On a fait des essais à Paris, en 1919, de chauffage de fours de boulangers avec de l'huile lourde de houille.

(3) *Génie Rural appliqué aux Colonies*.

La question du gaz pauvre se présente sous un tout autre aspect. Déjà, en 1910, des essais concluants furent effectués dans Paris sur des autobus fonctionnant au gaz pauvre obtenu avec du charbon de bois (1).

Pendant la Guerre, la question a été reprise par un ingénieur, M. Henri Hernu (44, avenue Jacqueminot, à Meudon, Seine-et-Oise), qui fit la démonstration sur un camion-automobile (fig. 69) avec moteur à essence fonctionnant au gaz pauvre produit dans un gazogène de très petites dimensions installé sur le marchepied du véhicule. Il n'y aurait donc aucune difficulté à adapter ce gazogène à un tracteur quelconque, en employant comme combustible du charbon de bois, fournissant un gaz très propre, facile à laver par suite de sa faible teneur en cendres et en goudrons. L'emploi du charbon de bois, qu'on peut emmagasiner sans difficulté à la ferme, pourrait permettre l'utilisation économique de branchages et de brindilles, actuellement sans valeur, dont la carbonisation en meules est très simple, en même temps qu'on abaisserait les frais de fonctionnement des appareils de Culture mécanique et des moteurs employés dans les fermes.

Le charbon de bois destiné à alimenter le gazogène doit être en petits fragments, gros comme une petite noix, ce qui permet d'employer de menus bois à sa fabrication, conduit à augmenter les dimensions du gazogène relativement à celui utilisant l'anthracite pour fournir la même puissance. Mais ce n'est pas un obstacle à l'adaptation aux moteurs agricoles.

L'appareil de M. Hernu comprend un gazogène dans lequel la production de la vapeur d'eau est proportionnelle au volume de gaz aspiré par le moteur. Le gazogène est complété par un épurateur-refroidisseur à force centrifuge de très petites dimensions, enfin par un ventilateur à manivelle pour la mise en route qui ne demande que 7 à 8 minutes au plus. On ne fait subir aucune modification au moteur à essence, si ce n'est l'enlèvement du carburateur et le raccordement direct de l'aspiration avec l'épurateur-refroidisseur.

Toutes les tentatives pour l'application du gaz pauvre aux appareils de Culture mécanique sont à prendre en sérieuse considération, et il y a lieu de les encourager.

Gazogène Henri Hernu.

Voici des indications complémentaires au sujet du gazogène de M. Henri Hernu dont il a été question dans l'article précédent.

Dans les gazogènes ordinaires (2), on fournit la vapeur d'eau au foyer de diverses façons :

En plaçant le vaporisateur au-dessus du feu (type à foyer réfractaire);

En entourant le foyer d'une double enveloppe contenant de l'eau (type à foyer métallique, garni ou non de matières réfractaires);

Enfin, en adoptant simultanément les deux procédés ci-dessus avec un vaporisateur placé à la base et un autre au-dessus du foyer.

Aucun de ces dispositifs ne peut assurer une composition sensiblement constante du gaz pour des débits très variables, comme ceux qu'exigent les moteurs de véhicules et de tracteurs.

(1) Page 24.
(2) Voir : *Moteurs thermiques et gaz d'éclairage applicables à l'Agriculture.*

Dans un appareil bien établi, tel que celui de M. Hernu, on peut considérer le foyer comme divisé en deux parties dans le sens de la hauteur ; la portion inférieure f (fig. 67) est la zone de réaction de l'oxygène et de la vapeur d'eau sur le carbone ; dans la zone supérieure f' se produit la distillation partielle du charbon frais.

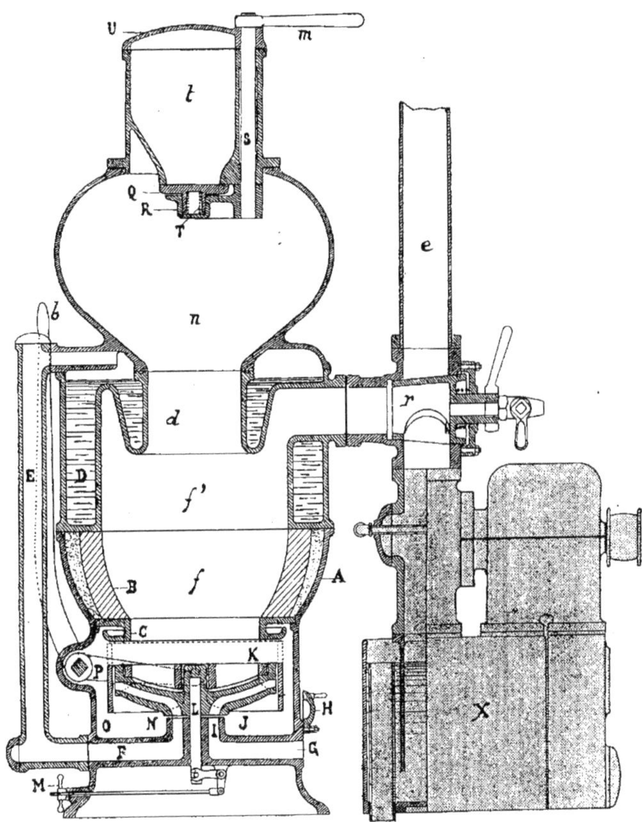

Fig. 67. — Coupe verticale du gazogène Hernu.

La zone de base f doit donc pouvoir absorber la presque totalité de l'oxygène admis au foyer en marche normale, la partie supérieure f' ne devant sa combustion lente qu'à la faible quantité d'oxygène échappé à la première réaction.

Lorsque l'appel de gaz devient momentanément plus important, la vitesse de passage de l'air à travers la partie inférieure f du foyer ne permet plus une réaction complète et l'excès d'oxygène libre atteint la partie supérieure f' dont il élève aussitôt la température en activant la combustion. C'est donc dans la partie médiane et supérieure du foyer que la température varie pour des fluctuations dans la production du gaz, alors que la zone de base reste à peu près invariable. Pour assurer au gaz une composition constante, il suffit que la quantité de vapeur d'eau arrivant à la base du foyer reste proportionnelle au volume de gaz à produire.

Le gazogène comporte un foyer dont la partie inférieure A (fig. 67), est garnie de matériaux-réfractaires B reposant sur une couronne C formant, au besoin, vaporisateur instantané au moment de l'allumage. La partie A, B, C constitue ce que l'on peut appeler le creuset de réaction.

La partie supérieure D (fig. 67) constitue le vaporisateur entourant et formant en même temps voûte au-dessus du foyer f'.

Le vaporisateur $D\,d$ (fig. 67), qui entoure le foyer dans la zone supérieure de dis-

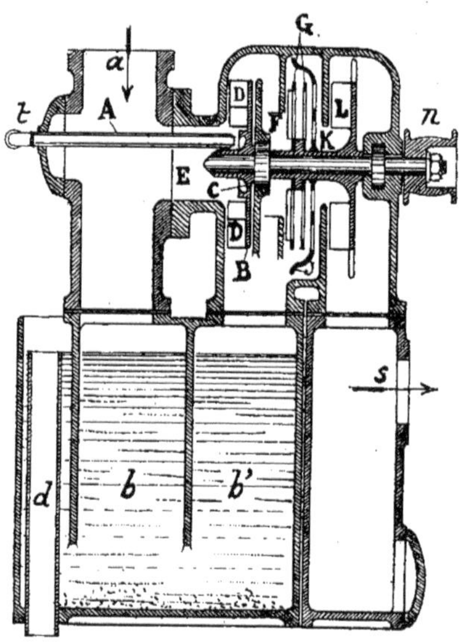

Fig. 68. — Coupe verticale de l'épurateur-refroidisseur Hernu.

tillation, fait varier la vaporisation de l'eau en raison de la température de cette zone, température qui est directement fonction des variations de volume du gaz produit ; ce vaporisateur récupère une portion des calories entraînées par le gaz et contribue, dans le même sens que la partie enveloppante, à faire varier rapidement la vaporisation de l'eau, et la vapeur ainsi formée maintient une température à peu près constante à la base f du foyer. Cette vapeur passe, par la tubulure latérale E, dans un canal F débouchant à l'air libre par son extrémité opposée G, et dont la section d'ouverture peut être réglée par une vanne H. Le canal F porte, en son milieu, un conduit circulaire I qui le met en communication avec des canaux rayonnants J pratiqués dans les bras d'une corbeille porte-grille K qui est portée par un axe L dont la hauteur est réglée, de l'extérieur, par une tige filetée M agissant sur un levier permettant de provoquer le déplacement vertical de la corbeille K.

Une semelle N (fig. 67), fixée à la partie inférieure de la corbeille, constitue une soupape dont le siège est l'extrémité supérieure du conduit I. Cette disposition, qui permet de saturer de vapeur l'air admis au foyer, par suite de l'arrivée en sens inverse de l'air et de la vapeur avant leur passage à la grille, assure le maintien uniforme de la température à la base f du foyer afin de produire un gaz de composition constante.

Suivant le réglage en hauteur de la semelle N (fig. 67) au-dessus du conduit I, l'air saturé de vapeur d'eau peut, suivant l'allure du feu, être dirigé vers la périphérie de la grille, lorsque la semelle N repose sur le conduit I, ou sur **toute** la surface de la grille.

Pour éviter que le charbon ne puisse s'échapper de la grille, par suite des trépidations du véhicule, une couronne O (fig. 67), entoure la corbeille porte-grille et peut être amenée dans la position indiquée en pointillé au moyen d'un levier extérieur $P\,b$.

La trémie de chargement t (fig. 67) comporte un plateau Q formant l'obturateur proprement dit, porté par un faux plateau R solidaire de la tige de commande S à manette m. La pression de fermeture du plateau Q est obtenue par un ressort central T qui réagit par la tige S pour assurer la fermeture du couvercle supérieur U de la trémie de chargement t, laquelle laisse tomber le combustible dans la cloche n.

Pour la mise en route, un petit ventilateur, tourné avec une manivelle, envoie de l'air par le conduit G (fig. 67), et les produits de la combustion s'échappent par la cheminée e que le robinet r met en communication avec le foyer $f\,f'$ du gazogène. Après 5 ou 6 minutes, on tourne le robinet r assurant la communication du gazogène avec l'épurateur-refroidisseur représenté en X, et l'on fait tourner le moteur pendant une ou deux minutes, temps suffisant pour obtenir le régime normal de fonctionnement du gazogène.

**

La coupe verticale de l'épurateur-refroidisseur, de très petites dimensions, est donnée par la figure 68. En principe, le gaz est lavé et refroidi en traversant, avec de l'eau, une série de disques perforés animés d'un mouvement de rotation, projetant vers la périphérie, sous l'action de la force centrifuge, l'eau ayant servi au lavage ainsi que les matières solides entraînées par le gaz.

Le gaz, aspiré au gazogène par le moteur, arrive suivant a (fig. 68) par la tubulure $A\,E$, au centre d'une turbine B; de l'eau est amenée par le tuyau t. La turbine B, à ailettes D, présente une gorge C destinée à répartir uniformément l'eau suivant un voile circulaire qui est brisé par les ailettes D; ce dispositif assure un brassage énergique du gaz avec une petite quantité d'eau entraînant les impuretés qui tombent dans la bâche b'.

Après avoir contourné la turbine B (fig. 68), le gaz passe par une ouverture centrale F et rencontre une série de disques ajourés G. Un de ces disques forme une cuvette J enveloppant les autres de telle sorte que le gaz, qui a une tendance à suivre le chemin le plus court pour passer par l'ouverture K, traverse tous les disques alors que les matières en suspension sont projetées, par la force centrifuge, et se réunissent dans la bâche b', dont le trop-plein est en d.

Tous les disques (B, G, J, L, fig. 68) sont calés sur le même arbre horizontal entraîné par une courroie passant sur la poulie n.

Lorsqu'il a traversé les disques, le gaz passe dans une dernière turbine L (fig. 68)

13

qui achève de l'essorer complètement avant qu'il sorte par le tuyau de départ *s* relié à l'aspiration du moteur.

Une petite pompe, actionnée par le moteur, prend l'eau dans la bâche *b b'* (fig. 68) pour la refouler dans le tuyau *t*.

***

La figure 69 donne la vue d'ensemble d'un camion-automobile pourvu du gazogène Hernu installé, avec le laveur et le ventilateur de mise en route, sur le marchepied de gauche du véhicule.

Des essais comparatifs, sans modifier le moteur, ont été faits pendant la Guerre sur

Fig. 69. — Camion automobile à gaz pauvre de M. Hernu.

un camion militaire Berliet, type autobus, ayant un moteur à 4 cylindres (alésage 100 mm, course 140 mm) ; le camion pesait 4 tonnes à vide, et il fut chargé successivement de 2 600, 3 100 et 3 200 kilogr. Les essais sur route ont eu une durée de huit heures. Les consommations correspondantes étaient de 4 kilogr. et de 5 kilogr. d'anthracite menu par heure, et également de 4 et de 5 kilogr. d'essence minérale par heure pour l'exécution du même travail.

Or, avant la Guerre, l'essence minérale valait 0 fr. 55 le kilogr. (ou 0 fr. 40 le litre) et l'anthracite 0 fr. 045 le kilogramme ; on voit de suite l'énorme économie qu'on peut réaliser avec le gaz pauvre pour les camions-automobiles, comme pour les *tracteurs de l'avenir*.

L'allumage du gazogène Hernu demande de 5 à 6 minutes ; mais, avant le départ, il est bon de laisser tourner le moteur à vide pendant une ou deux minutes afin que le gazogène prenne son régime normal.

L'emploi du charbon de bois peut rendre les plus grands services à ceux qui utilisent les tracteurs en France et surtout aux Colonies.

TABLE ANALYTIQUE DES MATIÈRES

DU TOME VII

Données générales.

Concours et Essais publics.

Paris. — Typ. Philippe Renouard, 19, rue des Saints-Pères. — 5525.

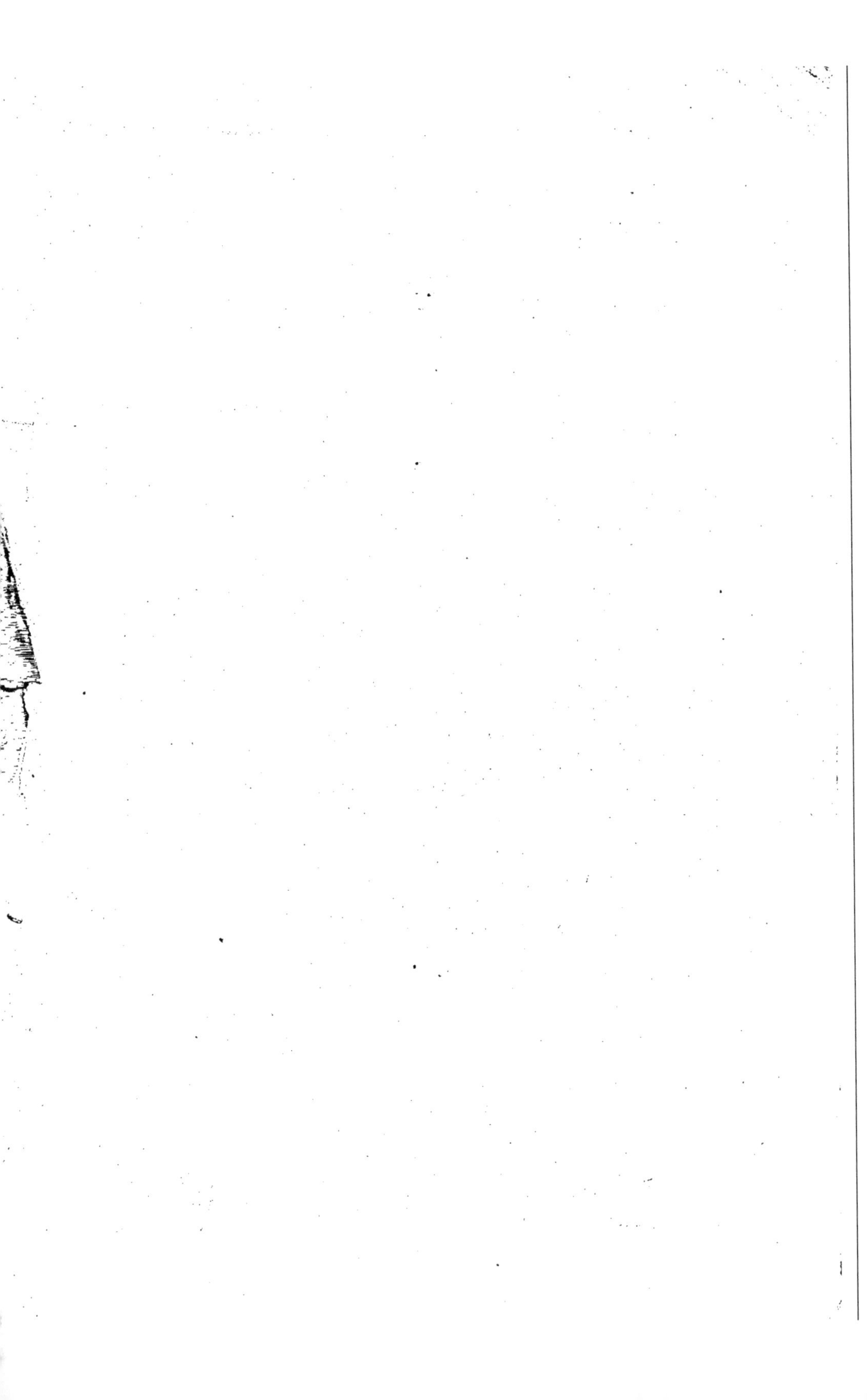

OUVRAGES DU MÊME AUTEUR

DE LA CONSTRUCTION DES BATIMENTS RURAUX :

Principes généraux de la construction, 3ᵉ édition, 178 figures, in-16 broché. . . **2 fr.**

Les Bâtiments de la ferme, 2ᵉ édition, 246 figures, in-16 broché . . . . **2 fr.**

LOGEMENTS DES ANIMAUX :

I, *Principes généraux* (Nouvelle Bibliothèque du Cultivateur) 1 vol. . . . . **4 fr. 50**

II, *Écuries-Étables*   »   »   »   1 vol. . . . . . . **4 fr. 50**

III, *Bergeries-Porcheries* »   »   »   1 vol. . . . . . **4 fr. 50**

IV, *Basses-Cours — Chenils* »   »   »   1 vol. . . . . . **4 fr. 50**

TRAITÉ DE MÉCANIQUE EXPÉRIMENTALE (Notes prises au cours de M. Ringelmann et rédigées par M. Jacques Darcuy) (*Bibliothèque agricole*), 350 figures, in-16 broché. **7 fr.**

LE MATÉRIEL AGRICOLE A L'EXPOSITION DE 1900, 363 figures, in-4° broché . . . . . **20 fr.**

TRAITÉ DES MACHINES AGRICOLES (publié par volumes in-8° brochés se vendant séparément) :

Machines et ateliers de préparation des aliments du bétail, 120 figures. . . . **7 fr.**

Les Moteurs thermiques et les gaz d'éclairage, 279 figures. . . . . . . **18 fr.**

Travaux et Machines pour la mise en culture des terres, 267 figures . . . . . **10 fr.**

GÉNIE RURAL APPLIQUÉ AUX COLONIES (cours professé à l'École nationale supérieure d'Agriculture coloniale) ; les données pratiques contenues dans ce cours sont applicables dans beaucoup de localités de France ; 1 volume grand in-8° de 700 pages, 955 figures . . . . **30 fr.**

ESSAI SUR L'HISTOIRE DU GÉNIE RURAL (ce travail n'a été tiré qu'à un très petit nombre d'exemplaires, en vol. in-8° brochés) :

Tome I. — *Période préhistorique.* — *Les Temps anciens ; l'Egypte,* 179 figures.   *épuisé*

Tome II. — *Les Temps anciens* (suite) ; *La Chaldée et l'Assyrie,* 149 figures. . **40 fr.**

Tome III. — *Les Temps anciens* (suite) ; *La Phénicie et les Colonies phéniciennes,* 139 figures. . . . . **40 fr.**

Tome IV. — *Les Temps anciens* (suite) ; *La Judée,* 74 figures. . . . . . . **40 fr.**

(Paraîtront successivement, comme suite aux tomes I, II, III, IV, les grandes divisions suivantes : la suite des *Temps anciens* (des premières traditions à la chute de l'Empire Romain, 395) ; *le Moyen Age* (de la chute de l'Empire Romain à la prise de Constantinople, 395 à 1453) ; *les Temps modernes* (de 1453 jusqu'à nos jours).

AVANT-PROJET D'UNE PETITE HABITATION RURALE A BON MARCHÉ, 10 figures et une planche coloriée, in-8° broché. . . . . **3 fr. 50**

PUITS, SONDAGES ET SOURCES, 150 figures (*Bibliothèque agricole*), in-16 broché. . . **7 fr.**

LE MATÉRIEL AGRICOLE AU DÉBUT DU VINGTIÈME SIÈCLE, 1ᵉʳ fascicule : *Considérations générales.* Un fascicule in-4° de 124 pages avec 20 figures, broché. . . . **7 fr.**

2ᵉ fascicule : *La main-d'œuvre rurale,* in-4° de 80 pages avec 20 figures, broché. . . **5 fr.**

AMÉNAGEMENT DES FUMIERS ET DES PURINS. 1 volume in-16, 103 figures (*Nouvelle Bibliothèque du Cultivateur*), broché . . . . **4 fr. 50**

CULTURE MÉCANIQUE, tome I, in-4° de 156 pages avec 81 figures, broché. . . . . *(épuisé)*

Tome II, in-4° de 168 pages avec 82 figures, broché . . . . *(épuisé)*

Tome III, in-4° de 160 pages avec 55 figures, broché . . . . . . *(épuisé)*

Tome IV, in-4° de 160 pages avec 74 figures, broché . . . . *(épuisé)*

Tome V, in-4° de 158 pages avec 83 figures, broché . . . . **10 fr.**

Tome VI, in-4° de 160 pages avec 117 figures, broché. . . . . . . **10 fr.**

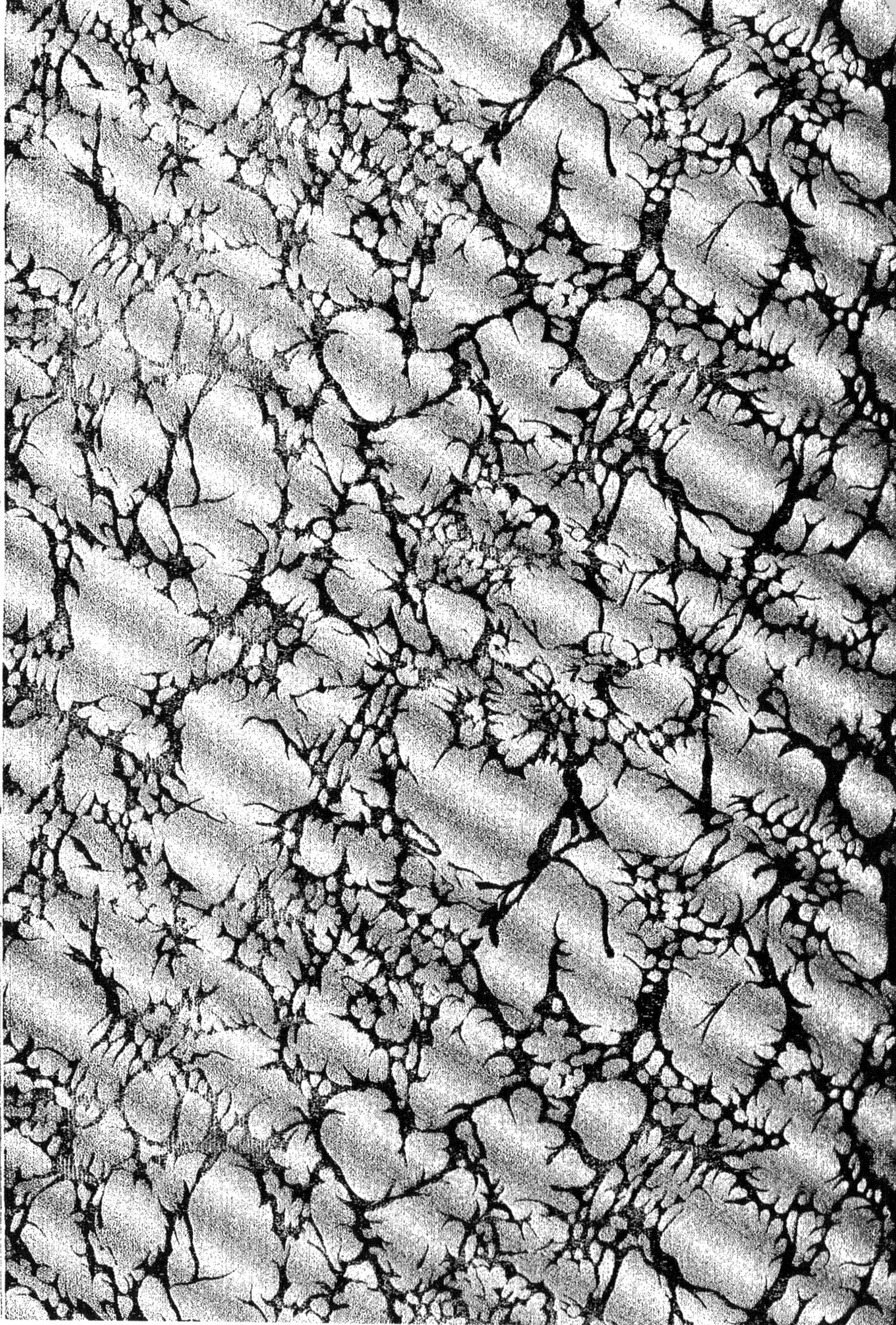

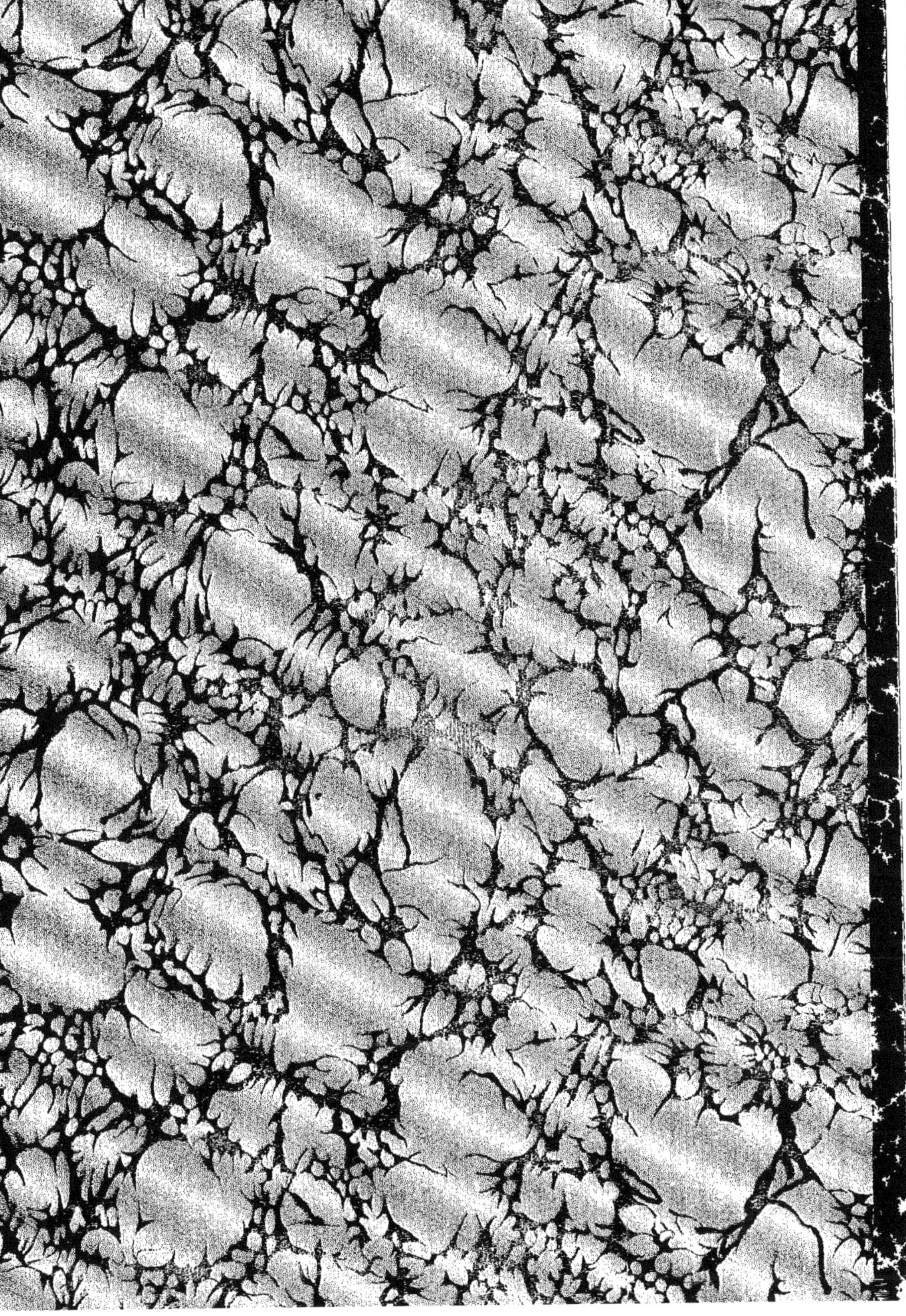

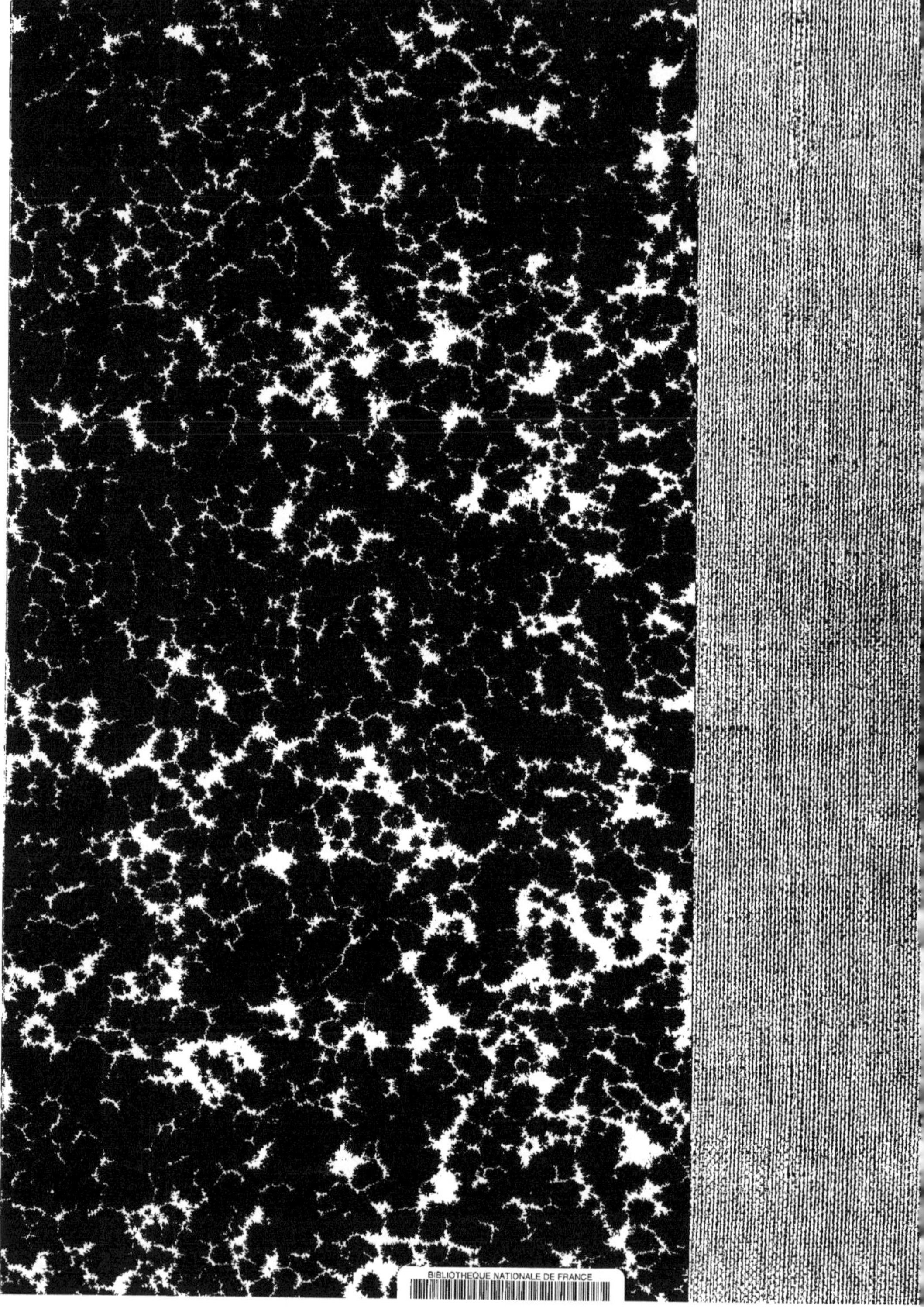

9 782013 416955